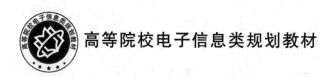高等院校电子信息类规划教材

探测与感知技术

主　编　蒋晓瑜　陈　卓

副主编　闫兴鹏　刘中晅　荆　涛

北京邮电大学出版社
www.buptpress.com

图书在版编目（CIP）数据

探测与感知技术 / 蒋晓瑜，陈卓主编 . -- 北京 ：北京邮电大学出版社，2023.11
ISBN 978-7-5635-6333-3

Ⅰ . ①探… Ⅱ . ①蒋… ②陈… Ⅲ . ①电子侦察－研究 Ⅳ . ①TN971

中国国家版本馆 CIP 数据核字（2023）第 226155 号

策划编辑：刘纳新 姚 顺 责任编辑：王晓丹 耿 欢 责任校对：张会良 封面设计：七星博纳
出版发行：北京邮电大学出版社
社 址：北京市海淀区西土城路 10 号
邮政编码：100876
发 行 部：电话：010-62282185 传真：010-62283578
E-mail：publish@bupt.edu.cn
经 销：各地新华书店
印 刷：保定市中画美凯印刷有限公司
开 本：787 mm×1 092 mm 1/16
印 张：16
字 数：356 千字
版 次：2023 年 11 月第 1 版
印 次：2023 年 11 月第 1 次印刷

ISBN 978-7-5635-6333-3 定 价：49.00 元

现代战争正处于信息化战争向智能化战争过渡的阶段,战场探测感知技术即利用有效的侦察手段获取实时有效的信息与情报,是有人、无人作战的基础。微光夜视技术能够把黑夜变成白昼;红外热成像技术能够利用目标自身的辐射来识别伪装;先进的雷达技术是战争中的"千里眼",可以对目标进行高清晰成像;激光技术可以利用激光良好的特性实现侦听、成像和对抗;定位导航技术不仅能够提供敌我双方实时的空间位置信息,还可以为武器装备的制导、导航提供技术支撑;无人值守传感器技术利用其易于布撒的特性,可以有效覆盖战场中其他传感器难以探测感知的区域。我们结合实际,并参考国内外相关专著和教材,编写了本书,为学习和使用现役和未来侦察装备提供原理上的基础。

本书是在作者结合过去近30年从事的探测与感知方面工作,以及2008年至今一直给本科生主讲战场侦察技术课程的基础上编写而成的,其目的是使读者在学习探测与感知技术原理的基础上,系统、全面、深入地了解和掌握各项技术的应用。

本书共分5章。第1章为探测与感知技术基础,介绍了探测与感知技术的基本概念和基本问题。第2章为传感器技术,介绍了各种类型传感器的工作原理以及典型无人值守传感器装备的组成与工作原理。第3章为光电探测技术,主要介绍了利用可见光、微光、红外热成像、激光进行目标探测与感知的原理和系统。第4章为雷达探测技术,介绍了雷达原理以及动目标探测雷达、相控阵雷达、合成孔径雷达的技术原理,并介绍了跟踪雷达等几种典型的雷达系统。第5章为定位导航技术,介绍了卫星导航和惯性导航技术与系统的基本原理,并介绍了室内导航等几种近期发展的新型导航技术。

探测与感知是一个技术发展十分活跃的领域,本书仅对几种主要技术进行了介绍,难免有缺失和不全之处,敬请广大读者批评指正。

目　录

第1章 探测与感知技术基础

1.1 概　述

人类战争经历了冷兵器战争、热兵器战争、机械化战争、信息化战争四种形态,目前正在向智能化战争转变。在这些形态演变的过程中,装备技术的发展起到了决定性的作用。探测与感知技术是信息化、智能化装备的基础。

OODA 环理论认为,作战过程可以看作四个分离却又不独立阶段的循环:观察(Observe)指采取一切可能的方式获取战场空间中的信息;判断(Orient)指利用知识和经验来理解获取的信息;决策(Decide)指根据任务目标和作战原则,选择行动方案;行动(Act)指实施具体行动。人们在实践中发现,坦克在观察、判断两个环节积累的优势能够传到火炮打击这一行动阶段,做到先敌发现、先敌瞄准、先敌开火。这是装甲装备中的示例,其实在其他各种武器平台,或体系作战平台都有这样一个优势积累的问题。探测与感知技术恰恰对应着"观察""判断"这两个环节,故探测与感知技术在观察、判断阶段的优势积累,对后续的决策、行动阶段有着重要的支撑作用。

探测与感知技术是研究特定环境下目标发现与识别的技术。本书侧重战场环境下目标探测与感知技术中的主要关键技术,包括传感器技术、光电技术、雷达技术以及定位导航技术等。地面战场传感器因具有无人值守功能,扩展了监视与控制的地域,成为侦察领域重要的补充手段;微光、红外热成像等技术将探测的天时由白天扩展至黑夜,成为夜间战斗的重要侦察手段;雷达技术因具有全天时、全天候的探测功能而广泛应用于军事领域;定位导航技术因突破了天时、天候、地域的限制,能提供定位、导航、通信等功能,而被广泛使用。通过综合运用这些技术,已实现了全天候、全频域、昼夜、大范围地监视战场和捕获、跟踪、定位目标,这些技术也已成为战场夺取信息优势的重要基础。

探测与感知技术的基础知识包含信息基础知识、目标探测基础知识、电磁波基础知识。

1.1.1 探测与感知技术在现代战争中的作用

1. 探测与感知技术在现代战争中的地位

在未来的高技术局部战争条件下,制信息权已成为赢得战争胜利的首要条件。制信息权包括通过各种手段实时或准实时获取我方和敌方的有效信息,确保我方所传递的信息不被敌方获取,以及破坏敌方的信息传递通道等。

众所周知,地球上所有高于绝对零度的物质都对外界辐射自己独特的信息——某一部分的电磁波谱。在光学侦察中,大多使用被动的探测与感知技术,如红外热成像与可见光系统。与之相反,主动的探测与感知技术是人为地制造信息载体,如发射电磁波或用人造的光源照射被探测目标,这些载体与目标相互作用后就携带了被探测目标的信息,这些信息被收回,并把目标信息从载体中提取和分离出来。采用主动还是被动的探测与感知技术应根据被探测目标和被测物理量的性质、目标的状态与所处的环境等因素来选择。

在军事应用中,探测与感知技术可能的感知空间覆盖了武器系统可能配置的全部空间,从地球外层到大气层、地面、地下、海面、海下及水下,其波长覆盖了整个电磁波谱。

对于大多数军事目标信息的获取来说,首先是广义上的视觉,其可利用的信息载体是整个电磁波谱,按波长或频率可将其细分为长波、短波、微波、毫米波、太赫兹、红外、可见光、紫外线、X射线、伽马射线。因此,军事目标特征的载体主要包括:以长、短波为载体的雷达,以微波为载体的微波雷达和合成孔径雷达,以毫米波为载体的毫米波雷达,以红外辐射为载体的热像仪,以光波为载体的微光、可见光相机以及以紫外辐射为载体的紫外相机等。而后是听觉,其代表为声呐技术。味觉与嗅觉则居次要地位,需要通过间接办法(如谱分析)来实现。

现代化的探测与感知系统一般利用车载、机载、舰载、星载传感器,实现高分辨力、全自动、多光谱、多时相信息获取,利用图像处理技术、通信技术、信息融合与提取技术、全球定位系统技术和地理信息系统技术等,实现信息快速传输、目标地形自动重建、目标自动识别以及战争指挥决策的现代化。上述系统一般具有两种运作方式:一种是战略方式,如以5~7颗地球中轨卫星、5~8 m分辨力、5~6个光谱波段,对全球范围的重要目标进行精确跟踪,观测周期为3~4天;另一种是战术方式,如以车辆、无人机、低轨卫星、0.3~1 m分辨力,实现战时、小范围、高频度、高分辨力信息的实时获取和处理,观测周期为几小时或不定期。

在军事应用中,目标信息的时效性具有特殊、重要的地位,可分为两种情况。一种是通常意义上的军事目标的监视和侦察,如发现机场、港口、车站、兵营、阵地、水面舰队以及侦察装备情况,这种信息的时效期相对较长,一般以天甚至以月来计算。另一种是实战时的军事信息(战役、战术信息),这种信息的时效性比前者要严得多。在某些情况下,一个军事信息早一分钟还是迟一分钟到达指挥官手中,有可能决定整个战役的成败。过时的信息,其价值等于零。随着军事高科技的发展,军事信息的价值有效期越来越短。

信息处理的时间维特征,对于一般的战役和局部地区的战争来说,主要以战术信息的获取及其实时或准实时处理为主。对于长期的监视与侦察系统,可采用半实时甚至事后处理。

2. 现代战争中的探测与感知技术

新世纪以来,光电、电子、通信、计算机和其他传感器等高新技术及其综合应用的迅猛发展,大大提高了战场探测与感知技术的实时性,使军队有可能随时掌握战术态势、准确确定目标位置、有效指挥部队和作战平台、迅速实施精确打击,从而大幅度提高军队的作战能力和战场生存能力。这主要体现在以下几个方面。

(1)在信息获取方面,红外热成像、微光夜视、电视摄像、激光测距、毫米波/微波/长短波/激光雷达、声探测、紫外探测、太赫兹探测等主被动监视装置,覆盖了从紫外到无线电波的宽广的电磁波谱。全天时、全天候、全波谱、大范围地监视战场和捕获跟踪目标,并准确定位,成为未来战场夺取信息优势的物质基础。

(2)在信息处理方面,通信、计算机以及数字信息处理技术的发展,实现了战场数字化,构成了垂直和水平数字信息网,使得整个作战空间实现了信息的采集、传送、交换和利用,使各级指挥员、作战平台都能获取和利用战场信息,从而确保及时有效地组织和指挥部队,最大限度地发挥部队作战能力。

(3)在武器系统的信息化方面,目标侦察、光电观瞄、自主导航及火力控制等装备构成的作战平台综合控制系统,已在坦克、步兵战车、自行火炮、直升机等武器上广泛应用,大幅度提高了平台作战能力;红外、激光、电视、光纤、毫米波、惯性/GPS等制导技术,红外、毫米波末敏技术,以及无线电、红外、激光等引信技术均已成熟,并广泛应用于军事领域,使常规武器可以实施精确打击。

1.1.2 探测与感知技术的研究内容

为打赢高技术战争,需要强有力的探测与感知系统。该系统从信息的源头开始,即探测、获取、感知,直到把有用的信息提供给战地指挥和战斗人员,这中间有很多环节,我们习惯称之为"信息链"。一个完整的信息链大体由以下环节构成:信息的感知或探测、预处理、压缩、储存、传输、复原、有用信息的提取(融合、分离、增强等)、应用。

在目标探测和感知中,主要提取的信息特征大概可分为形影特征和波谱特征。

(1)形影特征。人类是通过五官来识别物体的,其中眼睛是最主要的途径。人的知识约有80%是通过视觉获得的。一架飞机和一辆坦克的图像,人眼一看就能正确区分,是因为二者的形状不同,这是一种形影(图像)识别。除可见光图像外,实际上整个电磁波谱都具有成像机理,只不过人眼对它们没有感知罢了。然而,通过器件与相关处理完全可以把它们转换成可见的图像。这一类成像系统的特点是:对于光学系统,波长越长,衍射受限的分辨率越低。短波长可以获得高空间分辨力,但不利的约束条件会增多,如可见光对云、雾的穿透能力就很差。因此,选择哪一种成像途径,应有一个综合考虑、取长补短、优化选择的过程。

（2）波谱特征。无论是天然的还是人造的物体，它们无时无刻不在向外界发射或反射电磁波谱，而且它们一般都有自己特定的发射谱和反射谱特征。虽然我们并没有见到目标的形影，但通过对这些特征谱的提取和分析，也有可能识别军事武器的类别与型号等，如雷达技术便是利用无线电波的特征进行目标的探测和测距的。

任何一种目标探测和感知系统都有其应用范围和局限性，不可能是万能的。在当今技术发展条件下，人们尚没有能力研制出这样一个平台或系统：波谱范围覆盖紫外—可见光—红外—微波，直到无线电波，且分辨力（空间、时间、波谱、温度）高，并具备从信息获取到信息处理和应用的高准确、高时效（实时或准实时）能力。在进行目标的探测和感知时，采用哪一种波段和哪一种技术途径，应依据实际情况确定。

1.2　信　息　基　础

21世纪的人类社会已步入信息社会，信息、能量与物质是人类社会赖以生存与发展的三大支柱。信息技术革命的火炬是由微电子技术革命点燃的，它促进了计算机技术、通信技术及其他电子信息技术的更新换代。信息技术革命推动了产业革命，使人类社会经历农业社会、工业社会后进入了信息社会。以信息优势为核心的军事革命是建立在先进的C4ISR及其一体化的基础之上的，C4ISR包括：指挥（Command）、控制（Control）、通信（Communication）、计算机（Computer）、情报（Intelligence）、监视（Surveillance）、侦察（Reconnaissance）。

1.2.1　信息的概念

信息是什么？尽管人们赋予它各种各样的定义，但是迄今为止还没有一个确切统一的定义。从通俗意义上讲，信息指人们得到的消息，即原来不知道的知识。信息的定义纷繁复杂，特别是在人类知识体系的自然科学与社会科学中，都存在着信息的基本概念与内涵的自我界定现象。在日常生活中，信息经常与信号、消息、数据、情报、资料、指令、程序等相互交错，与知识、经验、陈述等密切相关，但是又不能相互等同。

"信号"是用来载荷信息的物理载体。

"消息"是信息的外壳，"信息"是消息的内核。

"数据"处于观察、测量及原始消息形成的最低层面，是信息的一种记录形式，但不是唯一的记录形式。除此之外，信息还可以通过文字、图形、语言等各种形式记录。通信、文本消息、科学仪器等是数据的主要来源。数据是信息和情报的另一种形式，它被格式化后向许可的用户分发。

"信息"是有组织的数据集合，或者说是可以用来产生情报的各式各样未经评估的材料。组织信息的过程包括排序、分类等，可使数据元素按一定关系存放，以便查找和分析。信息具有普遍性、共享性、增值性、可处理性和多效用性。

"情报"是针对利用侦察手段或其他方法收集来的涉及感兴趣国家和地区的有用信息,进行处理、综合、分析、评价和解释而得到的信息产品。情报是一类特殊的信息,是信息集合的一个子集,任何情报都是信息,但并非所有信息都是情报。

"知识"是信息加工的产物,是一种高级形式的信息,任何知识都是信息,但并非任何信息都是知识。

总体来说,信息一般表现为四种形态:数据、文本、声音、图像。"数据"通常被人们理解为"数字",这不算错,但不全面;从信息科学的角度来考察,数据是指电子计算机能够生成和处理的所有事实、数字、文字、符号等。当文本、声音、图像在计算机里被简化成"0"和"1"的原始单位时,它们便成了数据。"文本"是指书写的语言,以表示同口头语的区别。"声音"是指人们用耳朵听到的信息。"图像"是指能用眼睛看见的信息。

关于信息概念的讨论由来已久,其中以香农信息论为基础的信息定义具有较大影响。克劳德·艾尔伍德·香农(Claude Elwood Shannon)对信息的定义、量化进行了分析,认为所有通信信息都可以被编码为通用的二进制语言(比特),以便用于传输和处理,并引入了热力学中熵的概念,把熵看作信源内含有信息量的度量。香农还把统计学、概率论的观点引入了通信理论,重新定义了信息和信息量,认为信息就是负熵,是系统组织程度和有序程度的标记,这是人类历史上第一次对信息进行科学的定义。香农从布尔代数、信码及其标示符号出发,提出了 23 个定律、定理,建立了一套系统的信息科学公式和信息科学理论体系,这标志着信息论作为一门独立学科的诞生,而且在这之后的半个多世纪,信息论得到了重大发展,其概念、方法、思维逐步深入人心。香农提出的信息论具有划时代意义,是现代通信科学技术与计算机理论的基石之一。

但是,随着科学与社会的飞速发展,以及香农信息论的广泛应用,一些新的问题不断被提出,香农信息论的局限性也逐步暴露出来。不少人认为,香农的信息论只能算是通信理论,利用数理统计方法来解决通信过程中的技术问题,并没有涉及信息的含义、真实性、效用等方面,不具有普适的认识论和方法论意义。现代信息科学正在为解决信息的定义和效用问题进行积极探索。

1.2.2　信息的度量

信息的多少是用信息量来度量的。香农信息论应用概率来描述不确定性。一个消息的不确定性越大,其相应信息量就越大;而消息的可能性越大,其信息量就越少;事件出现的概率越小,其信息量就越大,反之,事件出现的概率越大,其信息量就越少。

信息与消息之间有着不可分割的内在联系,信息是附载在消息上的,信息是消息的内容,消息是信息的具体反映形式。接收、传递信息,实际就是接收、传递含有信息的消息。不同消息所含信息量是不同的,消息中含信息量的大小是由消除不确定程度决定的。因此,信息量的大小取决于表现信息内容的消息的不确定程度,消息的不确定程度越大,则所包含的信息量越大,反之亦然。

可以根据事件的各种可能的变化,利用概率来度量信息。假设一随机事件 E 发生的

概率为 $P(E)$，那么该事件拥有的信息量为

$$I(E) = \log_2 \frac{1}{P(E)} = -\log_2 P(E) \tag{1-1}$$

通常称 $I(E)$ 为事件 E 的自信息。式(1-1)中的对数以 2 为底。信息量的单位为比特(bit)。例如,向空中投掷硬币,落地后有两种可能的状态,一种是正面朝上,另一种是反面朝上,每种状态出现的概率为 1/2,则根据式(1-1),"出现正面"这个事件(这条消息)的信息量为 1 bit。

假设信源 $x = \{x_1, x_2, \cdots, x_n\}$，它由 n 个独立的随机事件构成。例如,"小张的成绩"是一个信源,由"不及格""及格""良好""优秀"4 个独立的随机事件构成,假设这 4 个独立事件发生的概率分别是 10%、20%、30%、40%,可见小张学习成绩一贯不错,假如小张意外"不及格"的事件发生,则该事件的信息量较大。我们可以统计得到信源各个事件发生的总体平均信息量,即信源的熵:

$$H(x) = -\sum_{i=1}^{n} p(x_i) \log_2 p(x_i) \tag{1-2}$$

可见,一个系统的熵也可以用该系统(信源)的不同状态的概率来计算,即熵是用来消除这个系统不确定性所需的信息量。

例如:"小王的成绩"是另一个信源,他的 4 个独立事件发生的概率分别是 20%、30%、30%、20%,可见小王的学习成绩不稳定。比较"小张的成绩"与"小王的成绩"这两个信源,可以用式(1-2)计算得到"小王的成绩"这个不确定性强的信源的熵相对较大。

再如:一幅 8 位灰度图像为信源(即"统计图像各像素的灰度情况"是产生信息的源头),"图像像素的灰度"由 0,1,2,3,4,…,255 共 256 个独立随机事件构成,通过统计获得图像归一化直方图,可得上述 256 个独立事件发生的概率,利用式(1-1)可求得每个事件的自信息,并且由式(1-2)可求得该灰度图像的熵,获得统计意义上的一幅图像的信息量,其值是传统香农无损编码定理的依据。可见,此处没有考虑像素空间分布,即没有考虑图像"语义",若进一步考虑语义等因素,必会促进新的图像压缩编码理论的发展。

1.3 目标探测基础

1.3.1 目标探测的基本概念

1. 目标获得的过程

一个完整的战斗任务大致包含目标侦察、攻击目标和毁伤评估。侦察包括目标的搜索、定位以及目标的探测、识别和确认,这是攻击的前提。

所谓目标获得,从概念上通常可以分为前后两个不同的阶段:搜寻(动态过程);探测(有的教材称为发现)、识别与确认(静态过程)。在动态过程中,目标位置是未知的,需要

动态扫描搜索、确定目标所在位置。在静态过程中,目标的位置差不多已经确定,只需静态辨别目标。目标获得的过程如图 1-1 所示。这一节将讨论这两类过程的模型及其基本问题。虽然雷达探测也属于广义上的视觉,但本节针对光电成像系统来进行讨论,雷达目标搜索与探测有其独特之处。

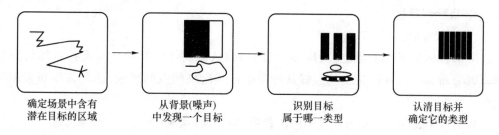

| 确定场景中含有
潜在目标的区域 | 从背景(噪声)
中发现一个目标 | 识别目标
属于哪一类型 | 认清目标并
确定它的类型 |

图 1-1　目标获得的过程

目标辨别的最低等级是分辨有无,最高等级是对特定目标的精确确认与描述,这两个等级之间是辨别等级的连续区域。这就是说,只有在目标被探测到的情况下,才能谈及目标识别的问题。

目标的上下前后会提供一些线索。例如:在视场中,一条道路上的一个小斑点,其合理的猜想是一辆车;同样,湖泊里的一个运动目标便很可能是一条船,而不是一架飞机。

如图 1-1 所示,首先需要搜索视场以找寻目标,搜寻结果随观察者训练情况和本人背景的变化而变化。其次是发现目标,把注意力集中在场景某一个特殊的区域上,即把淹没在噪声中的目标信号提取出来。这里就涉及探测器件的性能,例如:对于热成像,涉及最小可探测温差;对于微光夜视,则涉及探测灵敏度阈值。最后根据目标显示的细节程度进行目标识别和确认。

对于复杂、多变的实际战场,目标获得是一个十分复杂的问题,关于此问题的很多相关模型常限于极少的军事应用场景,或者仅对这些应用场景的部分应用有效,而且电光成像技术发展异常迅速,因此模型的修正和发展十分必要。

2. 目标探测、识别和确认的定义

针对上述目标获得的过程,下面列出该过程中涉及的几个重要的基本概念。

(1)目标获得。目标获得(Target Acquisition)是将位置不确定的目标图像在视场景物中定位,并获得它的辨别等级(含探测、识别、确认)的过程。目标获得包括搜寻环节(这一环节定出了目标的位置)和辨别环节(这一环节获得辨别等级)。

(2)搜寻。搜寻(Search)是利用器件显示或肉眼视觉搜索含有潜在目标的景物,以定位目标的过程。

(3)辨别。辨别(Discrimination)是观察者根据察觉物体(目标)的细节量来确定看得清的程度的过程。辨别的等级可分为探测、识别、确认。

(4)探测。探测(Detection)可分为纯探测(Pure Detection)和辨别探测(Discrimination Detection)两种。前者是在局部均匀的背景下察觉一个物体,如感觉到在晴朗天空中有一架直升机或非杂乱背景中有一辆坦克。后者需要认出某些外形或形状,以便将军事目标从背景中的杂乱物体里区分出来。探测在很多文献中也被称为"发现"。

（5）识别。识别（Recognition）是指能辨别出目标属于哪一类别（如坦克、车辆、人）。

（6）确认。确认（Identification）是指能认出目标，并能足够清晰地确定其类型（如T72坦克、吉普车）。

3. 目标和背景

1）目标特征

所谓目标是指一个待定位、探测、识别和确认的物体。背景是指反衬目标的任意的辐射分布。目标特征是指把目标从背景中区别出来的空间形貌、辐射强度和频率特性等。

从天空中观察一辆车可能有不同的背景，如沙地、草地、水面、砖土、沥青等。因为植物生长具有时间性、季节性，所以目标特征中还包含时间的变化。另外，一架直升机可以有天空、云彩、山峰作为背景，这取决于观察者相对于直升机的位置。可见，在不同的情况下，"目标-背景"的表观特征是不同的，即使在目标具有固定的辐射强度下，也有差异。因此，采集典型目标的基础数据时需要考虑不同背景。

景物辐射的空间分布和频谱分布是一个复杂的函数，受到目标和背景的反射、吸收、辐射等特性的影响。可见光成像主要取决于目标对光源的反射特性；而在远红外区，景物反射特性通常可忽略不计，主要取决于目标和背景的辐射性质。在近红外和中红外区，目标和背景的反射和辐射的性质都是很重要的。

一幅光电图像反映了目标和背景辐射的空间分布。图像中点与点之间的差异可以有多种原因，如温度差异。对热成像系统性能的评价，通常采用最小可分辨温差（Minimum Resolvable Temperature Difference，MRTD）。对微光夜视成像系统性能的评价，通常采用信噪比（Signal Noise Ratio，SNR）。

2）目标和背景的模拟

在大多数捕获目标的模型中，通常用两个参数来描述目标：一是目标尺寸，该参数用临界尺寸来表征；二是目标相对背景的对比度或温差。在模型中，目标的外形一般是取矩形而不是具有复杂的外形。通常临界尺寸是目标成像的最小尺寸。例如，对于地面车辆，临界尺寸取车高 $H_{目标}$，较大的 $L_{目标}$ 为车长，这样矩形的面积为 $A_{目标} = H_{目标} \cdot L_{目标}$，也有一些模型的临界尺寸采用 $A_{目标}^{1/2}$。

在许多目标模型中，假设目标具有均匀的温度，这样的近似对于一些没有内部细节的目标来说是可行的，但对于具有很多内部细节的目标来说却很难适用，下面给出一个典型例子。

对于红外热成像，目标面积的权平均温度如图1-2所示，表观的目标特征分为 i 个子面积 A_i，每个子面积具有温度 T_i，则目标表面的加权平均温度为

$$\overline{T}_{目标} = \frac{\sum\limits_{i} A_i T_i}{\sum\limits_{i} A_i} \tag{1-3}$$

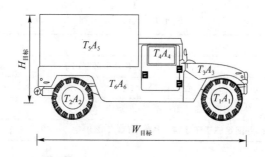

图 1-2　目标面积的权平均温度

同样可求与目标紧邻的背景区域的加权平均温度 $\overline{T}_{背景}$。目标与背景之间的温差 ΔT 为

$$\Delta T = \overline{T}_{目标} - \overline{T}_{背景} \tag{1-4}$$

可见,上面计算对于目标内部各区域温度相对比较均匀的情况比较适用,但是对于一些战术目标来说就会比较麻烦,这些目标内的一些局部温度相比于平均温度较高,而另一些局部温度相比于平均温度较低,此时若直接应用式(1-3)和式(1-4),则目标与背景总的温差很有可能为零,从而导致非常低的,甚至为零的探测概率。

1.3.2　约翰逊(Johnson)判则

1. Johnson 判则

当搜寻到目标后,就要用到 Johnson 判则来进行目标辨别。目标的尺寸和形状提供了探测、识别和确认的线索。成像设备的灵敏度、分辨力将会影响目标辨别等级。Johnson 判则假定目标在视场中心,已经不需要搜索。Johnson 判则是在微光夜视的像增强器的实验基础上发展起来的。但不少研究已证明,Johnson 判则也适用于热成像系统。Johnson 提出的辨别方法是进行目标探测和感知研究的基础,他的判则确定了目标的最小尺寸上的周数,这代表了二维图像的一维观察。

Johnson 把视觉辨别分为四大类:探测、取向、识别和确认。他采用等效条杆图样法进行实验:在柔和背景下,利用 8 种军车和 1 个战士的比例模型,观察者通过像增强器观察目标并被问及探测结果,包括探测、取向、识别和确认,从而确定目标的辨别等级;在相同环境下采用条杆法进行该像增强器的分辨力检查与观察,其条杆与比例模型一样,具有相同的对比度,将条件放置在与模型相同的距离,以增加物体最小尺寸方向的条杆数,直到这些条杆恰好单个被分辨出来,从而获得最大可分辨条杆图样的频率。如此把传感器的探测能力大致与传感器的阈值条杆图案分辨力关联起来,见表 1-1。Johnson 判则的方法如图 1-3 所示,图 1-3 显示了条杆是如何覆盖目标的最小尺寸的,目标的最小尺寸方向可以是水平、垂直或有一个角度的。目标所用的最小尺寸指的是目标区别于这一类所有其他目标的尺寸,例如,若装在船上的雷达天线圆盘是区别于不同类别船只的唯一特征,则此圆盘便变成了最小尺寸,于是圆盘的探测便成了船只确认的判则。

Johnson 关于探测、识别和确认的方法学已成为目标辨别的基础。

表 1-1　Johnson 判则

辨别等级	含义	最小尺寸上的周数
探测	存在一个目标,把目标从背景中区别出来	1.0±0.025
取向	可以辨别目标的取向,包括近似地对称或不对称、侧面或正面等	1.4±0.350
识别	识别目标属于哪一类别(如坦克、车辆、人)	4.0±0.800
确认	认出目标,并能足够清晰地确定其类型(如 T52 坦克、友方的吉普车)	6.4±1.500

图 1-3　Johnson 判则的方法

对于识别来说,目标最小尺寸因观察方向的变化而变化,所察觉到的细节也随之变化,例如,坦克上的枪炮从侧面看很清楚,而从正面分辨就比较困难。对于识别,工业上一般采用 4 周(在 50% 的概率等级上);对于确认,Johnson 判则采用 6.4 周,但美国夜视实验室在研究热成像系统后认为,采用 8 周更为适宜。

工业上采用的 Johnson 判则如表 1-2 所示,它提供了目标辨别的一种工业标准,其含义如图 1-4 所示。因为取向是一种较少采用的辨别等级,所以在该工业标准中不再列入。然而在实际应用中,对于识别而言,在 50% 的概率等级下(表示 50% 的识别概率),因识别任务不同,其 N_{50} 值可能在 3～4 周的范围内变化。因此研究人员应该针对任务的困难性相应地变化 N_{50} 值。

表 1-2　工业上采用的 Johnson 判则

辨别等级	含义	最小尺寸上的周数
探测	存在一个目标,把目标从背景中区别出来	1.0
识别	识别目标属于哪一类别	4.0
确认	认出目标,并能足够清晰地确定其类型	8.0

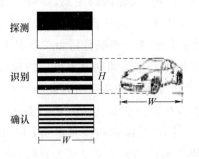

图 1-4　Johnson 判则的工业标准

2. 目标传递概率函数

Johnson 的实验结果提供了完成辨别任务(含探测、识别、确认)的 50% 概率的近似值。经过多次现场实验,可以得到不同辨别概率 P 和条杆数 N 之间的关系 $P(N)$,即目标传递概率函数(Target Transfer Probability Function,TTPF),如图 1-5 所示。进一步,可以得到不同辨别概率的条杆数和该辨别任务 N_{50} 值之间的关系(TTPF 因子),如表 1-3 所示,即对于所有目标辨别任务(含探测、识别、确认),若需获得某概率下的条杆数值,只需将此辨别任务的 N_{50} 值乘以该概率的 TTPF 因子。例如,若需求 95% 辨别概率的条杆数值 N,查表 1-3 可知,TTPF 因子为 2,则 $N = 2N_{50} = 2 \times 4 = 8$ 周/目标最小尺寸。

上述目标传递概率函数 $P(N)$ 的经验公式为

$$P(N) = \frac{\left(\dfrac{N}{N_{50}}\right)^E}{1 + \left(\dfrac{N}{N_{50}}\right)^E} \tag{1-5}$$

式(1-5)中,

$$E = 2.7 + 0.7 \cdot \frac{N}{N_{50}} \tag{1-6}$$

表 1-3　目标传递概率函数

辨别概率	1.00	0.95	0.80	0.50	0.30	0.10	0.02	0
TTPF 因子	3.00	2.00	1.50	1.00	0.75	0.50	0.25	0

由式(1-5)可作出目标传递概率函数曲线,如图 1-5 所示。该图显示了由 Johnson 判则确定的辨别三个等级的 TTPF 曲线。实际上,由于人的差异,因此对同一目标,某些人能探测到它,另外一些人将能识别它,仅有一小部分人能确认它。这样的差异在战场试验时尤为明显。例如,对于在目标的最小尺寸上有 4 周的情况,所有人都能探测到它,50% 的人能识别它,而仅有 11% 的人能确认它。

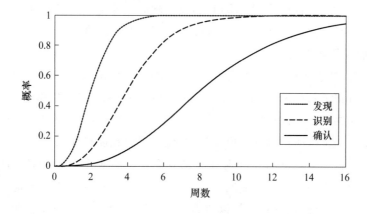

图 1-5　探测、识别、确认的目标传递概率函数曲线

当杂波增加时,辨别目标的能力便下降。杂波的影响可用信号杂波比(SCR)表示:

$$SCR = \frac{最大目标值 - 背景平均值}{杂波的均方根值} \tag{1-7}$$

在低(SCR≥10)、中(1<SCR<10)、高(SCR≤1)杂波环境下,可相应乘以 0.5、1、2.5 来调整 N_{50} 的值。

1.3.3 目标搜寻

1. 目标搜寻过程

需要目标搜寻的情况主要有以下三种:一是目标与其他非目标物(其他车辆或部分背景)彼此之间在某种程度上相互类似,或目标受到烟雾影响,或目标被伪装、遮掩;二是目标在亮度上与背景很接近,亮度差异接近人眼探测能力的阈值(被称为阈值情况);三是即使目标很容易从背景中辨别出来,但由于尺寸太小很难被发现。

搜寻过程是对一系列固定点的视觉搜索、询问以及判断目标是否存在的过程。若视场搜寻后没有找到目标,则改变视场,重复搜寻过程。

人眼的动态特性对目标搜寻的影响为:观察者借助于人眼的中央凹搜索显示屏上图像的不同的位置,迅速地移动,由一凝视点到另一凝视点。人眼在每一凝视点上持续的平均时间为 0.33 s。搜索中大的跳跃被称为急动,一个急动加上一个凝视被称为一瞥。急动持续时间仅有几毫秒,而速度可达 1 000 deg/s。在急动过程中,视觉大大降低。对于更复杂的景象,人眼中央凹会引向搜寻高信息含量的区域,区域的选择取决于观察者的期望(期望在某个区域发现目标),也取决于图像采集的期望,从而可以重点拍摄某些区域。显然,眼睛的动态特性在观察者完成视觉搜索的任务中起着主要的作用。因此,视觉搜索的模型必须考虑典型人眼的动态特性。

影响平均搜寻时间的因素包括:目标相对于非目标的差异(对比度、形状、大小)、非目标的数目、视场的大小、图像的任何变化等。因此,侦察和情报人员学习目标的外形或熟悉其特征十分必要。一方面,若观察者知道目标大体上的位置和状态,则平均搜寻时间将会减少;另一方面,若目标一直不出现,或出现时并非像观察者已经学习过的记忆图像那样,或者目标被伪装、被部分遮掩,则搜寻过程将变得困难。

2. 目标搜寻数学模型

以下较为详细地介绍一个较为简单的模型——美国夜视与电子传感器管理局(Night Vision and Electronic Sensors Directorate,NVESD)搜寻模型,它是在军事应用中较为常用的搜寻模型。该模型可以给出一定时间内在视场中确定一个目标位置的大体概率。许多现场试验测试过这一模型(用热像仪观察地面目标)。

假定观察者在一个固定的视点观看电光成像系统的成像。视觉搜寻过程是以一系列随机且彼此独立无关的瞥见组成的,每一个瞥见以一个探测概率来表征。假定观察者终将获得目标,且其所给出的目标是以前尚未发现的。设 P_i 等于第 i 次瞥见时发现目标的概率,则在第 j 次瞥见时,最终获得目标的条件概率可表示为

$$P(j) = 1 - \prod_{i=1}^{j}(1 - P_i) \tag{1-8}$$

若 P_i 不是 i 的函数（$P_i = P$）且 P 是一个小值，j 可以用 t/t_f 来近似地表示，t 是搜索到目标的总时间，t_f 是平均凝视时间且 $t_f \approx 0.3$ s，则

$$P(j) = P(t) = 1 - (1-P)^{t/t_f} \approx 1 - \exp(-P_t/t_f) = 1 - \exp(-t/\tau_{\text{FOV}}) \tag{1-9}$$

式（1-9）中，$\tau_{\text{FOV}}(\tau_{\text{FOV}} = t_f/P)$ 是发现目标的平均探测时间。式（1-9）是一个标准搜寻方程，可计算一个泊松过程首次达到时的累积概率。

实际上，不是所有观察者都能在充足的时间内最终发现目标，所以考虑不同观察者，存在一个整体概率 P_∞，我们称之为渐近概率。因此，对于各种观察者的整体来说，式（1-9）变为

$$P(t) = P_\infty [1 - \exp(-t/\tau_{\text{FOV}})] \tag{1-10}$$

P_∞ 与辨别探测中的 P_D 的区别在于，P_∞ 是找到目标在哪里的概率，P_D 是假定目标的位置几乎是已知的，而对目标进行发现、识别、确认的概率。$P(t)$ 是观察者在时间 t 内发现目标的概率。图 1-6 给出了不同 τ_{FOV} 和 P_∞ 下的 $P(t)$ 曲线。

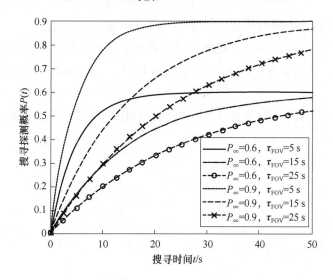

图 1-6　搜寻探测概率 $P(t)$ 与搜寻时间 t 的关系曲线

P_∞ 的方程与静态探测的概率 $P(N)$ 的方程非常相似，其区别仅在于所用的 N_{50} 值，P_∞ 的方程如下：

$$P_\infty = \frac{[N/(N_{50})_D]^E}{1 + [N/(N_{50})_D]^E} \tag{1-11}$$

与式（1-5）一样，N 是跨越目标的可分辨的周数，$E = 2.7 + 0.7[N/(N_{50})_D]$。而此处的 $(N_{50})_D$ 是 50% 的捕获概率的周数。式（1-5）中的 N_{50} 反映了完成静态辨别任务的困难程度，此时目标的近似位置是已知的，$(N_{50})_D$ 则反映了在各种不同的杂乱状态下发现目标的困难程度。在各种不同的背景杂乱程度下，完成目标捕获所占的周数 $(N_{50})_D$ 的近似值如表 1-4 所示。

表 1-4　$(N_{50})_D$ 的近似值

背景杂乱程度	例子	$(N_{50})_D$
无杂乱	目标在亮源、运动、高度明显的背景中	≪0.5
低杂乱	目标在田野中或道路上	0.5
中等杂乱	坦克在有坦克状的灌木丛林的沙漠中	1.0
高度杂乱	车辆在相似的车辆的阵列中	2.0

试验结果发现,搜寻的单瞥概率 P_0 正比于 P_∞。对于 $P_\infty \leqslant 0.9$ 和低于中等杂乱的情况,发现目标的平均探测时间 τ_{FOV} 的近似式可表达如下:

$$\frac{1}{\tau_{FOV}} = \frac{P_0}{t_f} = \frac{P_\infty}{3.4} \tag{1-12}$$

对于 $P_\infty > 0.9$ 的情况(即 $N/(N_{50})_D < 2$ 的情况)来说,P_∞ 可用 $N/2(N_{50})_D$ 来近似表达,将它代入式(1-12),便有

$$\frac{1}{\tau_{FOV}} = \frac{P_0}{t_f} = \frac{1}{6.8} \frac{N}{(N_{50})_D} \tag{1-13}$$

利用以上假设,人们可以用式(1-12)或式(1-13)来估计 τ_{FOV}。

在特定的时间 t 下,FOV 搜寻性能的总体捕获概率的计算步骤可归纳如下。

(1) 利用上一节目标辨别的预测中所叙述的流程,计算跨越目标的临界尺寸的可分辨的周数 N。

(2) 利用表 1-4 估计 $(N_{50})_D$,即 50% 的观察者探测到目标所需的跨越目标临界尺寸的可分辨的周数。

(3) 利用方程

$$P_\infty = \frac{[N/(N_{50})_D]^E}{1 + [N/(N_{50})_D]^E} \tag{1-14}$$

确定渐近的搜寻概率。

(4) 利用下列公式确定 τ_{FOV}:

$$\frac{1}{\tau_{FOV}} = \frac{P_\infty}{3.4}, \quad 若 P_\infty \leqslant 0.9$$

$$\frac{1}{\tau_{FOV}} = \frac{1}{6.8} \frac{N}{(N_{50})_D}, \quad 若 P_\infty > 0.9 \tag{1-15}$$

(5) 利用公式

$$P(t) = P_\infty [1 - \exp(-t/\tau_{FOV})] \tag{1-16}$$

计算 t 时刻下的总体捕获概率。

以上详细介绍了 NVESD 搜寻模型。尽管这个模型的形式简单,但却与现场试验的结果很吻合。下面举例说明。

在中等杂乱的情况下,对在 6 km 处高度为 3.2 m 的目标,其固有温差 ΔT 为 1.25℃,"好"大气下的平均透射率为 51%,得到"表观温差 ΔT"为 0.64℃(按公式 $\Delta T_{表观} \approx \tau^R \Delta T$

计算,此时 6 km 的总体影响是 51%,51%×1.25℃=0.64℃)。由 MRTD 可得,相应于表观温差 ΔT 的最大可分辨空间频率为 4.8 周/mrad,通过计算可得跨越目标上的可分辨周数为 2.56 周($N=4.8×3.2/6=2.56$ 周)。对于中等杂乱的情况,由表 1-4 可得 $(N_{50})_D=1$。于是由式(1-14)可得 P_∞ 为 0.99,由式(1-15)可得 τ_{FOV} 为 2.65 s。

在"坏"大气下,表观温差为 0.093℃,最大可分辨空间频率为 2.56 周/mrad,目标的临界尺寸的可分辨周数为 $N=1.34$ 周。对于这样的情况,P_∞ 为 0.74,τ_{FOV} 为 4.52 s。在两种大气下,搜寻探测概率随时间变化的曲线如图 1-7 所示。

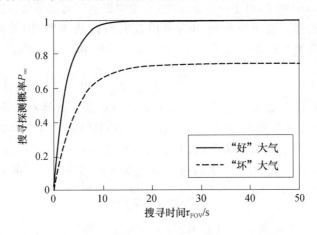

图 1-7 "好"大气和"坏"大气下搜寻探测概率随时间变化的曲线

1.3.4 探测距离估计

1. 探测距离的影响因素

探测距离估计是多种变量的函数。典型的变量包括视场、大气透射率、光学透射率、光学参数、目标尺寸、目标辐射强度和视线稳定度等。

由于成像系统的最小可分辨温差(MRTD)或最小可分辨对比度(MRC)是估计探测距离的重要参数,因此需确定系统的 MRTD 或 MRC 的影响因素。对于受灵敏度或分辨力限制的系统,对应提高系统的灵敏度或分辨力可提高探测距离。影响灵敏度和分辨力的因素如表 1-5 所示。实际中使灵敏度提高的那些因素往往会降低分辨力,故一个最佳的系统是在分辨力和灵敏度之间取得某种平衡。

表 1-5 影响灵敏度和分辨力的因素

灵敏度	分辨力
探测器响应度	
光学透射率	子系统的 MTF
f 数	Nyquist 采样频率
噪声等效带宽	探测器对目标的对应角
探测器面积	

2. 探测距离模型示例

Johnson 判则提供了 MRTD 图上目标对应角与空间频率比例尺之间的联系。假设光谱大气透射率 $\tau(\lambda)$ 在 (λ_1,λ_2) 之间无差别,则 $\tau(\lambda)=\tau$,目标与背景的固有温差为 ΔT,则在系统的入射孔径处,表观温度微小差异 $\Delta T_{表观}$ 可近似表示为

$$\Delta T_{表观} \approx \tau^R \Delta T \tag{1-17}$$

这里 R 是光程,即系统离目标的距离。

MRTD 与空间频率的关系曲线如图 1-8(a) 所示,其中,横坐标为空间频率(周/mrad),从图 1-8(a) 中可见,对于一给定系统,若希望识别较高细节的目标,则整体目标与背景的温差也需较高。这里空间频率为单位观察角内的周数,因此可用下面过程把 MRTD 横坐标转化为观察距离,如图 1-8(b) 所示。若跨越目标的周数为 N,则

$$N = \frac{h}{R} f \tag{1-18}$$

对于二维辨别来说,临界尺寸 $h = h_c = (HW)^{1/2}$;对于一维辨别来说,h 取最小尺寸,即 $h = H_{目标}$。h/R 是在距离 R 处的目标张角。f 为临界频率。对于一维辨别,$f = f_x$,f_x 表示图 1-8(a) 横坐标上的临界频率值;对于二维辨别,$f = f_{2D}$。例如,如果目标尺寸为 3 m,覆盖此尺寸需要 4 周,对于一维辨别,则由空间频率转换到距离的表达式为

$$R = \frac{h}{N} f_x = \frac{3}{4} f_x \tag{1-19}$$

这里 $N=4$ 周表示一维模型的 50% 的识别概率,或二维模型的 75% 的识别概率。

如图 1-8(b) 所示,由 $\Delta T_{表观}$ 随距离变化的曲线与 MRTD 曲线的交点,可得到此辨别等级下的可认出目标的距离。若 $N_{50}=4$,$h=3$ m,$\Delta T=2.5℃$,令 $\tau(\lambda)=\tau$,则在图 1-8(b) 中,$\Delta T_{表观}$ 是用半对数坐标绘制的($\Delta T_{表观}$ 采用分度不均匀的对数坐标轴,距离 R 采用分度均匀的普通坐标轴),平均大气衰减为 0.85/km,则此时 $\Delta T_{表观}$ 随距离变化的曲线是一条直线。由此可得识别距离大约为 3.9 km。

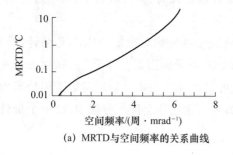

(a) MRTD 与空间频率的关系曲线

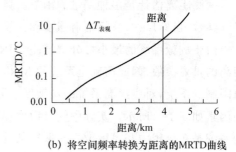

(b) 将空间频率转换为距离的 MRTD 曲线

图 1-8 典型的通用组件系统(一维)的识别距离

以上给出的距离估计方法和曲线形状是具有代表性的。曲线形状的变化取决于所选择的辨别等级、目标尺寸、大气透射率等。以上叙述是关于热成像系统的,在大多数情况下,只需要进行很小的修正,便可将此原理应用到所有的成像系统中。如对微光夜视系统进行探测距离估计时,则可用 MRC 代替 MRTD,用目标-背景对比度代替 ΔT,其与热成像系统曲线的形状是相同的,结论也是相同的。

1.4 电磁波基础

1.4.1 电磁波基本概念和原理

信息的获取和传递大多利用目标的电磁辐射特性,电磁辐射是侦察技术最基础、最重要的知识。

电磁波的传播速度为 3×10^8 m/s,是宇宙中最快的速度。电磁波的电场矢量、磁场矢量具有频率、振幅、相位、极化等可变参量,这些可变参量都可以充当信息载体。电磁波由辐射源产生,在空间或媒质中传播。磁波辐射时,其频率、振幅、极化的变化规律等由辐射源决定。电磁波传播时,其参量受媒质影响而发生变化,且不同媒质导致的变化规律不同,因此电磁波参量的变化规律体现了媒质自身特性的信息。遇到障碍物时,电磁波会发生反射、折射、绕射、散射,由于不同障碍物反射、折射、绕射、散射的规律不同,参量变化规律也不同,因此通过分析这些规律就能获取有关障碍物的信息。可见,电磁波是信息的最佳载体,是信息获取、传输的理想工具。

按照频率的高低或波长的大小,人们把电磁波划分为不同的频段,如图 1-9 所示。

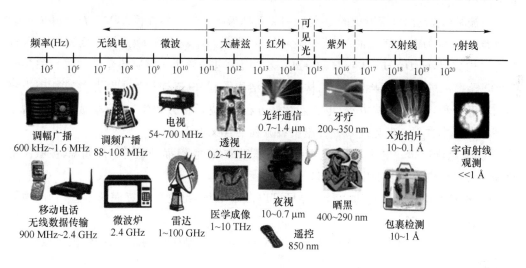

图 1-9 电磁波谱

1. 电磁波的特性

1) 电磁场的定义

空间电荷 ρ 会在其周围产生一种看不见的物质,该物质对处于其中的任何其他电荷都有作用力,我们称该物质为电场,其强度、方向用电场强度矢量 E 表示,电荷是电场的散射源。空间的运动电荷形成空间的电流 J,它除了可以产生电场之外,还会在其周围产生另一种看不见的物质,我们称该物质为磁场,其强度、方向用磁场强度矢量 H 表示,磁场对处于其中的任何其他电流都有作用力。磁场强度 H 是以电流为中心轴、呈旋涡环绕状态分布的,电流是磁场的旋涡源。

静电场、静磁场可以分别独立存在。时变电场可产生时变磁场,时变磁场可产生时变电场,二者相互关联,形成不可分割的时变电磁场。电荷、电流与电磁场的关系可以用麦克斯韦方程组来描述。微分形式的麦克斯韦方程组包括四个方程。

全电流定律:

$$\nabla \times H = J + \frac{\partial D}{\partial t} \tag{1-20a}$$

法拉第电磁感应定律:

$$\nabla \times E = -\frac{\partial B}{\partial t} \tag{1-20b}$$

磁通连续性定律:

$$\nabla \cdot B = 0 \tag{1-20c}$$

高斯定律:

$$\nabla \cdot D = \rho \tag{1-20d}$$

式中,$\partial/\partial t$ 表示对时间求偏导;$\nabla \times A$ 表示矢量 A 的旋度,是矢量 A 的旋涡源强度;$\nabla \cdot A$ 表示矢量 A 的散度,是矢量 A 的散度源强度;标量 ρ 是电荷密度,可以激励电场;矢量 J 称为电流密度矢量,可以激励磁场。

电流是由移动的电荷形成的,J 与 ρ 的关系称为电流连续性方程,即 $\nabla \cdot J + \partial \rho/\partial t = 0$。矢量 D、B 分别为电位移矢量、磁感应强度矢量,它们与电场强度 E、磁场强度 H 的关系式称为结构方程,即 $D = \varepsilon E$、$B = \mu H$、$J = \sigma E$,这是因为电磁场所在媒质的介电常数 ε、磁导率 μ 和电导率 σ 与媒质本身的微观结构有关。结构方程、电流连续性方程是麦克斯韦方程组的辅助方程,三者(结构方程、电流连续性方程、麦克斯韦方程组)一起构成描述宏观电磁现象的基本方程。麦克斯韦方程组中各方程的含义如下。

① 全电流定律。电流、时变电场都可以激励磁场,它们都是磁场的旋涡源,被激励的磁场环绕可变电流或时变电场分布。

② 法拉第电磁感应定律。时变磁场可以激励电场,是电场的旋涡源,被激励的电场环绕时变磁场分布。

③ 磁通连续性定律。不存在与电荷相对应、可以激励磁场的磁荷,磁场没有散度源,是无散场。

④ 高斯定律。电荷可以激励电场,它是电场的散度源。

若没有外加电荷和电流,即 $\rho = 0$,$J = 0$,则麦克斯韦方程组的两个旋度方程简化为

$$\nabla \times H = \varepsilon \frac{\partial E}{\partial t} \tag{1-21a}$$

$$\nabla \times E = -\mu \frac{\partial H}{\partial t} \tag{1-21b}$$

由式(1-21a)、式(1-21b)可知,在一定条件下,时变电场、时变磁场可以不断互相激

励。空间各点处的时变电场和时变磁场同时存在,并逐渐向周围的空间扩散传播,这个过程就是时变电磁场的传播过程,如图 1-10 所示。图 1-10 只画出了两个方向的部分传播过程,实际上电磁波可以从场源向各个方向传播。

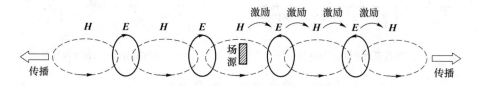

图 1-10 电场、磁场相互激励,形成电磁波

场源的时变规律决定了它激励的电磁场的时变规律,时变磁场、时变电场的相互依次激励使得远离场源处的电磁场具有与场源相同的时变规律。场源的"振动"在空间以波动的形式传播,我们称其为电磁波。

麦克斯韦方程组是线性方程组,在线性媒质中满足叠加原理,即多个场源各自产生的电磁场可以同时存在,空间任一点的电磁场等于各个场源在该点产生的电磁场的矢量叠加。

2) 电磁波的传播特点

由麦克斯韦方程组求解出的无耗、无界、无源、理想、均匀媒质中的时谐电磁波的电场为

$$E(r,t)=E_0\hat{e}\cos(2\pi ft-kr) \tag{1-22}$$

式(1-22)中,E_0 表示电场矢量的振幅;$\hat{e}$ 表示电场矢量的方向;$2\pi ft-kr$ 是电场矢量的相位;t 表示时间;f 是频率,r 表示电磁波传播方向上的空间距离,k 表示电场相位随 r 的变化率,即每米内相位的变化量;电场强度随时间、空间以余弦规律周期性变化。式(1-22)表示的时谐电磁波还有一种常用的复数表示,即

$$E(r)=E_0\hat{e}e^{-jkr} \tag{1-23}$$

式(1-23)省略了有关时间 t 变化的部分。由麦克斯韦方程组可推出式(1-23)所示电磁波在无耗、无界、无源的理想均匀媒质中的性质和参数。

① 传播速度为 $v=1/\sqrt{\varepsilon\mu}$,普通大气压下,在干燥空气中的传播速度为 $v=1/\sqrt{\varepsilon\mu}\approx 1/\sqrt{\varepsilon_0\mu_0}=3\times10^8$ m/s。

② 传播方向为 r 增大的方向。

③ k 表示电场在传播方向上单位距离内的相位变化量,称为相移常数,$k=2\pi f\sqrt{\varepsilon\mu}$。

④ 时变曲线如图 1-11(a)所示,箭头表示电场矢量,变化周期 $T=1/f$。

⑤ E 的振幅的空间分布如图 1-11(b)所示,可见幅度按余弦周期分布,完全变化一次所需的距离是电磁波的波长 λ,$\lambda=v/f=2\pi/k$。

⑥ 随着时间增大,电场的空间分布沿传播方向逐渐向远处推移,推移速度等于电磁波的传播速度。如图 1-12 所示,某点电场矢量的场值在下一时刻出现在远处某点,如 A

点的场值随时间增大依次出现在 B 点、C 点、…。

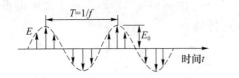

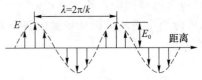

(a) 空间任意点时谐电场的时间分布　　　　　(b) 任意时刻时谐电场的空间分布

图 1-11　无耗媒质中的平面波分布

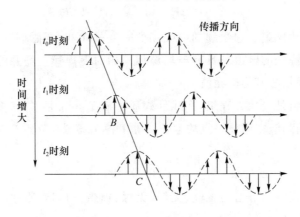

图 1-12　电场空间分布曲线随时间的增大而推移

⑦ 在任意固定时刻,电磁波的相位随传播方向上空间距离 r 的变化而变化,r 值相同的空间点所组成的曲面上,相位处处相等,这样的曲面称为电磁波的等相位面,它总垂直于传播方向。等相位面为平面、柱面、球面的电磁波分别称为平面波、柱面波、球面波。如果平面波的一个等相位面上的电场矢量处处相等,那么就称其为均匀平面波。

电磁波在空间波动传播,电磁能量也随之传播,形成电磁能流。电磁波的传播方向就是电磁能流流动的方向。电磁能流的大小、方向用能流密度矢量 S(称为坡印亭矢量)表示,其单位是瓦特/平方米(W/m^2),它可用电磁场矢量来表示:

$$S = E \times H \tag{1-24}$$

能流密度矢量的方向表示电磁能量流动的方向,也就是电磁波的传播方向,E、H、S三者两两垂直,成右手螺旋关系,如图 1-13 所示。能流密度矢量的幅度等于单位时间内流过单位面积的电磁能量,该单位面积与能量流动方向垂直。

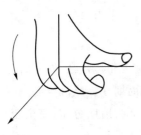

图 1-13　能流密度矢量

若在电磁波穿过的空间曲面上对能流密度矢量做面积分,则可求出穿过整个曲面的电磁功率。例如,天线辐射电磁波,取一个完全包围天线的空间曲面,将能流密度矢量在该曲面上积分,就可求出天线辐射的全部电磁功率。

在空间任意固定点处,我们将电场矢量随时间的变化规律称为电磁波的极化方式。

时谐电磁波的极化分为线极化、圆极化和椭圆极化三种。

如果电场矢量始终在一条固定直线上变化,我们将这种电磁波称为线极化波。实际上,线极化波可以分解为两个相互垂直、同相变化的线极化波的组合,如图 1-14(a)所示。其中,$E=E_1+E_2$,E_1、E_2 分别是沿直线一、直线二方向的线极化波,二者的幅度同时达到最大、同时为零,这使得 E 始终沿直线变化。

如果空间任意固定点处的电场矢量幅度保持不变,其方向绕一个圆周连续、匀速变化,则称其为圆极化波。圆极化波可以看作两个相互垂直、振幅相等、相位相差 90° 的线极化波的组合,如图 1-14(b)所示。其中,$E=E_1+E_2$,E_1、E_2 分别是沿直线一、直线二方向的线极化波。90° 的相位差导致 E_1、E_2 的幅度大小交替变化,E_1 的幅度达到最大时,E_2 的幅度为零,E_1 幅度为零时,E_2 的幅度达到最大,这使得 E 沿圆周变化。若 E_1 的相位比 E_2 超前 90°,圆极化波的旋向是从 E_1 转向 E_2 的方向,如图 1-14(b)左图所示;若 E_1 的相位比 E_2 滞后 90°,则圆极化波的旋向逆转,如图 1-14(b)右图所示。若圆极化波的旋向与电磁波传播方向成右手螺旋关系,则称其为右旋圆极化波;若成左手螺旋关系,则称其为左旋圆极化波。以图 1-14(b)为例,假设传播方向是垂直纸面向外,则图 1-14(b)左图为左旋圆极化波,图 1-14(b)右图为右旋圆极化波。

若两个线极化波的振幅相等、相位差 90° 中有一项不满足,圆极化波就变成了椭圆极化波,如图 1-14(c)所示。椭圆极化波也可以看作两个相互垂直的线极化波的组合,但幅度、相位关系不满足特定值的要求,椭圆极化波的旋向也可以分为左旋、右旋两种,判断方法与圆极化波相同。

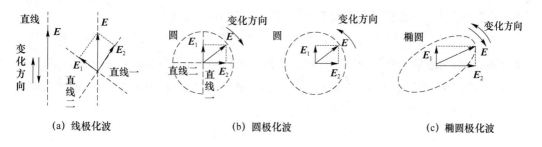

(a) 线极化波   (b) 圆极化波   (c) 椭圆极化波

图 1-14 时谐电磁波的三种极化类型

电磁波的极化类型由其辐射源决定,但在传播过程中可能会受媒质的影响而改变。采用天波方式传播电磁波时,电磁波被电离层反射,由于电离层具有各向异性的性质,线极化波经电离层反射后会变为椭圆极化波,且旋向会逆转。降雨时,线极化波穿过雨滴后,极化方向会发生旋转,出现去极化现象,大气中的云、雾、烟尘、冰晶也会引起去极化现象,因此地面与卫星通信时一般不采用线极化发射、线极化接收的方式,而采用线圆结合的方式。

电磁波的极化类型影响电磁波的传播效率。例如,地面为导电媒质,它对平行于地面传播的水平线极化波衰减较大,因此,采用地波方式沿地面传播电磁波时,应采用垂直于地面的垂直极化波(鞭状电线一般是直立的)。

电磁波的极化类型可以用来识别目标。当某种极化类型的电磁波照射到目标后,其反射波的极化类型可能发生改变。例如,圆极化波照射细长形状的金属目标,反射波是与目标平行的线极化波。极化如何改变取决于目标的形状、尺寸、结构物质特性,故可以通过获取极化的改变方式,来提取一些目标特性或参数,这就是极化识别技术。

电磁波的极化特性可以用于抗干扰。两个相互垂直的线极化波互不干扰,两个旋向相反的圆极化波也互不干扰,我们可以利用这个性质,让不同极化的电磁波承载不同的信号,用同一频率或同一信道传输而互不干扰。

2. 电磁波的反射、折射、散射和绕射

1) 电磁波在媒质交界面的变化规律

电磁波传播时可能会遇到媒质参数发生变化的情况,如同一种媒质分布不均匀,或者从一种媒质进入另一种媒质。电磁波在媒质参数发生变化的交界面处所遵循的变化规律称为边界条件,其可由麦克斯韦方程组推导出来,具体有如下三条。

① 在电磁波跨越两种不同媒质的交界面时,电场强度 E 的平行于交界面的切向分量保持不变,磁感应强度 B 的垂直于交界面的法向分量保持不变。

② 若交界面上有传导面电流,则磁场强度 H 的切向分量发生突变,突变量等于传导面电流密度值 J_s;若交界面上没有传导面电流,则 H 的切向分量连续。

③ 若交界面上有自由面电荷,则电位移矢量 D 的法向分量发生突变,突变量等于自由面电荷密度值 ρ_s;若交界面上没有自由面电荷,则 D 的法向分量连续。

在电磁场问题中,经常会遇到两种不同不导电介质的交界面,如空气与干燥土壤的交界面、空气与玻璃的交界面。不导电介质没有自由电荷,不会出现传导电流,此时边界条件为:电场 E、磁场 H 的切向分量连续,磁感应强度 B、电位移矢量 D 的法向分量连续。可见,若墙内没有钢筋则便于穿墙雷达的使用。

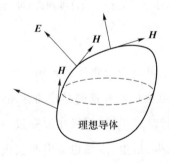

图 1-15 理想导体表面的电磁场

另外,还有一种常见的交界面是不导电介质与金属导体的交界面,如空气与飞机机身的交界面。电磁场会在导体表面感应出传导电流和自由电荷。在很多问题中,良金属导体可以近似为理想导体,电磁场只能分布在其表面以外,电场 E 垂直于理想导体表面,磁场 H 平行于理想导体表面,如图 1-15 所示。其中,$|E| = \rho_s / \varepsilon$;$|H| = J_s$;$\rho_s$ 为面电荷密度;J_s 为面电流密度。

依据边界条件,可以由交界面附近的电磁场求出交界面上的电流、电荷分布情况,进而分析电磁波传播遇到交界面后交界面两侧电磁波的分布、传播情况,即下面要讨论的电磁波的反射、折射、散射和绕射现象。

2）反射、折射、散射和绕射现象

电磁波传播遇到媒质参数发生变化的交界面时,入射波的能量会分散并向其他方向传播,不会再全部按原方向传播,即电磁波会出现反射、折射、散射、绕射（或衍射）等现象。反射、折射的含义与几何光学中的含义相同。散射是指电磁波向各个方向发散传播。绕射是指电磁波绕过障碍物继续前进。这些现象都会产生能量的损失。

实际上,反射、折射、散射、绕射现象的实质是相同的,是电磁波与障碍物相互作用的结果。从电磁学的观点来看,任何物体都是无数带电粒子的集合。入射电磁波遇到障碍物时,会在其表面和内部（如果入射电磁波能进入其内部）引起时变感应电流（如果障碍物中有自由带电粒子）或时变感应电荷（如障碍物中原本分布均匀、呈现电中性的正负电荷受入射波作用而分离并呈现极性）,这些时变感应电流、时变感应电荷称为二次辐射源,它们也会辐射电磁波,且辐射方向各不相同,即出现了反射波、折射波、散射波、绕射波,它们的能量都来自入射电磁波。

（1）电磁波的反射与折射

电磁波遇到不同媒质交界平面时,会发生反射、折射现象。入射波功率在交界面处分成两部分:一部分反射回入射波所在的媒质,即反射波;另一部分进入另一种媒质,即折射波。电磁波的反射、折射规律与几何光学的反射、折射规律相同（因为光波就是频率极高的电磁波）。反射波、折射波的频率与入射波频率相同。反射波电场振幅、折射波电场振幅与入射波电场振幅之比分别称为反射系数、折射系数,它们与两种媒质的介电常数、磁导率有关,还与入射电磁波传播的入射角度有关。反射波、折射波、入射波的传播方向与交界面法线在同一个平面上,如图 1-16 所示。

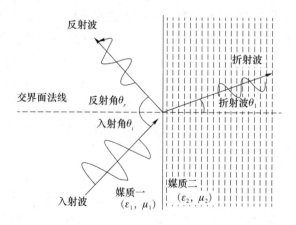

图 1-16　电磁波的反射与折射

（2）电磁波的散射

电磁波入射到障碍物的粗糙表面时，会产生各个方向的散射波。障碍物表面是否粗糙与入射波的入射角度、波长密切相关，其判断准则为瑞利准则。如图1-17所示，表面的平均起伏为 h，入射波仰角为 α，其波长为 λ，则当 $h\sin\alpha < \lambda/8$ 时，可以将表面当作光滑平面来处理，否则就要将表面当作粗糙表面，此时不仅有镜面反射波，还有向各个方向传播的散射波。由瑞利准则可知，垂直入射散射比较严重。

电磁波在大气中传播时发生散射的原因有很多，这是因为大气层并不是理想的均匀介质，充满了随机的不均匀介质。例如，低空大气中的湍流不均匀体、电离层中局部区域的不均匀体，以及大气中的水凝物（云、雾、雨、冰晶）、烟尘等小颗粒都会引起电磁波散射。这些小颗粒一般可近似为介质球体，其散射如图1-18所示。分析证明：当介质球体尺寸与波长可比拟时，会发生散射。这些介质球体的散射具有方向性，在与来波相同的方向（即前向）和与来波相反的方向（即后向）的散射最强，其他方向的散射相对小些。波长越小，后向散射越强，波长越大，前向散射越强。当波长远小于小颗粒时，来波基本会被反射回去，如光线不能穿过云、雾；当波长远大于小颗粒时，来波可以绕过障碍继续传播。大气水凝物、烟尘等的直径很小，因此对光波、微波（如卫星、雷达、移动通信信号）、超短波（如电视、雷达信号）的散射影响较大，对中波、短波（如广播信号）的影响较小。

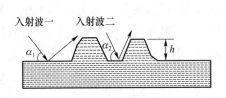
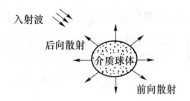

图1-17 粗糙表面的瑞利准则　　　图1-18 介质球体的散射

（3）电磁波的绕射

电磁波在传播时所遇到障碍物的尺寸与电磁波波长可比拟或比电磁波波长小时，电磁波就会绕过障碍物继续传播，发生绕射现象。另外，物体的边缘处也会产生电磁波的绕射，且边缘的曲率与电磁波波长可比拟或比电磁波波长小时，绕射更显著。如超长波、长波可以绕地球表面绕射传播，而短波、微波则不能这样。电磁波遇到山峰、建筑物边缘时，也会发生绕射，波长越大的电磁波，其绕射能力越强。若障碍物的尺寸远远大于波长，则绕射波十分微弱甚至没有，障碍物后面称为入射波照射不到的寂静区。

3. 电磁波在探测与感知技术中的应用

1）遥感

温度在绝对零度以上的宇宙天体、地表物体（如空气、土壤、植被、水域、生物等）都是电磁波辐射源，当这些物体受到电磁波照射时，会发生反射、透射、散射、吸收现象。物体辐射、反射、吸收电磁波的规律称为物体的波谱特性，它由该物体的物理状态（如温度、湿度）和化学特征（如物质成分）决定。不同物体的波谱特性各不相同，可通过测量、分析来获取各种物体以及同一物体在不同状态下的波谱资料。

如果通过电磁波传感器接收某物体辐射或者反射、散射的电磁波，获取其波谱特性，再与已知物体的波谱特性进行比对，就可判别出物体的类别，进而获取其物理状态和化学特征等信息。利用这个原理，借助于安装在高空的电磁波传感器，可记录各种地物辐射、反射、散射的电磁波，并从中提取地物的类型、变化规律、分布区域等信息，这种获取信息的手段和方法就是遥感。遥感技术可以全面、快速、高效地获取地球地物信息，在国民经济、国防军事方面具有重大意义。

常用遥感系统原理的框图如图 1-19 所示。遥感方式可分为被动和主动两种：被动遥感系统不需要人工辐射电磁波，只接收地物辐射的电磁波或地物反射的自然辐射源（主要是太阳）电磁波，使用的电磁波频段一般为红外频段、可见光和微波频段；主动遥感系统通过人工辐射源辐射电磁波，然后接收地物反射的电磁波，一般采用微波频段。电磁波的接收装置统称为电磁波传感器，采用可见光成像可接收可见光，采用红外传感器可接收红外，采用天线可接收微波，电磁波传感器的作用是将电磁波转化为电路信号。信号处理系统可对电路信号进行分析、处理，并从中提取物体的波谱特性或其他信息，然后根据需要进行信息存储、显示或者传送。

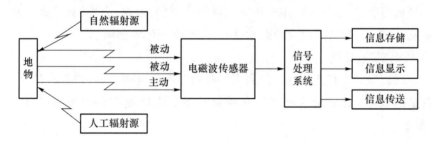

图 1-19　遥感系统原理框图

遥感设备可安放在热气球、飞机、卫星上，完成地质、地理、水文、海洋、环境等方面的监测。在军事侦察方面，利用遥感技术可实现对军事装备、军事基地的侦察，应用红外、微波遥感不仅可以侦察地面目标，还可以发现隐蔽在地下、水下的目标，如仓库、坑道、发射基地、潜艇等。红外遥感设备可以发现军事装备发动机运行时的火焰、热气流，监视其动向。

2）雷达探测

雷达的主要功能是发现、跟踪目标并测定目标的参数，如坐标、速度、大小、形状等。雷达工作方式可分为被动式和主动式：被动雷达只接收目标的辐射或者反射其他辐射源的电磁波，从中获取目标的信息；主动雷达发射电磁波，然后接收目标反射、散射的电磁波，从中获取目标的信息。一般说的雷达均指主动雷达，其原理框图如图 1-20 所示。主动雷达的工作原理如下：雷达信号发生器依据雷达工作方式及欲探测目标的类型，产生某种形式的信号，如脉冲信号、连续波信号等；发射机将该信号调制到具有一定频率的高频信号上，送至天线，形成向特定方向辐射的电磁波；若在此特定方向范围内存在目标，则目标对电磁波会产生反射、散射,反射波、散射波便携带了关于目标的信息;一部分反射波、散射波回到雷达天线并进入接收机,转化成电路信号,信号处理系统从中提取目标的信息,然后进行存储、显示或传送。雷达通过收发转换开关控制天线,规律性地分时完成电磁波的发射和接收工作。

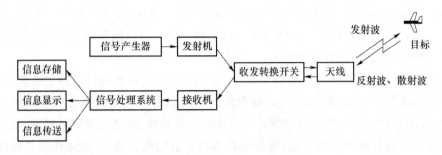

图 1-20 主动雷达系统原理框图

雷达不仅可以依据反射波、散射波的来波方向测出目标的方向,依据发射与接收之间的时间差测出目标的距离,依据发射波、接收波之间的频率差测出目标的速度,还可以通过对目标进行成像,获得目标的大小、形状、材质等信息,因此雷达是利用电磁波获取信息的一种重要手段,不仅可应用于国防军事中的预警、跟踪、火控、制导等方面,还可广泛应用于航空、航天、航海、气象探测、地球探测、宇宙探测等领域。

3)无线电定位、导航

舰船、飞机、车辆或其他移动个体利用导航站辐射的电磁波,获取自身的坐标、方向、速度等信息的技术,就是无线电定位和导航技术。无线电定位导航系统原理框图如图 1-21 所示。

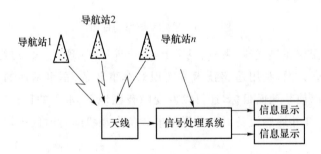

图 1-21 无线电定位导航系统原理框图

导航站的位置一般是固定的,其辐射的电磁波携带着导航站的位置、时间等信息。移动个体依据接收的来波方向可以测出自身的方位,依据接收的来波传播时间可以测出自身与导航站的距离,不过这要求导航站的发射时刻与移动个体的计时开始时刻严格同步。也可以采用主动式测距法,移动个体主动发射询问信号,导航站接收到询问信号后发射回答信号,从而实现准确测距。移动个体测出自身与若干不同位置导航站的距离,依据一定的几何算法(如双曲线定位法、三球交会定位法等)就可以计算获得自身的坐标、方向、速度等信息。无线电导航站可以设置在地面、水面、空中或太空中。导航可采用的频段范围很宽,长波、超长波可用于地面、水面、水下导航系统,中波、超短波可用于地面、空中导航系统,微波可用于卫星导航系统。无线电定位导航技术在航空、航天、航海、交通、救援方面,以及侦察、巡逻、部队机动、目标探测、精确制导等军事方面发挥重要的作用。

4)电磁检测

电磁检测原理与遥感原理类似,但目的、用途有所不同。电磁波传播过程中遇到物质时,会发生反射、散射、透射、吸收等现象,不同物质有不同的规律,同一物质在不同物理状态下也有不同的规律,这些规律可从反射波、散射波、透射波的参量中体现出来。因此,可以借助于电磁波来获取关于物质的信息,如物质成分、密度、湿度、含水量、温度等非电量,还有介电常数、磁导率、电导率等电参数。电磁检测可以测量物质的几何参数,如距离、厚度、长度、丝径、球径等。因此,电磁检测广泛应用于工业、农业、医药领域,如煤粉含碳量测量、粮食水分测量、钢板厚度测量等。由于电磁波可以穿透物质,因此电磁检测技术可以对物质内部进行非接触检测、无损检测,发现物质内部的结构形式或包含物,查找物质内部的空洞、裂缝等,用于管道裂缝探查、机场箱包检查、人体 X 光透视等。

电磁检测系统的原理框图如图 1-22 所示,有的探测方法利用物质的反射波、散射波来进行,有的探测方法利用物质的透射波来进行。从微波、太赫兹到 X 射线、γ 射线频段的电磁波都可以用于电磁检测。

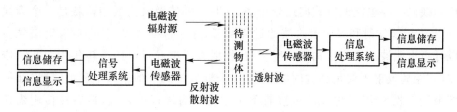

图 1-22　电磁检测系统原理框图

1.4.2　电磁波的辐射与接收

在本节和后面的"电磁波传播"一节中,"电磁波"是指电磁波中除"光波""太赫兹"之外的"无线电波",包括长波、短波、微波、毫米波等。

在无线电波频段,辐射或接收电磁波的装置是天线。

天线的诞生可以追溯到 19 世纪 80 年代中后期赫兹验证无线电波存在的实验。海因里希·鲁道夫·赫兹(Heinrich Rudolf Hertz)的实验系统可以视作米波无线电收发系统,它的发射天线是终端接有金属方板的偶极子天线,接收天线是一个谐振环。后来,赫兹还用抛物面天线做过实验。20 世纪初,伽利尔摩·马可尼(Guglielmo Marconi)在赫兹实验系统的基础上添加了调谐电路,建成了大型天线系统,成功地完成了横跨大西洋的无线电报实验,"天线"一词正式诞生。

本节首先阐述天线辐射与接收的基本原理;其次,介绍天线的电参数;再次,介绍天线阵列的基本结构、特性和相控阵天线的概念;最后介绍多种典型的天线。

1. 天线辐射与接收的基本原理

根据麦克斯韦方程组可知,时变电荷及电流可以激发电磁场,且电磁场脱离电荷、电流,以波的形式在空间中传播。不难理解,如果导体上存在随时间变化的电流,也就是导体中载流子的运动速度随时间按照一定规律变化,外部空间就会形成某种随时间变化的电磁场结构,表现为导行电磁波或无线电波的形式。

导行电磁波的概念可以参照如图 1-23 所示的平行双线传输线来理解。平行双线中的电磁能量被束缚在两平行导线间及周围很小的区域内,表现为沿传输线轴向传输的导行电磁波,不能有效地向外部空间辐射。

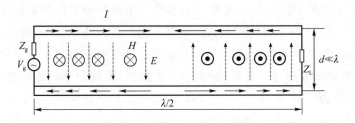

图 1-23 平行双线传输线的电流与场结构

如果使传输线导体的终端开放,或者再加上特定的附属结构,那么导行电磁波就会脱离传输线以无线电波的方式向远处传播,这时的导体及其附属结构就是一个天线。图 1-24 给出了天线发射和接收电磁波的过程示意,这一过程可以描述为:发射信号在传输线中以导行电磁波的形式传输到发射天线,发射天线把导行电磁波转化为向空间传播的电磁波,在距离发射天线足够远的地方,电磁波近似为局部的平面电磁波;该局部平面电磁波照射到接收天线上,电磁波被接收下来并转化为导行电磁波,最后经传输线到达接收机。

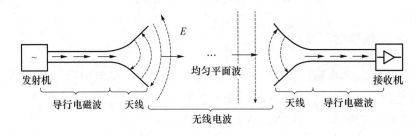

图 1-24 天线收发电磁波示意图

天线要高效率地辐射或接收无线电波,必须具有如下特性。

(1)满足一定的阻抗条件

根据传输线理论,天线作为传输线末端的负载和向外部空间传输能量的起点,要高效率地实现空间电磁波与导行电磁波间的转化,且应该满足两个匹配条件:天线输入阻抗与传输线特性阻抗匹配、天线与自由空间波阻抗匹配;合适的阻抗匹配,以保证足够的谐振带宽,从而保证高频信号被低损耗地有效传输。这两个匹配条件的满足是通过天线及其馈电系统的合理设计实现的,该部分内容超出本书的范围,不再深入介绍。

(2) 具备适当的极化方式

天线的极化方式为天线用作发射天线时,所辐射电磁波的极化方式。按极化方式的不同,天线的极化方式可分为线极化、圆极化。接收天线不能感应与之极化正交的电磁波信号。

(3) 具有特定的方向性

天线应使其辐射的电磁波功率尽可能地分布于所期望的方向,或对所需方向的来波有最大的接收功率,同时又能最大限度地避免向不期望的方向泄漏电磁波或接收不期望方向上的电磁波信号。

(4) 具有一定的天线频带宽度

天线频带宽度指天线的阻抗、增益、极化或方向性等性能参数保持在允许值范围内的频率跨度。一般的天线都有明显的工作中心频率,带宽就是天线工作中心频率两侧的一段频率范围,超出这一频率范围,天线的性能参数将不能保证。

2. 天线电参数

同一副天线用作发射或接收时具有相同的电性能参数,即天线具有收发互易性。若没有对电参数作特别说明,则该参数同时适用于发射天线和接收天线。

1) 方向图

方向图也称为波瓣图,是一种三维图形,描述天线辐射场在空间的分布情况。天线方向图可形象地说明天线辐射的能量在不同方位角下的集中程度,是天线工程中最被关注的电参数。图 1-25 是一个天线辐射场的幅度方向图实例,通常取过三维方向图轴线的一个剖面来表述其方向性。若该剖面上只有电场的切向分量,则称该方向图为 E 面方向图;若只有磁场切向分量,则称该方向图为 H 面方向图。天线的 E 面、H 面方向图常用横坐标为角度、纵坐标为幅度分贝值的直角坐标平面图形来表示,也常用径向代表幅度分贝值、圆周方向代表角度的极坐标图形来表示。

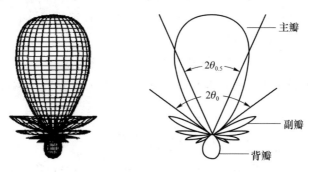

图 1-25　天线辐射场的幅度方向图

天线方向图中辐射功率最强方向的波瓣称为主瓣,与之相对的波瓣称为背瓣或后瓣,其他波瓣称为副瓣或旁瓣。一般来说,主瓣总是指向期望辐射或期望接收的方向。

天线设计不良或附近有大型障碍物时,可能出现与主瓣辐射功率密度接近甚至比其更大的波瓣,我们称之为栅瓣,栅瓣是需要避免的。常用的描述天线 E 面或 H 面方向图直观特征的参数如下。

半功率宽度 $2\theta_{0.5}$:主瓣两侧第一个场强为最大值的 $1/\sqrt{2}$(即功率密度为最大值的 $1/2$)的两个方向的夹角,也称为 3 dB 宽度,dB(分贝)用于表示两个量的比值,因为 $10\lg 2$ 约等于 3,因此半功率宽度也称 3 dB 宽度。这就是天线工程中常说的波束宽度。

零功率宽度 $2\theta_0$:主瓣两侧场强为 0 的两个方向的夹角。当然,在实际的天线工程中,场强绝对为 0 是一种理想的状况,通常用主瓣两侧最近的两个最小场强对应的方向夹角替代,而这个最小场强与主瓣场强之比称为主瓣零深。

副瓣电平 SLL(Side Lobe Level):副瓣场强最大值与主瓣场强最大值之比的分贝值。在天线工程中,经常按距离主瓣从近到远的顺序对副瓣编号,对应也就有了第一副瓣电平、第二副瓣电平等概念。

2)增益

天线在某方向 (θ_0,ϕ_0) 的增益 $G(\theta_0,\phi_0)$ 为:天线在该方向上的辐射功率密度 $p(\theta_0,\phi_0)$ 与馈有相同的输入功率 P_{in} 的无损耗、无方向性的理想天线的辐射功率密度 p_0 之比,即

$$G(\theta_0,\phi_0)=\frac{p(\theta_0,\phi_0)}{p_0}=\frac{p(\theta_0,\phi_0)}{P_{in}/4\pi r^2} \tag{1-25}$$

增益一般指最大辐射方向上的增益,可用分贝表示,即 $G(\text{dB})=10\lg G$。

3)相位中心

从远区电磁场特性来看,天线可等效为一个点源,点源所在位置就是天线的相位中心。在不同的方位角上,天线的相位中心位置可能出现变化。对于不同的天线结构,其工作频带内各频点的相位中心会出现时间或空间位置的不同变化方式。对于一般用途的天线,人们并不关注其相位中心,但对于一些有特殊用途的天线,则必须考虑它的相位中心。例如,对于有高波形保真性要求的天线,其在工作频带内必须有稳定的相位中心;对于高精度卫星导航接收机的测量天线和比相式测向天线,由于接收机的观测量以天线相位中心为基准,因此天线需要具有不随方位角变化的稳定的相位中心。

4)接收功率与弗里斯传输公式

设发射天线的输入功率为 P_t,增益为 G_t,接收天线的增益为 G_r,收发天线间距为 r(满足远区条件),互以最大方向对准且极化形式一致,工作波长为 λ,接收天线收到的功率为

$$P_{re}=\left(\frac{\lambda}{4\pi r}\right)^2 P_t G_t G_r \tag{1-26}$$

这就是弗里斯传输公式。发射功能的单位可以用 mw 和 dBm 来表示。其中,mw 或 W 表示功率的线性值,计算公式为 $10^{\frac{\text{dBm值}}{10}}$;dBm 表示功率的绝对值,计算公式为 $10\lg$(功率的线性值/1mw)。

如果收发天线互相处于以各自相位中心为原点建立的球坐标系中,方位角为 (θ,ϕ)

和(θ',ϕ'),且存在极化失配因子τ,那么,弗里斯传输公式的一般形式为

$$P_{re}(\theta',\phi')=\left(\frac{\lambda}{4\pi r}\right)^2 P_t G_t(\theta,\phi)G_r(\theta',\phi')\cdot\tau \tag{1-27}$$

不同极化形式的收发天线组合所对应的τ值不同。若收发天线都是线极化,且极化方向与收发天线连线共面,则$\tau=1$;若二者线极化夹角为θ且极化方向与收发天线连线不共面,则$\tau=\cos\theta$;若收发天线一个是线极化天线,另一个是圆极化天线,则$\tau=0.5$;若收发天线都是圆极化天线,且旋向一致,则$\tau=1$,若旋向相反,则$\tau=0$。

3. 典型天线

1）振子天线

（1）对称振子

对称振子是直线型天线,由两段直径、长度相等的直导线构成,导线直径$2\rho_0\ll\lambda$,两导线间距$d\ll\lambda$,可以忽略不计,其结构如图 1-26 所示。对称振子适用于短波、超短波直至微波,因结构简单、极化纯度高而广泛应用于通信、雷达和探测等各种无线电设备中。对称振子既可以作为独立的天线来应用,也可广泛用作天线阵中的单元,或者作为反射面天线的馈源。

不同长度的对称振子 E 面方向图如图 1-27 所示,其中 l 是导线长度。对称振子辐射能力较强,应用最为广泛的是半波振子（即总长度为波长的一半的振子天线）。

（2）八木天线

八木天线是一种引向天线,优点是结构与馈电简单,制作与维修方便,体积小、重量轻,天线效率很高,增益可达 15 dB。它可用作阵元组成引向天线阵,以获取更高的增益。八木天线经过不断改进,已经可以广泛应用于分米波段通信、雷达、电视和其他无线电设备中。

八木天线由一个有源振子、一个无源反射器和若干个无源引向振子组成,所有无源振子均排列在一个平面

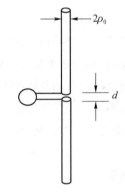

图 1-26　对称振子结构示意图

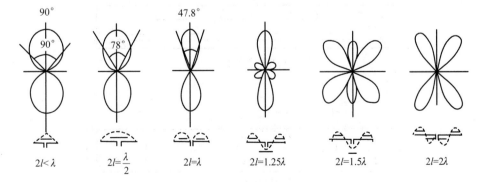

图 1-27　对称振子 E 面方向图

上并且垂直于连接它们中心的金属杆。有源振子的长度一般采用半波谐振长度,常采用折合振子以便和馈线匹配。

图 1-28 给出了一种典型的 6 单元八木-宇田天线,它由一根有源振子(折合半波长振子)、一个反射器和四个引向振子构成,其中有源振子采用 300Ω 的双导线馈电。该天线可以提供 10 dB 的最大增益。在此结构的基础上,再增加引向器的数量并适当调节长度和间距至最佳值,可使天线的主瓣波束更尖锐,增益更高。

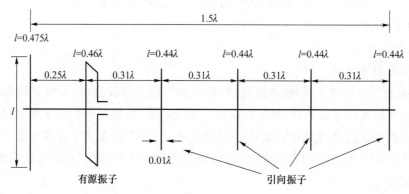

图 1-28 6 单元八木-宇田天线

2)缝隙天线

缝隙天线与同形状的振子天线在结构上是互补的,其辐射来自缝隙周围导体上的分布电流,这些分布电流的等效辐射源为沿缝隙的等效磁流。

缝隙上的电场与缝隙方向垂直,缝隙天线辐射的电磁波的极化方向也与缝隙方向垂直。缝隙天线的实现形式很多,除了可以使用同轴传输线直接馈电的形式外,还可以用波导、馈源照射等方法给缝隙馈电,并常常以缝隙阵列的形式出现。图 1-29 给出了两种波导缝隙天线的结构示意。波导缝隙天线阵列损耗小、承受功率大,在飞机、导弹研究中有广泛应用。

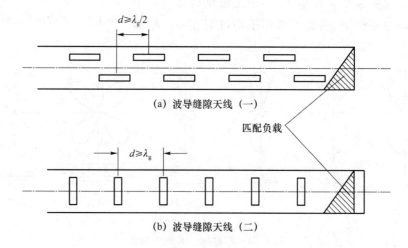

图 1-29 波导缝隙天线

3）喇叭天线

金属波导口可以辐射电磁波,将其开口逐渐扩大、延伸,就形成了喇叭天线。基本的喇叭天线形式如图 1-30 所示,图中的箭头代表口径面上典型的电场极化方式。

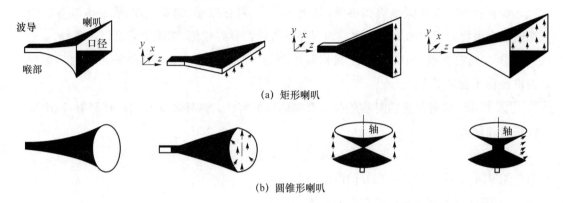

(a) 矩形喇叭

(b) 圆锥形喇叭

图 1-30　喇叭天线形式

喇叭天线结构简单、频带较宽、功率容量大,易于制造和调整,广泛应用于微波波段。喇叭天线的增益一般为 10～30 dB,既可以单独应用,也可以作为反射面天线或透镜天线的馈源。

喇叭天线的辐射场特性取决于口径场分布。一般情况下,口径场幅度、相位分布越均匀,天线方向性越强,增益越高。要获得尽可能均匀的口径场分布,要求喇叭长度大、张角小。如果仅从这点考虑,高增益设计时将会使得天线体积、质量加大,因此设计天线时常常需要遵循最佳尺寸原则,此时天线具有最佳增益体积比。

4）反射面天线

反射面天线在馈源辐射方向上采用了具有较大或很大电尺寸的反射面,比较容易实现高增益和大的前后比(即主瓣背瓣电平比)。典型的反射面天线有旋转抛物面天线、卡塞格伦天线、柱形面反射面天线、二面角反射面天线和平面反射面天线等。在工程应用中,为降低反射面口径尺寸,改善馈源遮挡或降低反射面的风阻,还出现了切割反射面、栅格反射面等变形。下面介绍旋转抛物面天线和卡塞格伦天线这两种常见的反射面天线。反射面天线的口径场可以利用光学原理来近似分析。

（1）旋转抛物面天线

旋转抛物面天线结构如图 1-31 所示,图上画出了馈源和抛物反射面两部分。反射面一般是金属面,也可以由导体栅网构成;馈源置于抛物面焦点上。馈源辐射球面波并照射到抛物面上。由于抛物面的聚焦作用,从焦点发出的球面波经过抛物面反射后将形成平面波,在抛物面开口面上形成同相场,从而使天线达到很高的增益。

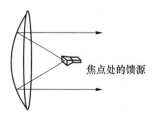

焦点处的馈源

图 1-31　旋转抛物面天线

抛物面天线的极化特性取决于馈源类型与抛物面的形状、尺寸。即使初级馈源辐射的是线极化波,经抛物面反射在抛物面口径上的场也会出现交叉极化分量,即出现与期望的极化分量正交的另一个分量。

能够作为馈源的天线有很多种,如喇叭天线、对称振子、缝隙天线、螺旋天线等。馈源对整个抛物面天线的影响很大。为了保证天线的良好性能,馈源应满足以下条件。

① 有确定的相位中心且位于抛物面焦点上。这样馈源辐射的球面波经反射后形成的口径场才会是平面波。

② 方向图最好是旋转对称的并具有单向辐射特性。这样才能提供最佳照射,减小后向辐射和漏失。

③ 馈源应当尽量小,减小对口径的遮挡,否则会降低增益并提高副瓣。

④ 具有足够的带宽和良好的匹配。

⑤ 满足功率容量和机械强度的要求。

一般旋转抛物面天线的口径面效率仅为 0.4~0.6,主要原因在于:馈源有后向辐射;口径场有相位偏移;馈电设备及支杆会造成阻挡;抛物面有边缘效应。

馈源会对抛物面的反射场形成遮挡。实际上,馈源将截获一部分反射场,此部分场通过馈线传向信号源,成为馈线上的反射波,从而影响馈线内的匹配。为消除此反射波对馈源的影响,可进行阻抗匹配。但是,在馈线内加匹配元件的方式只能工作于很窄的频带,常用顶片补偿、馈源偏照或旋转极化等方法来改善馈线内的匹配状况。

（2）卡塞格伦天线

卡塞格伦天线是双反射面天线,增益很高,可以达到 50~60 dB,广泛应用于卫星通信、射电天文以及单脉冲雷达中,结构如图 1-32 所示。卡式天线的主反射面为抛物面,副反射面为双曲面,抛物面焦点与双曲面的右焦点重合,馈源安装于双曲面的左焦点。根据双曲面的特点,从左焦点发出的球面波,经反射后相当于从双曲面的右焦点发出的球面波,且此球面波照射到抛物面上,所以卡塞格伦天线可以等效为抛物面天线。由于卡塞格伦天线多了一个副反射面,可以改变射线的方向,因而与旋转抛物面天线相比,该天线有下列优点。

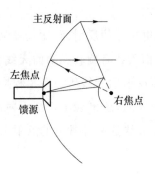

图 1-32　卡塞格伦天线示意图

① 馈源安装在抛物面顶点附近,可以大大缩短馈线长度（特别是大尺寸天线）,减小损耗,提高效率。由于馈源的输入端位于抛物面顶点之外,因而馈电结构受到反射面的屏蔽,对次级场没有影响。

② 馈源是前向辐射的,因而馈源的漏失指向前方,对于工作时都是仰望天空的射电天文望远镜和卫星地面站天线来说,漏失的方向指向天空,而不指向地面,这大大降低了

环境噪声,有利于提高接收机的灵敏度。

③ 由于馈源的方向图只要覆盖副反射面,因此方向图的−10 dB 宽度可以小很多,对于大型卡式天线,仅要求为 20°左右,因而馈源可以做得较大,其后辐射很小,有利于提高效率。

④ 天线有两个反射面,增加了天线设计的自由度,还可通过修改反射面来提高天线的性能。

卡式天线的主要缺点是副反射面尺寸较大,直径一般不小于 5λ,否则绕射损失较大,因而其遮挡比普通抛物面天线的要大,它的结构及调试也复杂一些。采用椭球面作为副反射面的双反射面天线称为格雷戈里天线,常用于大型射电望远镜。

5）微带天线

微带天线是微带电路出现后发展起来的一种天线。20 世纪 70 年代中期,学者们便开始了对这种天线的研究。微带天线主要工作在微波、毫米波波段,辐射机理是由传输线结构突变而引起高频的电磁泄漏。如果微波电路不被导体完全封闭而和外部空间有耦合,那么在电路的不连续处就会产生电磁辐射。微带线的末端、导体条带宽度突变、折角等不连续处也会产生电磁辐射,只是在较低频率时,这些部分的电尺寸很小,因而没有显著效果;但是在微波波段,电尺寸增大,再经过特殊设计(如放大其尺寸,使之工作在谐振状态),辐射效率大大提高,成了具有使用价值的天线。图 1-33 给出了几种常用的微带天线形式,图 1-33(a)、(b)是贴片型微带天线,金属贴片可以是矩形、圆形、椭圆形或其他形状,它可以用微带线直接馈电(侧馈),也可用同轴探针从接地板插入馈电(底馈)。图 1-33(c)是微带振子,它的馈电方式称为电磁耦合馈电,微带线不直接接触辐射元。图 1-33(d)称为微带缝隙,它用三板线(对称微带)馈电,情况类似于波导缝隙。

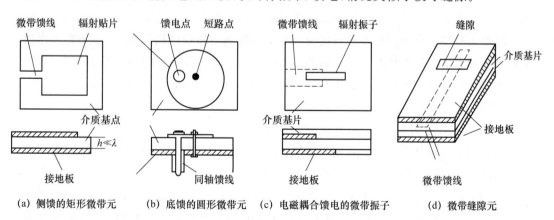

(a) 侧馈的矩形微带元　(b) 底馈的圆形微带元　(c) 电磁耦合馈电的微带振子　(d) 微带缝隙元

图 1-33　常用的微带天线形式

微带天线的显著特点是体积小、重量轻、可共形、易于集成、成本低,适合批量生产。微带天线便于实现线极化、圆极化和双频工作,因此在通信、雷达、微波医疗等各方面应用广泛。微带天线的主要缺点是频带较窄、效率较低、功率容量小。近年来,微带天线新技术的发展已改正了部分缺点。将若干基本微带天线通过串并联方式连接起来,即可构成微带天线阵。

6) 圆极化天线

在天线载体姿态不稳或需要接收未知极化倾角的电磁波时,天线通常采用圆极化方式,如 GPS、GLONASS 和北斗等卫星定位系统采用的都是圆极化天线。卫星定位系统中常用的圆极化天线有螺旋聚束天线、圆极化微带天线。

1946 年,克劳斯(Kraus)发明了螺旋聚束天线,当螺旋周长为 1λ 时,它在接近 $2:1$ 的频带宽度上具有几乎相同的电阻性输入阻抗,同时还具有很理想的轴向圆极化辐射特性和较高的增益。由于螺旋聚束天线对导线尺寸和螺距不敏感,因此可以很方便地进行缠绕,如图 1-34 所示。使用螺旋聚束天线组成的阵列天线可以实现强方向性,阵元间的互阻抗几乎可以忽略,但是螺旋聚束天线的几何尺寸较大,因而常被应用于船舶、车辆等大型载体上。

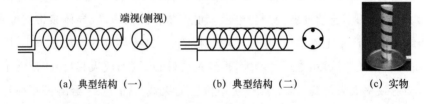

| (a) 典型结构(一) | (b) 典型结构(二) | (c) 实物 |

图 1-34　螺旋聚束天线

7) 宽带与超宽带天线

天线辐射结构的宽频带特性源自从麦克斯韦方程组导出的相似性原理,应用到天线辐射结构上可以描述为:若天线以任意比例尺变换后仍与原结构一样,则其性能与工作频率无关。常见的具备自相似结构或近似自相似结构的宽带天线如图 1-35 所示。

随着无载波极窄脉冲的辐射与接收成为雷达探测与通信的研究热点,由于高码率数字信号和冲激信号具有瞬时超宽带特征,因此天线需要具有良好的超宽带波形保真性。具有良好波形保真性的超宽带天线在工作频带内有两个基本特征:阻抗一致性和相位中心一致性。

8) 典型相控阵天线

相控阵天线因其波束电控扫描速度极快,特别适合在军事领域中应用。美国海军装备的宙斯盾系统的核心是四面阵舰载相控阵雷达 AN/SPY-1。它的 4 面阵天线可提供方位 360°、俯仰 90°覆盖。雷达对高空典型目标(高度 3 km 以上,雷达截面积为 3 m^2)的最大探测距离是 320 km。爱国者导弹系统是美国研制的全天候、多用途地空战术导弹系统,其搜索与制导雷达采用了相控阵天线。该天线包含 5 000 个单元,使得天线可以极窄波束快速扫描天空,可以覆盖 100 km 的范围。爱国者雷达通过这些雷达波可以跟踪 100 个目标和 9 个已发射的爱国者导弹。本书后续章节将具体介绍。

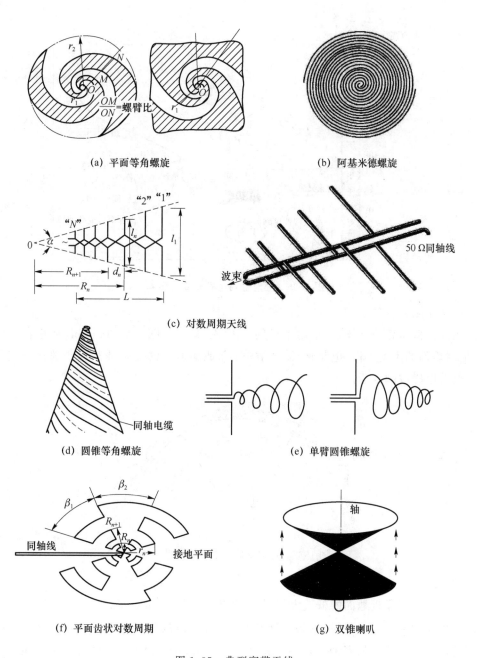

(a) 平面等角螺旋

(b) 阿基米德螺旋

(c) 对数周期天线

(d) 圆锥等角螺旋

(e) 单臂圆锥螺旋

(f) 平面齿状对数周期

(g) 双锥喇叭

图 1-35 典型宽带天线

1.4.3 电磁波传播

1. 电磁波的传播环境

电磁波传播就是发射天线或自然辐射源所产生的无线电波,在自然传播环境条件下(如地表、大气层或宇宙空间等)传播到接收天线的过程。按照垂直高度,近地空间可分为对流层、平流层、电离层和磁层,如图 1-36 所示。

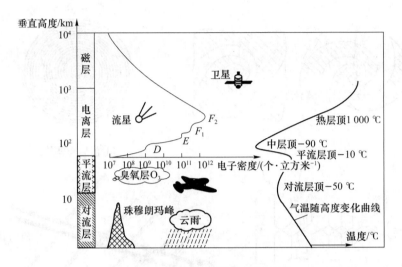

图 1-36　近地空间电磁波传播环境

1）地面

地球形似弱扁的球体,其平均半径约为 6 371 km,如图 1-37 所示,其环境特征主要有:地球表面的不均匀性、电特性的不均匀性和地形地物的复杂性。这些都在一定程度上影响着电磁波的传播。

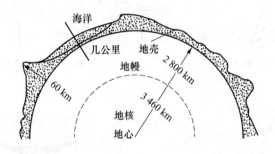

图 1-37　地球及地面电磁波传播环境

2）对流层

对流层是指靠近地面的低层大气,处于从地面算起 12 km 左右(中纬度地区)的高空范围。由于地面吸收太阳能量,将光能转化为热能,再从地面向大气低层传输就会发生强烈的对流。对流层是多种气体(氮、氧、氢、二氧化碳等)和水蒸气的混合体。表征对流层的物理特性的基本参数是温度、湿度和压强。一般地说,对流层的温度、湿度随着高度的升高而下降,大气压强随着高度的增加而减小。

3）平流层

对流层顶部到高度大约为 50 km 的空间为平流层,这里水蒸气含量少,大气垂直对流不强,多为平流运动,且运动尺度很大。一般来说,平流层对电磁波传播影响不大。

4）电离层

电离层是地球高层大气的一部分,是由自由电子、正负离子和中性分子、原子等组成的等离子体介质,是由太阳辐射和地球磁场与大气相互作用而形成的一种随机、色散、各向异性、不均匀的有耗媒质。因此,电离层的状态必然随昼夜、季节及太阳活动期等产生周期性规则变化,同时也存在由于太阳非周期性活动而产生的随机变化。

无线电波在电离层内传播时,自由电子在入射波电场作用下作简谐运动,电子在运动过程中必然与中性分子等发生碰撞,将部分电磁波能量转换成电离层的热耗,这就是电磁波在电离层内传播时衰减的原因。

5)磁层

磁层是指在太阳风和基本地球磁场相互作用下形成的一个层区。正常的磁层对电磁波传播影响不大,但在太阳风暴爆发时,磁层内因磁场发生爆变而形成磁暴,并作用于电离层引发电离层暴,从而对电磁波传播产生很大的影响。

2. 电磁波的传播方式

由于上述传播介质和环境的复杂性会使电磁波传播方向发生变化,通信、雷达、遥控、遥测等依赖电磁波传播实现其功能的系统会受到一定的影响,因此在系统设计或实际工作中必须对其予以考虑。

根据媒质及不同媒质界面对电磁波传播产生的主要影响,电磁波的传播方式可分为:地波传播、天波传播、视距传播、散射传播等,如图 1-38 所示。

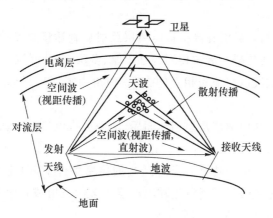

图 1-38 电磁波的传播方式

1)地波传播、地下或水下传播

(1)地波传播

无线电波沿着地球表面的传播称为地波传播。对于工作在低频段的系统,其天线低架于地面上,且其最大辐射方向指向地面时,主要以地波方式传播,实质上,电磁波是绕着地面-空气的分界面传播的,这种传播方式适用于中、长波和超长波传播。

地波传播具有以下优点。

① 地波是沿着地表传播的,由于大地的电特性及地貌地物等因素不随时间很快地发生变化,并且基本不受气候条件的影响,特别是无多径传输现象,因此地波传播信号稳定,这是一大突出优点。

② 由于中、长波和超长波的波长很长,因此地波传播的传输损耗小,作用距离远。

地波传播主要的缺点是:大气噪声电平高,工作频带窄。

地波传播主要应用于远距离无线电导航、标准频率和时间信号的广播、对潜通信、地波超视距雷达等业务。

（2）地下或水下传播

事实上,中波、长波和超长波还适用于地下或水下传播。土壤和海水,特别是海水,是一种有耗媒质。电磁波在其中传播时有很大的吸收损耗,一边传播一边衰减。

无论在海水中还是在湿土中,波长越长,衰减率越小,可传播的距离越远;由于海水的导电率比湿土大得多,因此对于同样的波长,海水的衰减率比湿土大,可传播的距离比湿土的近。

地下或水下传播主要应用于探地雷达、探矿、对潜通信等。事实上,对潜通信既使用了地波方式,也使用了水下传播方式,属于混合传播。对潜通信的绝大部分传播路径在地面上,一小部分传播路径在水下。对于超长波对潜通信,由于超长波在海水中传播深度不大,潜艇需要采用浮筒天线接收,浮筒由潜艇拖拽,悬浮在水下十多米处。而对于极长波对潜通信,由于极长波在海水中传播的深度可达上百米,因而可直接将探针天线拖在潜艇后面。

2）天波传播

天波传播通常是指电磁波在高空被电离层反射后到达接收点的传播方式。长波、中波和短波都适用于天波传播。天波传播包括单跳、多跳、环球回波三种模式。

单跳模式:当电磁波以与地表相切的方向(仰角为零度)入射时,经电离层反射可达到最远的传播距离。

多跳模式:电磁波从电离层反射回地面后,地面会将电磁波重新反射回电离层,从而形成多次反射(多跳)。

环球回波模式:短波天波传播在某些适当的传播条件下,即使传播很大的距离也只有较小的传输损耗,电磁波可能连续地在电离层内多次反射或在电离层与地表之间来回反射,也有可能环绕地球传播,此时称为环球回波。

短波传播的重要现象之一就是有静区的存在。假设发射天线是无方向性的,则静区就是围绕发射机的某一环形区域,在这个区域内几乎收不到信号,而在距离发射机较近或较远的距离处却可收到信号。收不到信号的地区就称为静区,也称盲区。

天波传播特点:传输损耗较小、衰落严重、多径时延明显,存在静区现象。

天波传播主要用于中短波远距离广播与通信、船岸间航海移动通信、飞机地面间航空移动通信等。

3）视距传播

由于超短波和微波波段的电磁波频率高,电磁波沿地面传播时衰减很大,遇到障碍时绕射能力又很弱,因此不能利用地波传播方式;而高空电离层又不能将这一波段的电磁波反射回地面,因而也不能利用天波传播方式,所以只能使用视距传播方式和对流层散射传播方式。

视距传播是指在发射天线和接收天线间能相互"看见"的距离内,电磁波直接从发射点传播到接收点(有时包括地面反射波)的一种传播方式,又称为直射波或空间波传播。视距传播按收发天线所处空间位置的不同,大体上可分为三类:第一类是指地面视距传播,如中继通信、电视、广播以及地面上的移动通信等;第二类是指地空视距传播,如雷达探空、通信卫星等;第三类是指空空视距传播,如飞机间、宇宙飞行器间的电磁波传播等。可见,视距传播途径至少有一部分是在对流层中的,下面分别论述地面和大气对微波传播的影响,其中对雷达的具体影响将在后续章节进一步阐述。

(1)地面对微波传播的影响

地面对电磁波传播的影响主要体现在以下两个方面:一是地面的电特性;二是地面的物理结构,包括地形、植被以及人为建筑等地物。

(2)大气对微波传播的影响

①大气折射。对流层可视为一种电参数随高度变化的不均匀媒质。在标准大气层情况下,大气折射指数 N 或折射率 n 随高度的增加将逐渐减少。若将大气层的分层取得无限薄,则射线就是一条向下弯曲的弧线,这就是大气折射现象。

②大气吸收。对流层是氮、氧、氢、二氧化碳等与水汽的混合体,其中水汽及氧对微波的吸收较强。大气吸收最小的频段称作大气传播窗口,100 G 以下共有 19 G、35 G 和 90 G 三个窗口。低于 10 G 时可不考虑大气吸收的影响。氧和水汽对微波的吸收如图 1-39 所示。

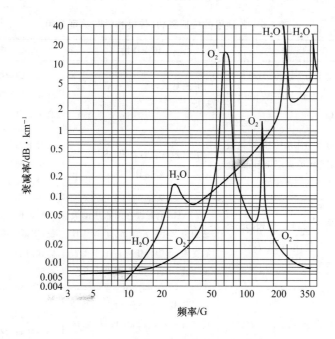

图 1-39　氧和水汽对微波的吸收

③ 降雨影响。电磁波投射到离散随机媒质（如雨滴）上时，会产生以下影响：雨滴对电磁波的散射和吸收会使电磁波衰减；雨滴对电磁波的散射可能会引起散射干扰；电磁波穿过雨滴后发生极化面旋转，引起去极化（也称退极化）现象。对于 10 GHz 以下的频段，可不考虑降雨衰减，但是对于 10 GHz 以上的频段，特别是毫米波段，中雨以上的降雨所引起的衰减相当严重。

④ 云、雾衰减。云、雾由直径为 0.001～0.1 mm 的液态水滴和冰晶粒子群组成。对于 10 GHz 范围内的电磁波来说，它们的直径都远小于波长，因此云、雾对电磁波的衰减主要是由吸收引起的，散射效应可以忽略不计。

综上所述，视距传播主要用于微波中继通信、甚高频和超高频广播、电视、雷达、卫星通信等业务。视距传播的主要特点是：传播距离限于视线距离以内，一般为 10～50 km；电磁波频率越高，受地形地物的影响越大；10 GHz 以上电磁波的大气吸收及降雨衰减严重。

4）散射传播

散射传播是利用对流层或电离层中空气密度和离子密度的不均匀性对电磁波的散射作用来实现超视距传播的，主要用于超短波和微波远距离通信，频率范围一般是 100 MHz～10 GHz。100 MHz 以下电磁波的散射效应很小，而频率过高，大气吸收将显著增加。

总之，电磁波传播特性同时取决于媒质的结构特性和电磁波自身的特征参量。各频段的传播模式、传播特性与典型应用总结如表 1-6 所示。

表 1-6　各频段的传播模式、传播特性与典型应用

频段	传播模式	传播特性	典型应用
极低频 ELF	地下与海水传播；电离层谐振；沿地磁力线的哨声传播	传播区大，难以获得高的检测精度	地质结构探测；电离层与磁层研究；对潜通信；地震电磁辐射前兆检测
超低频 SLF 特低频 ULF	地下与海水传播；电离层波导、地-电离层谐振；沿地磁力线的哨声传播	在 3 kHz 左右频段，不利于远距离传播，激励效率低	对潜通信；地下通信；极稳定的全球通信；地下遥感；电离层与磁层研究
甚低频 VLF	地下与海水传播；地-电离层波导；沿地磁力线的哨声传播	10 kHz 电磁波在海水中的衰减约为 3 dB/m，大深度通信导航受限；远程传播只适用于垂直极化波；中近距离存在多径干涉	超远程及水下相位差导航系统；全球电报通信及对潜指挥通信；时间频率标准传递；地质探测
低频 LF	地表面波；天波；电离层波导	采用载频为 100 kHz 的脉冲可区分天地波；高精度导航（陆地 1 000 km，海上 2 000 km 以内），主要使用稳定性好的地波	Loran-C（美）及我国长河二号远程脉冲相位差导航系统；时频标准传递；远程通信广播

频段	传播模式	传播特性	典型应用
中频 MF	地表面波;天波	近距离和较低频率主要为地波;远距离和较高频率为天波;夜间天波较强,甚至在较近距离可能成为地波的干扰	广播;通信;导航
高频 HF	地表面波;天波;电离层波导传播;散射波	主要用天波传播,近距离上用地波传播。最高可用频率随太阳黑子周期、季节、昼夜及纬度变化	远距离通信广播;超视距天波及地波雷达;超视距地-空通信
甚高频 VHF	直接波、地面和对流层的反射波;对流层折射及超折射波导;散射波	对流层、电离层的不均匀性导致多径效应和超视距异常传播,以及地空路径的法拉第效应与电离层的闪烁效应。地面反射引起多径及山地遮蔽效应	语音广播;移动通信;接力通信;航空导航信标
分米波 UHF	直接波、地面和对流层的反射波;对流层折射及超折射波导;散射波	大气折射效应,山地遮蔽与建筑物聚焦效应,超折射波导引起异常传播	电视广播、飞机导航、警戒雷达;卫星导航;卫星跟踪、数传及指令网;蜂窝无线电
厘米波 SHF	直接波、地面和对流层的反射波;对流层折射及超折射波导;散射波	雨雪吸收、散射及折射指数起伏导致的闪烁。建筑物的散射、反射、绕射传播以及山地遮蔽	多路语音与电视信道;雷达;卫星遥感;固定及移动卫星信道
毫米波 EHF	直接波	雨雪衰减和散射严重,云雾、尘埃、大气吸收和折射起伏引起闪烁;建筑物等的遮蔽	短路径通信;雷达;卫星;遥感
亚毫米波	直接波	大气及雨雪、烟雾、尘埃等吸收严重;大树及数米高的物体产生遮蔽效应	短路径通信;雷达

下面对传播过程中的衰减、折射、多径、衰落、色散、去极化、多普勒等多种效应进行总结。

衰减效应:主要是指传输损耗。

折射效应:因介质折射导致传播方向的变化。

多径效应:因传播路径多样导致的接收端的码间干扰和信号失真。

衰落效应:因介质的变化导致的信号电平随时间发生随机起伏的现象。

色散效应:因不同频率信号在介质中传输速度不同而引起的波形失真。

去极化效应:电磁波通过媒质后的极化状态与原来极化状态不同的现象。

多普勒效应:介质(如电离层传播路径上的总电子浓度)随时间变化可以引起多普勒效应。

习 题 1

1. 香农对信息是如何定义的？列举生活中关于信息度量的例子。

2. 信息对信息化战争的意义是什么？请结合 OODA 环和 C^4ISR 系统解释。

3. 简述目标获得的四个环节。

4. 什么是约翰逊准则？举出相应的应用例子。

5. 如何理解目标探测中探测、定向、识别、确认等术语的含义？

6. 距离探测的影响因素有哪些？

7. 依据麦克斯韦方程组的物理意义，简述时变场源产生电磁波的机理。

8. 简述无耗、无界、无源的理想均匀媒质中电磁波的传播性质。

9. 什么是电磁波的极化？时谐电磁波极化分为哪几种？极化特性有哪些应用？

10. 请说明电磁波传播时遇到媒质交界面后，会发生什么现象？其基本原理是什么？

11. 如何理解天线的方向图？什么是半功率宽度？

12. 天线的增益大小与方向图形状有什么关系？

13. 某卫星导航定位系统的用户机圆极化接收天线的增益为 2 dB，工作频率为 2 492 MHz，要使得用户机天线收到的功率不低于 -130 dBm，地球同步轨道卫星天线的辐射功率与增益乘积最少为多少？设收发天线极化完全匹配，两者距离为 36 500 km。

14. 电磁波传播方式有哪些？描述每种传播方式的传播环境、传播机理和传播特点。

15. 什么是视距传播方式？地面对视距传播有什么影响？

16. 超视距传播方式有哪些？超视距传播方式有哪些应用？

17. 在传播过程中，电磁波可能受到哪些效应的影响？

第**2**章 传感器技术

2.1 传感器概念、分类及常用指标

2.1.1 传感器概念

无论是航天飞机,还是家用电器,无论是 M1 型主战坦克,还是 M16 步枪,它们都装备了各种各样的传感器,差别仅在于传感器的数量和水平。在"阿波罗 10"的运载火箭中,检测加速度、声学量、温度、压力、振动、流量、应变等参数的传感器共有 2 077 个,宇宙飞船共有 1 218 个;先进的瞄准具中有红外探测器和微光像增强管等传感器;普通家用电器(如电冰箱等)装备了温控、时控等传感器。可见,传感器已经广泛应用至各个角落,在现代电子系统中具有重要的地位。

何谓传感器?生物体的感官就是天然的传感器。例如,人的眼、耳、鼻、舌、皮肤分别具有视觉、听觉、嗅觉、味觉、触觉。人类的大脑神经中枢可以通过五官的神经末梢(感受器)感知外界的信息。

传感器是指能感受规定的被测量(包括物理量、化学量、生物量等)并按照一定的规律将其转换成可用信号的器件或装置,通常由敏感元件、转换元件和信号调理电路组成。

2.1.2 传感器组成与分类

1. 传感器的组成

传感器一般由敏感元件、转换元件、信号调理电路三部分组成,如图 2-1 所示。

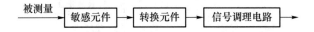

图 2-1 传感器的组成框图

敏感元件:直接感受被测量,并输出与被测量成确定关系的某一物理量元件。如应

变式压力传感器的弹性膜片就是敏感元件,它的作用是将压力转换成膜片的形变。

转换元件:一般情况下不直接感受被测量,而是将敏感元件输出的量转换为电量输出的元件。

信号调理电路:一般转换元件输出的电信号很微弱,需要用电路技术把转换元件输出的电信号变换成有利于显示、记录、处理和传输的电信号。

2. 传感器的分类

传感器有多种分类方法。

(1) 按外界输入信号变换为电信号时所采用的效应分类,传感器可分为物理传感器、化学传感器和生物传感器三大类。其中,物理传感器又可分为结构型传感器和物性型传感器。

(2) 按被测量分类,传感器可分为位移传感器、速度传感器、温度传感器、压力传感器、气体成分传感器、浓度传感器、射线传感器等。

(3) 按传感器的工作原理分类,传感器可分为应变式、电容式、电感式、热电式、光电式、电阻式、马赫干涉式、磁电式、雷达(无线电探测与定位)等传感器。

(4) 按输出信号分类,传感器可分为模拟式传感器和数字式传感器。

(5) 按信息能量传递形式分类,传感器可分为无源(被动)传感器和有源(主动)传感器。利用目标和自身辐射来探测其是否存在、识别其特性、判断其位置的传感器称为无源传感器,而利用传感器自身辐射照射目标,通过探测被目标反射回来的辐射来探测其是否存在、识别其特性、判断其位置的传感器称为有源传感器。

(6) 按系统内外被测量分类,传感器可分为内部传感器和外部传感器。其中,前者是指用来测量系统内部各子系统、各部件的各种参数的传感器,后者是指用来探测系统外界信息的传感器。对于武器系统而言,内部传感器用以保证其本身处于最佳状态,增加其快速反应能力,发挥其最大效能;而外部传感器用于快速发现与精确打击目标。例如,现代火控系统的外部传感器有火控雷达、夜视仪、激光测距仪、电视摄像机等;内部传感器有角位移传感器、流速传感器、温度传感器、压力传感器、声音传感器等。

(7) 根据使用场合,传感器可分为军用传感器和民用传感器。

部分典型传感器的分类如表 2-1 所示。

表 2-1 剖分典型传感器的分类

分类方法	型式	说明
按基本效应分类	物理传感器、化学传感器、生物传感器	分别以转换中的物理效应、化学效应等命名
按被测量分类	位移传感器、速度传感器、温度传感器、压力传感器等	以被测量命名
按工作原理分类	应变式传感器、电容式传感器、电感式传感器等	以传感器对信号转换的作用原理命名

续 表

分类方法	型式	说明
按输出信号分类	模拟式传感器、数字式传感器	输出量为模拟信号或数字信号
按信息能量传递形式分类	无源传感器、有源传感器	无源传感器是被动的响应,不需要外部电源;有源传感器是主动的响应,需要外接电源
按系统内外被测量分类	内部传感器、外部传感器	内部传感器是指用来测量系统内部各子系统、各部件的各种参数的传感器;外部传感器是指用来探测系统外界信息的传感器
按使用场合分类	军用传感器、民用传感器	军工产品使用的传感器;民用产品使用的传感器

2.1.3 传感器常用指标

1. 总体要求

无论何种传感器,作为测量与控制系统的首要环节,通常都必须满足快速、准确、可靠而又经济地实现信息转换的基本要求,具体如下。

(1) 具体足够的容量:传感器的工作范围或量程要足够大,具有一定的过载能力。

(2) 灵敏度高、精度适当:即要求输出信号与被测输入信号成确定关系(通常为线性),且比值要大,传感器的静态响应与动态响应的准确度能满足要求。

(3) 响应速度快、工作稳定、可靠性好。

(4) 适用性和适应性强:体积小,重量轻,动作能量小,对被测对象的状态影响小;内部噪声小且不易受外界干扰;输出采用通用或标准形式,以便与系统对接。

(5) 经济实用:成本低、寿命长,且便于使用、维修和校准。

2. 具体指标

1) 线性度

线性度又称非线性,是表征传感器输出-输入校准曲线与所选定的拟合直线之间吻合程度的指标。通常用相对误差来表示线性度,即

$$e_L = \pm \frac{\Delta L_{max}}{y_{F.S.}} \times 100\% \qquad (2\text{-}1)$$

式(2-1)中,ΔL_{max} 表示输出平均值与拟合直线间的最大偏差;$y_{F.S.}$ 表示理论满量程输出值。

2) 回差(滞后)

回差是反映传感器在正(输入量增大)反(输入量减小)行程过程中输出-输入曲线的不重合程度的指标。通常用正反行程输出的最大差值 ΔH_{max} 来计算回差,并以相对值表示(见图 2-2):

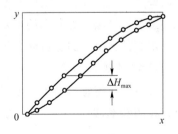

图 2-2 回差(滞后)特性

$$e_H = \frac{\Delta H_{max}}{y_{F.S.}} \times 100\% \qquad (2-2)$$

3) 重复性

重复性是衡量传感器在同一工作条件下，输入量按同一方向做全量程连续多次变动时，所得特性曲线间一致程度的指标。各条特性曲线越靠近，重复性越好。重复性误差反映的是校准数据的离散程度，属于随机误差，因此应根据标准偏差计算，即

$$e_R = \pm \frac{a\sigma_{max}}{y_{F.S.}} \times 100\% \qquad (2-3)$$

式(2-3)中，σ_{max} 表示各校准点正行程与反行程输出值的标准偏差中的最大值；a 表示置信系数，通常取 2 或 3。$a=2$ 时，置信概率为 95.40%；$a=3$ 时，置信概率为 99.73%。

计算标准偏差 σ 的常用方法如下。

(1) 贝塞尔公式法

计算公式为

$$\sigma = \sqrt{\frac{\sum\limits_{i=1}^{n}(y_i - \bar{y}_i)^2}{n-1}} \qquad (2-4)$$

式(2-4)中，y_i 表示某校准点的输出值；$\bar{y}_i$ 表示输出值的算术平均值；n 表示测量次数。这种方法的精度较高，但计算较烦琐。

(2) 极差法

所谓极差是指某一校准点校准数据的最大值与最小值之差。计算标准偏差的公式为

$$\sigma = \frac{W_n}{d_n} \qquad (2-5)$$

式(2-5)中，W_n 表示极差；d_n 表示极差系数，其值与测量次数 n 有关，可由表 2-2 查得。

表 2-2　极差系数

n	2	3	4	5	6	7	8	9	10
d_n	1.41	1.91	2.24	2.48	2.67	2.88	2.96	3.08	3.18

这种方法计算比较简便，常用于 $n \leqslant 10$ 的情形。

在采用以上两种方法时，若有 m 个校准点，正反行程共可求得 $2m$ 个 σ，一般应取其中的最大者 σ_{max} 计算重复性误差。

按上述方法计算所得的重复性误差不仅反映了某一传感器输出的一致程度，还代表了一定置信概率下的随机误差极限值。

4) 灵敏度

灵敏度是传感器输出量增量与被测输入量增量之比。线性传感器的灵敏度就是拟合直线的斜率，即

$$K = \frac{\Delta y}{\Delta x} \qquad (2-6)$$

非线性传感器的灵敏度不是常数,可以 dy/dx 来表示。

实际上,由于外源传感器的输出量与供给传感器的电源电压有关,所以其灵敏度的表达往往需要包含电源电压的因素。例如,对于某位移传感器,当电源电压为 1 V 时,若每 1 mm 位移变化引起输出电压变化 100 mV,则其灵敏度可表示为 100 mV/mm·V。

5) 分辨力

分辨力是传感器在规定测量范围内所能检测出的被测输入量的最小变化量。

6) 阈值

阈值是能使传感器输出端产生可测变化量的最小被测输入量值,即零位附近的分辨力。有的传感器在零位附近有严重的非线性区间,形成所谓的"死区",其大小被作为阈值;更多情况下,阈值主要取决于传感器的噪声大小,因而有的传感器只给出噪声电平。

7) 稳定性

稳定性又称长期稳定性,即传感器在相当长时间内仍保持其性能的能力。稳定性一般用室温条件下经过一规定的时间间隔后,传感器的输出与起始标定时的输出之间的差异来表示,有时也用标定的有效期来表示。

8) 漂移

漂移是指在一定时间间隔内,传感器输出量存在着与被测输入量无关的、不需要的变化。漂移包括零点漂移与灵敏度漂移。零点漂移或灵敏度漂移又可分为时间漂移(时漂)和温度漂移(温漂)。时漂是指在规定条件下,零点或灵敏度随时间的缓慢变化;温漂为周围温度变化引起的零点或灵敏度漂移。

9) 传感器的频率响应特性

将各种频率不同而幅值相等的正弦信号输入传感器,其输出正弦信号的幅值、相位与频率之间的关系称为频率响应特性。

设输入幅值为 X、角频率为 ω 的正弦量为

$$x = X\sin \omega t \tag{2-7}$$

则获得的输出量为

$$y = Y\sin(\omega t + \varphi) \tag{2-8}$$

式(2-8)中,Y、φ 分别为输出量的幅值和初相角。将 x、y 的各阶导数代入动态模型表达式可得:

$$\frac{Y(j\omega)}{X(j\omega)} = \frac{b_m(j\omega)^m + b_{m-1}(j\omega)^{m-1} + \cdots + b_1(j\omega) + b_0}{a_n(j\omega)^n + a_{n-1}(j\omega)^{n-1} + \cdots + a_1(j\omega) + a_0} \tag{2-9}$$

于是系统的频率传递函数的指数形式可写为

$$\frac{Y(j\omega)}{X(j\omega)} = \frac{Y e^{j(\omega t + \varphi)}}{X e^{j\omega t}} = \frac{Y}{X} e^{j\varphi} \tag{2-10}$$

由此可得频率特性的模为

$$A(\omega) = \left| \frac{Y(j\omega)}{X(j\omega)} \right| = \frac{Y}{X} \tag{2-11}$$

我们将其称为传感器的动态灵敏度(或称增益)。$A(\omega)$ 表示输出、输入的幅值比随 ω 的变

化而变化,故又可将其称为幅频特性。

以 $\mathrm{Re}\left[\dfrac{Y(\mathrm{j}\omega)}{X(\mathrm{j}\omega)}\right]$ 和 $\mathrm{Im}\left[\dfrac{Y(\mathrm{j}\omega)}{X(\mathrm{j}\omega)}\right]$ 分别表示 $A(\omega)$ 的实部和虚部,则频率特性的相位角为

$$\varphi(\omega)=\arctan\frac{\mathrm{Im}\left[\dfrac{Y(\mathrm{j}\omega)}{X(\mathrm{j}\omega)}\right]}{\mathrm{Re}\left[\dfrac{Y(\mathrm{j}\omega)}{X(\mathrm{j}\omega)}\right]} \tag{2-12}$$

$\varphi(\omega)$ 代表输出超前于输入的相位角度。对传感器而言,φ 通常为负值,即输出滞后于输入。$\varphi(\omega)$ 表示 φ 随 ω 的变化而变化,故可称之为相频特性。

由于相频特性与幅频特性之间有一定的内在关系,因此表示传感器的频响特性及频域性能指标时主要使用幅频特性。图 2-3 是典型的对数幅频特性曲线,图中 0 dB 水平线表示理想的幅频特性。工程上通常将 ±3 dB 所对应的频率范围作为频响范围(又称通频带,简称频带)。对于传感器而言,则常根据所需测量的精度来确定正负分贝数,所对应的频率范围即频响范围(或称工作频带)。

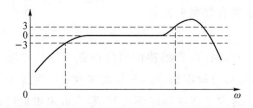

图 2-3　典型的对数幅频特性

有些传感器技术指标中还给出了相位误差,它是指频响范围内的最大相位移。

对于某些可用二阶系统描述的传感器,有时用固有频率 ω_n 与阻尼比 ξ 来表示频响特性。

2.2　典型传感器

目前大量使用的典型传感器有声传感器、压力传感器、震动传感器、磁传感器、红外传感器、数字式传感器等。

2.2.1　声传感器

武器在使用过程中,可以产生枪炮口声波、弹道声波、爆炸声波和机械声波等。采用声感器技术即可侦察、发现、识别目标,并测定其位置参数等。

由机械运动时的摩擦效应所产生的声波为机械声波。坦克和直升机的发动机所发出的声音就属于这类声波。与枪炮脉冲噪声显著不同的是,其中有多个噪声源。坦克行驶时,伴有发动机工作噪声、车外排气声、履带压过地面的声音等。直升机飞行时,伴有发动机工作噪声及旋翼和尾桨转动时产生的噪声。下面以空气声传感器为示例介绍其

基本原理。

空气声传感器分为接收类传感器和发射类传感器。接收类传感器通常称为传声器，即话筒（俗称麦克风），专业称呼则叫拾音器，在通信中又称为受话器。发射类传感器通常称为扬声器、送话器或者喇叭。耳机是一种发射类传感器，可通过一种结构将电信号转换为可在空气中传播的一种振动，即将电能转换为声能（机械能）。话筒为接收类传感器，其作用是将空气的波动转换为电流或电压的波动，也就是将声能转换为电能。根据换能原理的不同，话筒可以分为动圈式、电容式等。

1）动圈式话筒

动圈式话筒的工作原理类似于发电机，如图 2-4 所示，传声器的膜片（A）与金属线缠绕而成的如弹簧一般的线圈（B）被固定在一起，放置在磁铁构成的磁场（C）中。当外界的声波作用于膜片时，便会带动膜片以及连接于其上的金属线圈一起振动，于是便会产生相应的变化电流，声音便被转化成电信号。为了保证磁场拾取到真实的声音，传声器的膜片一定要轻薄。但是，由动圈式话筒的工作原理可以看出，膜片的质量因其连接了线圈而增加，反映到音质上，则是高频性能不够好，声音不够清晰，只能拾取到距离较近的声音。但动圈式话筒也有其显著的优势，那就是造价低且耐用可靠，这使其占据了广阔的民用市场。

2）电容式话筒

电容式话筒的工作原理与动圈式话筒完全不同，如图 2-5 所示，传声器的膜片（A）与一块背板（B）在加上一定电压后构成了一个电容，当膜片随着声波而振动时，电容的大小便随之变化，由外部电路感知后转化为电流信号。

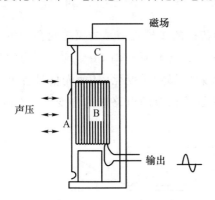
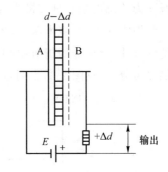

图 2-4　动圈式话筒的工作原理　　　　图 2-5　电容式话筒的工作原理

2.2.2　压力传感器

压力传感器就是测量物体压力的器件。在战场传感器系统中，压力传感器是测量目标运动对地面产生的压力的设备。

战场应用的压力传感器种类很多。20 世纪 60 年代中期，美军在越南战场上使用了很多压力传感器,其中使用最多的是应变钢丝传感器和平衡压力传感器。随着科学技术的发展,震动/磁性电缆传感器、驻极体电缆传感器和光纤压力传感器等应运而生,并作为一种侦察装备用于侦察地面运动目标的活动情况。

震动/磁性电缆传感器以磁性材料作为电缆的芯线,外面绕一对感应线圈,埋入地下,是一种能感应入侵者的压力及入侵者携带的铁磁体的传感器。

驻极体电缆传感器在电缆的内导体上敷以低损耗的电介质材料,此材料经处理后,带有一种永久性的静电荷,外层用金属编织的屏蔽套封闭着电介质。当电缆受压变形时,电缆便产生一模拟信号,该模拟信号经信息处理产生报警信号。

在压力传感器中,最有代表性的是光纤压力传感器。现就该传感器的组成、工作原理及性能情况作一些较详细的介绍。

1) 光纤的结构及导光原理

光纤是由透明度好的石英玻璃和塑料等介质构成的丝状纤维(直径 $10\sim100~\mu m$)。在进行光通信时,从可见光到红外光均具有很低的传输损耗。光纤有多模光纤和单模光纤 2 种:多模光纤能传播不同入射角的多模光线,直径稍大($50\sim100~\mu m$);单模光纤只能传播 1 个基模,直径较小($10~\mu m$)。

2) 光纤的特性

光纤是光信号的传输线,其重要特性是具有很低的损耗率。在现有的传输线中,除超导传输线外,光纤的损耗最小。影响光纤传输损耗的主要原因有两个:一是介质内分子和电子运动引起的光吸收导致的损耗;二是光纤变形导致折射率变化,从而引起的各种光散射造成的损耗。光纤传感器就是利用这些损耗因素中的某些因素而制成的系统。

3) 光纤压力传感器的定义

光纤压力传感器是一种多模光纤,在其内传播的多模光信号的模之间会产生干扰分布。将光纤埋入地下 60 毫米深处,当地面上有人或车辆通过时,由于地面压力的变化会引起光纤的弯曲,使光纤的折射率和光线的反射角都发生变化,从而光信号各个模之间会发生能量再分布(见图 2-6)。通过光电二极管及相应的电路对这些变化进行探测,可以判定是否有人或车辆通过。

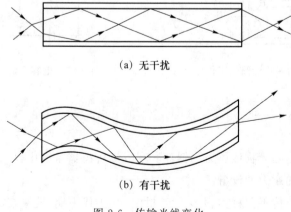

(a) 无干扰

(b) 有干扰

图 2-6　传输光线变化

4）光纤压力传感器的组成

光纤压力传感器主要由探测光纤、光发射部件、光接收部件和光信号处理电路等组成，如图 2-7 所示。

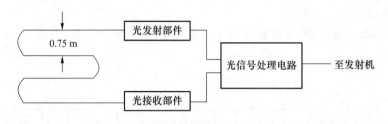

图 2-7　光纤压力传感器的组成框图

探测光纤是全玻璃多模光纤，由于其芯径仅为 $100~\mu m$，为了增加对压力的灵敏度，使之与土壤紧密结合，大目标经过时又不被破坏，需在原光纤的包层外面再套一层保护层，使其直径达到 $3\sim5~mm$。探测光纤的长度可以从数米至数百米范围内任意选择。探测光纤的埋设深度一般为 60 mm 左右。由于光纤对运动目标的探测距离较近，为防止丢失目标，一般安装成间距约 0.75 m 的 2 条或 4 条平行线。

光发射部件是在探测光纤中进行光传输的光源。发光二极管、半导体激光器、氦氖激光器等都可作为发射光源。探测光纤的一端与光发射部件紧密结合，可作为传感器的发射端。

光接收部件是探测光纤中的光探测器。硅光电二极管、PIN 光电二极管、雪崩式光电二极管等都可作为光接收部件。

光信号处理电路是测量接收部件输出信号的变化并将其变换成需要的报警信号的装置。

5）光纤压力传感器的工作过程

将探测光纤埋设于要监视的道路或警戒区域，平时无运动目标通过时，光接收部件的输出信号无衰减变化，处理电路无报警输出。当有目标通过时，由于目标对地面产生压力，使光纤产生微小变形，根据光纤的微弯效应，光接收部件输出一变化的信号，经处理电路检测、处理、编码，由发射机传输至终端报警。

6）光纤压力传感器的基本特性

光纤压力传感器属于线状传感器，探测距离较近，只在目标压迫光纤时才起作用，但它具有虚警率低、目标信息判断准确、探测范围大、抗电磁干扰和环境干扰能力强等特点，所以得到了广泛应用。

光纤压力传感器也有一定的缺点，如埋设光缆时需要挖沟，光纤与土壤结合必须紧密等，所以应尽量选择比较理想的环境，使其发挥最大的效能。

2.2.3　震动传感器

震动传感器是使用最普遍的一种传感器，它是利用震动换能器（即一种磁电转换器件,也叫震动探头)来拾取地震动信号并通过处理震动信号来探测目标的。

由于任何运动目标(如人员和车辆)都有一定的质量,必然会引起地面的振动,所以地面战场传感系统把震动传感器作为系统的主要传感器之一。

1)基本组成及工作原理

震动传感器由换能器(又称传感器件)、放大器、信号处理电路、编码器、发射机组成,如图 2-8 所示。

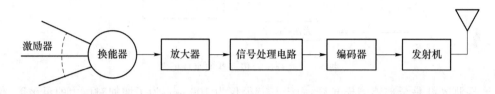

图 2-8　震动传感器组成方框图

震动传感器的基本工作原理:将换能器埋入地下约 10 cm 处,探测范围内无运动目标时,换能器无信号输出,传感器处于"守控"状态;当有运动目标出现时,换能器根据运动目标"扰动"的大小,输出与运动目标相关的信号,由信号处理电路进行处理,然后由编码器编码,经有线或无线传送至监视终端进行报警。

2)结构、信号输出特征、信号处理方式

换能器亦称传感器或变换器,它是一种测量由物体运动所引起的各种扰动,而测量这些扰动时又不会影响被测物体本身的运动状态的部件或设备。

(1)震动换能器结构

震动换能器是一种震动-电压换能器件,一般采用动圈型电动式结构,其结构如图 2-9 所示。震动换能器中间是一个圆柱形永磁体,它固定在壳体的内底座上,线圈的下端用一种非常柔软的薄片弹簧支撑着,输出端用电缆引出与主机连接。

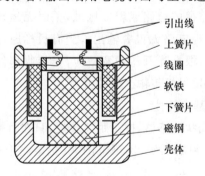

图 2-9　震动换能器结构图

当物体的振动频率高于震动换能器的频率时,线圈接近静止状态,而磁钢则跟随振动体一起振动。因此,线圈与磁钢之间产生相对运动,其速度等于振动物体的振动速度。由于磁钢是永磁体,线圈与磁钢做相对运动时,要切割磁力线而产生一定的电压。根据法拉第电磁感应原理可知,线圈绕组的感应电压为

$$E = B_i L_o N_i Y_o \tag{2-13}$$

式(2-13)中，B_i表示工作空隙磁感应强度；L_o表示每匝线圈的平均长度；N_i表示线圈绕组的匝数；Y_o表示振动物体的振动速度。

从式(2-13)可以看出，线圈的输出电压与物体的振动速度成正比，因此这种震动换能器一般又称为速度型换能器(或传感器)。

速度型换能器具有灵敏度较高，无须外加电源激励，温度性能稳定等特点，所以外军同类装备中都采用这种换能器。

(2) 震动换能器信号输出特征

各种目标运动时会引起地面的振动，这种振动作为一种激励源被震动换能器接收，由于其输出目标不同，信号特征也不同。图 2-10 为单人、车辆地震动信号。这种典型的信号波形，由于受到自然环境干扰(风、雨等)和战场环境的干扰(炮弹、炸药等)，输出的信号会发生严重变形，一般需通过信号处理电路将有用的信号从干扰信号中提取出来。

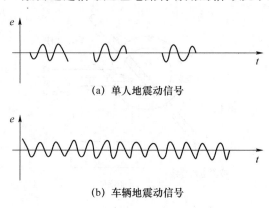

图 2-10　单人、车辆地震动信号

(3) 震动传感器的信息处理方式

震动传感器的信号处理电路可对换能器输出的模拟信号进行滤波、放大、解调和均衡，或对信号作变换处理。

2.2.4　磁传感器

磁传感器以磁场为测量对象，广泛应用的磁传感器有磁通门传感器、霍尔效应传感器等。下面以霍尔效应磁传感器为例进行介绍。

1) 霍尔效应传感器的工作原理

片状半导体材料置于磁场 **B** 之下，当有垂直磁场 **B** 的电流流过时，电子受到磁场作用后其运动轨迹会横向偏移，从而半导体片的一侧电子密集出现负电荷，另一侧呈现正电荷，两侧面之间形成电场，我们称这种电场为霍尔电场，称这种现象为霍尔效应。具体关系如下：

$$U_H = S_H I B \tag{2-14}$$

式(2-14)中，S_H为元件乘积灵敏度；U_H为霍尔效应产生的电压。

半导体片的材料和尺寸选定以后,S_H 保持常数,霍尔电压 U_H 就和 IB 成正比。利用这一特性,在恒定电流之下,片状半导体材料可用来测磁感应强度 B;反之,在恒定的磁场之下,也可以测电流 I。

半导体片的材料大多为 N 型锗、N 型锑化铟或砷化铟等。使用霍尔元件时,除了要注意其灵敏度之外,还应考虑输入及输出阻抗、额定电流、温度系数和使用温度范围。

2) 霍尔效应传感器的典型应用

霍尔效应的应用场合很多,除了远传压力表、小位移测量、静态磁头之外,还可应用于电和磁的测量仪表中。例如,霍尔元件与能开合的铁芯所构成的钳形电流表不仅能测交流电流,还能测直流电流。在磁强计和霍尔罗盘中,霍尔元件更是关键元件。由于霍尔元件的出现,直流无刷电动机才得以实用化。霍尔直测式电流传感器原理如下(如图 2-11 所示):当电流 I_X 通过一根长直导线时,导线周围产生磁场,磁场的强弱与流过导线的电流成正比。

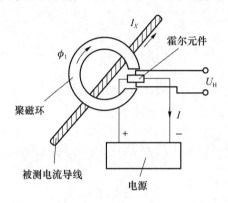

图 2-11　霍尔直测式电流传感器原理

软磁材料制作的聚磁环可以将被测电流产生的磁场集中到霍尔元件上,以提高测量灵敏度。作用于霍尔元件的磁感应强度为

$$B = K_B I_X \qquad (2\text{-}15)$$

式(2-15)中,K_B 是电磁转换灵敏度。

线性霍尔元件的输出电压为

$$U_H = K I_X \qquad (2\text{-}16)$$

式(2-16)中,I_X 是测量电流;K 是传感器灵敏度。

若 I_X 为直流,则 U_H 为直流;若 I_X 为交流,则 U_H 也为交流。通过测量 U_H 可以获得被测电流,这就构成了霍尔直测式电流传感器。

霍尔直测式电流传感器可用于任意波形的直流、交流及脉冲电流的测量控制。霍尔直测式电流传感器具有结构简单、性价比高的优点,但其测量精度不如磁平衡式电流传感器高。

2.2.5 红外传感器

红外传感器是一种能够感应目标辐射的红外线,并将其转换成电信号后对目标进行识别与探测的侦察设备。这种传感器通常分为有源式和无源式两种。有源式红外传感器的工作原理是:当战场上运动的人员或车辆通过传感器的工作区域时,传感器发出的红外光线即被切断,此时传感器便被启动,同时监控站的警报器便自动报警,以此来探测目标。无源式红外传感器的工作原理是:当目标发出热辐射使传感器工作区域的温度突然发生变化时,传感器被启动。这种装置非常灵敏,在 20 m 范围内,人的正常体温足以启动该装置。

红外传感器使用的是由钽酸锂材料制成的热释电探测器,利用热电效应进行探测。工作时,这种传感器通常隐蔽地布设在监视地区(道路)附近,可在常温下工作,不需要制冷设备。当目标经过时,红外探测头吸收目标发出的红外辐射,因为钽酸锂是"铁电体"电介质,被电极化后,当其吸收了目标辐射的红外线时,表面温度就会升高,引起表面电荷减少,释放出一部分电荷。这部分电荷被放大器变成电压信号输出,从而实现对目标的探测,其工作原理如图 2-12 所示。

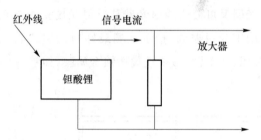

图 2-12　红外传感器的工作原理

红外传感器通常隐蔽地布设在需要监视的道路和目标区附近,可探测到视角扇面区 20 m 以内的人员和 50 m 以内的车辆目标。红外传感器的主要优点是体积小,无源探测,隐蔽性好,响应速度快,它不仅能探测快速运动的目标,还可探测目标运动的方向并计算出目标的数量,因而它是传感器系统中很重要的目标侦察传感器。

红外传感器的不足之处是只能进行人工布设,探测范围有限,只局限于正对探测器的扇形地区,无辨别目标性质的能力。考虑到战场的隐蔽性等问题,通常可以采用被动式的热释电红外传感器。试验表明,随着距离的增加,红外信号逐渐减弱,人员的红外信号要比车辆的红外信号减弱得快。

2.2.6　数字式传感器

1. 光栅数字式传感器

光栅是由很多等节距的透光缝隙和不透光的刻线均匀相间排列成的光电器件。20 世纪 50 年代,人们利用光栅莫尔条纹现象,将光栅作为测量元件应用于机床和计算仪器上。由于光栅具有结构、原理简单,计量精度高等优点,所以受到了国内外的重视和推广。

我国设计、制造了很多形状的光栅数字式传感器,并成功地将其作为数控机床的位置检测元件,用于高精度机床和仪器的精密定位或长度、速度、加速度、振动等物理量的测量。

1) 光栅的分类

按原理和用途的不同,光栅可分为物理光栅和计量光栅。物理光栅是利用光的衍射现象制造的,主要用于光谱分析和光波长测量。计量光栅主要利用莫尔现象测量长度、角度、速度、加速度和振动等物理量。

计量光栅按其形状和用途可分为长光栅和圆光栅两类,分别如图 2-13 和图 2-14 所示。前者用于测量长度;后者既可测量角度,也可测量长度。圆光栅又分为两种:一种是径向光栅,其栅线的延长线全部通过圆心,如图 2-15(a)所示;另一种是切向光栅,其全部栅线与一个同心圆相切,如图 2-15(b)所示,此小圆的直径很小,只有零点几毫米或几毫米。

根据光线的走向,光栅又可分为透射光栅和反射光栅。透射光栅的栅线刻制在透明材料上,其中主光栅常用工业白玻璃,指示光栅最好用光学玻璃。反射光栅的栅线刻制在具有强反射能力的金属(如不锈钢)或玻璃所镀金属膜(如铝膜)上。

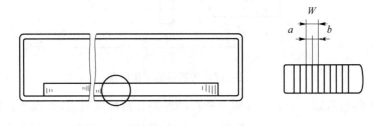

图 2-13　长光栅示意图

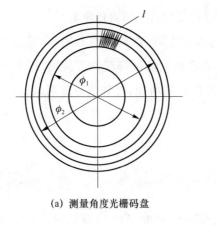

(a) 测量角度光栅码盘

(b) 测量光栅

图 2-14　圆光栅示意图

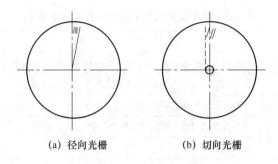

(a) 径向光栅　　　　(b) 切向光栅

图 2-15　径向光栅和切向光栅

根据栅线形式的不同,光栅又可分为黑白光栅(也称幅值光栅)和闪耀光栅(也称相位光栅)。长光栅中既有黑白光栅,也有闪耀光栅,而且两者都有透射和反射。而圆光栅一般只有黑白光栅,主要是透射光栅。黑白光栅是利用照相机复制工艺加工成的黑白相间结构,如图 2-13(b)中的栅线放大图所示,图中 a 为栅线宽度,b 为栅线缝隙宽度,相邻两栅线间的距离 $W = a + b$ 为光栅常数(或光栅栅距),栅线密度 ρ 一般为 25~250 线/毫米。闪耀光栅的横断面呈锯齿状,常用刻划工艺加工,其栅线形状如图 2-16 所示,其中 W 为光栅常数,栅线形状有非对称型和对称型两种。

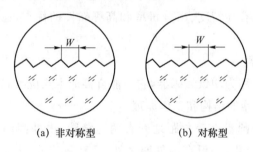

(a) 非对称型　　　　(b) 对称型

图 2-16　闪耀光栅的栅线形状

2) 光栅数字式传感器的应用

BG1 型线位移传感器就是一种光栅数字式传感器。该传感器采用光栅常数相等的透射式标尺光栅和指示光栅副,具有精度高、体积小、重量轻,便于数字化处理等特点,可用于长度测量、坐标显示和数控系统的自动测量等。BG1 型光栅数字式传感器外形如图 2-17 所示,其技术指标如表 2-3 所示。

图 2-17　BG1 型光栅数字式传感器外形

表 2-3　BG1 型光栅数字式传感器的技术指标

型号	BG1
光栅栅距	40 μm(0.040 mm)、20 μm(0.020 mm)、10 μm(0.010 mm)
光栅测量系统	透射式红外光学测量系统,高精度性能的光栅玻璃尺
读数头滚动系统	垂直式五轴承滚动系统,优异的重复定位性,高精度测量精度
防护尘密封	采用特殊的耐油、耐蚀、高弹性及抗老化塑胶,防水、防尘,使用寿命长
分辨率	1 μm、2 μm
有效行程	50~3 000 mm,每隔 50 mm 一种长度规格(整体光栅不接长)
工作速度	>20 米/分钟
工作环境	温度 0~50℃,湿度≤90(20±5℃)
工作电压	5 V±5%、12 V±5%
输出电压	TTL、正弦波

2. 编码器

编码器主要分为脉冲盘式和码盘式两大类。脉冲盘式编码器不能直接输出数字编码,需要增加有关数字电路才可能得到数字编码,而码盘式编码器能直接输出某种码制的数码。由于它们都具有高精度、高分辨率和高可靠性的优点,已被广泛应用于各种位移测量中。

1)脉冲盘式编码器

脉冲盘式编码器又称为增量编码器,它不能直接产生几位编码输出。

(1)脉冲盘式编码器的结构和工作原理

脉冲盘式编码器的圆盘上等角距地开有两道缝隙,内外圈的相邻两道缝错开半条缝。另外,在某一径向位置,一般在内外圈之外,开有一狭缝,表示码盘的零位。在它们的相对两侧面分别装有光源和光电接收元件,如图 2-18 所示。当转动码盘时,光线经过透光和不透光的区域,每个码道将有一系列光电脉冲输出。通过对光电脉冲计数、显示和处理,就可以测量码盘的转动角度。

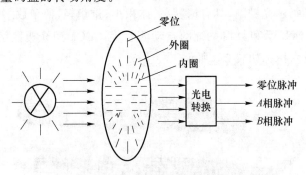

图 2-18　脉冲盘式编码器

(2)脉冲盘式编码器的辨向方式

具体使用时,为了辨别码盘的旋转方向,可以采用如图 2-19 所示的辨向原理。脉冲盘式编码盘两个码道产生的光电脉冲被两个光电元件接收,产生 A、B 两个输出信号,这两个输出信号经过放大整形后,产生 P_1 和 P_2 脉冲,将它们分别接到 D 触发器的 D 端和 CP 端。D 触发器在 CP 脉冲(P_2)的上升沿触发。当正转时,P_1 脉冲超前 P_2 脉冲90°,触发器的 Q="1",表示正转;当反转时,P_2 超前 P_1 脉冲90°,触发器的 Q="0",$\overline{Q}$="1",表示反转。分别用 Q="1"和 $\overline{Q}$="1"控制可逆计数器是正向还是反向计数,即可将光电脉冲变成编码输出。将由零位产生的脉冲信号接至计数器的复位端,可实现每转动一圈复位一次计数器的目的。无论是正转还是反转,计数器每次反映的都是相对于上次角度的增量,故可将这种测量方法称为增量法。

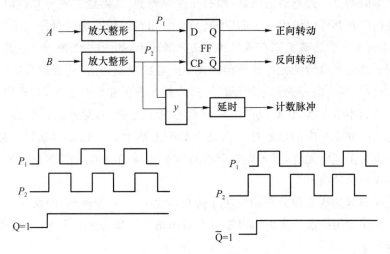

图 2-19 辨向原理图

除了光电式的增量编码器之外,光纤增量传感器和霍尔效应式增量传感器等也都得到了广泛的应用。

(3) 脉冲盘式编码器的应用

CHA 系列实心轴增量式编码器的外径为$\phi40$,轴径为$\phi6$,具有体积小、重量轻的特点,适用于 BL-2 型联轴器。它广泛应用于自动控制、自动测量、遥控等领域,可在数控机床上做角度测量和横纵坐标的测量等,具有坚固、可靠性高、寿命长、环境适应性强等特点,其外形和输出信号如图 2-20 所示。CHA-2 型增量型编码器的输出电路如图 2-21 所示。

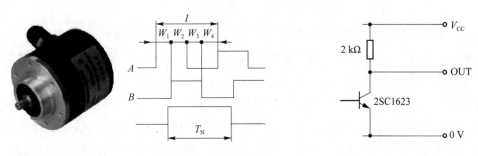

图 2-20 CHA 系列编码器的外形及其输出信号   图 2-21 CHA-2 型增量型编码器的输出电路

2）码盘式编码器

码盘式编码器也称为绝对编码器,它可将角度转换为数字编码,能方便地与数字系统(如微机)连接。码盘式编码器按其结构可分为接触式、光电式和电磁式三种。

光电式编码器的原理如下:由于光电式编码器用体积小、易于集成的光电元件代替了机械的接触电刷,故其测量精度和分辨率能达到很高的水平;另外,光电式编码器采用非接触测量,允许高速转动;光电式编码器具有较高的寿命和可靠性,所以它在自动控制和自动测量技术中得到了广泛的应用。例如,多头、多色的电脑绣花机和工业机器人都使用它作为精确的角度转换器。

光电式编码器是一种绝对编码器,即有几位编码器,其码盘上就有几位码道,编码器在转轴的任何位置都可以输出一个固定的、与位置相对的数字码。具体是采用照相腐蚀工艺,在一块圆形光学玻璃上刻有透光和不透光的码形,如图 2-22 所示。在几个码道上,用装有相同个数的光电转换元件代替接触式编码盘的电刷,并且用光源代替接触式码盘上的高、低电位。当光源经光学系统形成一束平行光投射在码盘上时,转动码盘,光经过码盘的透光区和不透光区,在码盘的另一侧就形成了光脉冲,脉冲光照射在光电元件上就可产生与光脉冲相对应的电脉冲。码盘上的码道数就是该码盘的数码位数。由于每一个码位都有一个光电元件,当码盘旋至不同位置时,各个光电元件根据受光照与否,将间断光转换成电脉冲信号。

光电式编码器的精度和分辨率取决于光码盘的精度和分辨率,即取决于刻线数,其精度远高于接触式编码盘。光电编码器通常采用循环码作为最佳码形,这样可以解决非单值误差的问题。

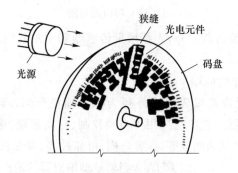

图 2-22　光电式编码器结构

为了提高测量的精度和分辨率,常规的方法就是增加码盘的码道数,即增加刻线数。但由于制作工艺有限,当刻度增加到一定数量后,工艺就难以实现。因此,只能采用其他方法提高精度和分辨率,最常用的方法是利用光学分解技术(即插值法)来提高分辨率。例如,若码盘已有 14 条(位)码道,在 14 位的码道上增加 1 条专用附加码道,如图 2-23 所示。附加码道的扇形区的形状和光学几何结构与前 14 位码道的有所差异,使之与光学分解器的多个光敏元件相配合,产生较为理想的正弦波输出;通过平均电路进一步处理,消除码盘的机械误差,从而获得更理想的正弦或余弦信号。附加码道输出的正弦或余弦信号在插值器中按不同的系数叠加在一起,形成多个相移不同的正弦信号输出。各正弦信号经过零比较器转换为一系列脉冲,从而对附加码道的光电元件输出的正弦信号进行细分,于是产生了附加的、低位的几位有效数位。

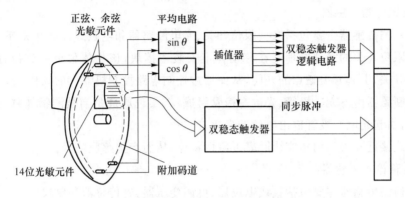

图 2-23　用插值法提高分辨率的光电式编码器

2.3　新型传感器

2.3.1　仿生传感器

一般认为,现代生物技术(Biotechnology)兴起于 20 世纪 70 年代,它是以生命科学为基础,运用先进的工程技术手段与其他基础科学原理,利用生物或生物组织、细胞及其他组成部分的特性和功能,设计、构建新品系,从而为社会提供产品和服务的综合性技术体系。现代生物技术主要包括基因工程、细胞工程、酶工程、发酵工程和仿生生物工程等,相对应的技术有基因技术、生物生产技术、生物分子工程技术、定向发送技术、生物耦合技术、纳米生物技术和仿生技术等。最初的生物传感器就是通过这些技术,采用固定化的细胞、酶或者其他生物活性物质与换能器相向,形成生物传感器,如酶传感器、微生物传感器、细胞传感器、组织传感器、尿素传感器等。利用仿生技术开发出来的传感器就是仿生传感器。

随着现代仿生技术的进步,人类已经制造出仿视觉、仿听觉、仿嗅觉传感器以及DNA 芯片等仿生传感器。这些传感器能自动捕获信息、处理信息、模仿人类的行为。其中最典型的代表就是机器人所用的传感器。下面以机器人传感器为例介绍仿生传感器。

机器人传感器一般分为机器人内部传感器和机器人外部传感器(感觉传感器)两种类型。

1. 机器人内部传感器

机器人内部传感器包括位置检测传感器、位移检测传感器、角位移检测传感器、速度检测传感器、加速度检测传感器、力检测传感器,主要用来检测机器人内部状态的各种参量,掌握机器人的适时状态,以便使机器人按规定的位置、轨迹、速度、加速度和受力大小进行工作。这类传感器用于机器人时,一方面要求其输出稳定,可靠性高,体积小,在恶劣环境下能连续使用;另一方面要求其精度高,能使机器人动作保持灵敏等。

1)位置检测传感器

位置检测传感器主要包括微型限位开关、光电断路器和电磁式接近开关等。

微型限位开关的实现原理是在移动体上安装一挡块,该物体移至一定位置后,挡块碰上机械开关,引起开关触点的开闭,从而通过控制电路控制机器人的动作。

光电断路器由发光二极管、光电三极管组成,其实现原理是当被测物体移动时,隔断其"光路",引起光电三极管输出电位的变化。

电磁式接近开关利用感应线圈靠近磁性物体,从而产生感应信号。

2)位移检测传感器

位移检测传感器主要包括直线电位器、可调变压器、磁传感器和磁尺等。

可调变压器如图 2-24 所示,它由连接于移动物体的铁心 3 和线圈 1、2 组成,u_1 为交流电源,u_2 为感应电压,其幅值大小随铁心位置的变化而变化。

磁传感器如图 2-25 所示,它将磁化为 N、S 的微小磁铁固定于移动物体上,磁铁随物体移动,在带有感应磁头的磁信号检测器上将得到相应位置的输出信号。

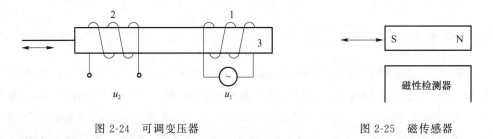

图 2-24　可调变压器　　　　图 2-25　磁传感器

3)角位移检测传感器

角位移检测传感器除了包括旋转式电位器、旋转式可调变压器之外,还包括鉴相器、光电式编码器等。

鉴相器由互相正交的两个线圈组成定子和转子,它们之间的磁耦合在互为平行时最大,垂直时为零,因而产生的电压信号随转子和定子相对角度的变化而变化。这种角度检测器在激磁频率为 1~2 kHz 时,角分辨精度可达 0.12~0.34°。

4)速度检测传感器

常用的速度检测传感器有测速发电机及脉冲发生器两类,它不仅可以测试速度,还可以测试动态响应补偿。

测速发电机的输出是与转速成正比的连续信号,脉冲发生器是一种数字型速度传感器,其结构与光电式编码器类似,同时检测输出脉冲数和脉冲频率,便能确定旋转速度值。

5)加速度检测传感器

加速度检测传感器主要有差动变压器型和应变仪型两类。

差动变压器型加速度传感器由弹簧支撑的铁心和转轴构成,当速度变化时,铁心因为惯性产生位移,由于铁心处于差动变压器中,差动变压器线圈中将产生相应的信号,用以检测加速度。

应变仪型加速度传感器由质量块和贴有应变片的弹簧片构成,加速度的变化将使得应变片的直径和长度产生微小变化,因而可得到需要的速度信号。

6) 力检测传感器

力检测传感器主要有应变电阻型、半导体体型、磁电型、光电式等,具体可参考有关章节。

2. 机器人外部传感器

机器人外部传感器主要包括视觉传感器、听觉传感器、力觉传感器、触觉传感器、压觉传感器、滑动觉传感器、距离传感器、接近传感器等,其主要功能是识别工作环境,为机器人提供信息,其目的是检测机器人所处的对象物体以及环境周围所具有的各种物理量,从而对这些对象和环境进行认识和处理。相对于人的视、听、味、嗅和触觉等,机器人外部传感器常被称为感觉传感器。目前,机器人外部传感器主要分为视觉传感器和广义触觉传感器两大类。广义触觉指的是与对象接触的各种感觉,其又可分为接触觉、压觉、力觉、接近觉、滑觉等五类;而视觉也可细分为明暗觉、色觉、位置觉、形状觉等几类。如表 2-4 所示。

表 2-4 视觉和广义触觉分类

	检测内容	应用目的	传感器件
明暗觉	是否有光、亮度多少	判断有无对象,并检测之	光电管,光电断流器
色觉	对象色彩及浓度	利用颜色识别对象的场合	彩色摄影机、滤色器、彩色光管
位置觉	物体的位置、角度、距离	检测物体的空间位置以及是否移动	摄像管
形状觉	物体的外形	提取物体轮廓及固有特征、识别物体	光电晶体管阵列、CCD、图像传感器、SPD 等
接触觉	与对象是否接触,接触位置	决定对象位置,识别对象形态,控制速度,保障安全,异常停止,寻径	电位计、光电传感器、微型开关、薄膜接点、针式接点
压觉	对物体的压力、握力、压力分布	控制握力,识别握持物,测量物体弹性	压电元件、导电橡胶、压每半导体、感压高分子材料、应变针
力觉	机器人有关部件(如手指)所受外力及转矩	控制手腕移动,伺服控制,正确完成作业	应变针、负载单元、转矩检测器
接近觉	与对象物是否接近	控制位置、寻径等	光传感器、气压传感器、超声波传感器、磁传感器
滑觉	垂直于握持面方向物体的位移、旋转重力引起的变形	修正握力,防止打滑,测量物体的重量及表面,进行多层作业	球形接点、旋转传感器、微型开关、振动检测器、圆筒状光电旋转传感器

1）视觉传感器

视觉传感器是机器人传感器中最重要的一种外部传感器,它包括信息获取和信息处理两部分,通过这两部分,能把对象物体特征识别出来。从一定意义上说,一个典型视觉传感器的典型结构如图 2-26 所示,它属于智能传感器的范畴。视觉传感器的工作过程可分为检测、分析、描绘和识别四个过程。

图 2-26　视觉传感器的典型结构

视觉检测主要利用图像信号输入设备将视觉信息转换成电信号。早期常用的是摄像管摄像机,目前常用的是 CCD、MOS 型摄像机。下面分别进行介绍。

摄像管摄像机的工作原理比较简单,具体如下:光线透过摄像管前的透镜后,物体在光导电膜构成的靶上成像,靶上各点的导电性能与该点所受光强成比例。因此,靶上有一幅电子图像,摄像管阴极发出的射线经聚焦后射在靶上,然后通过靶及覆盖于靶前的透明导电膜及限流电阻与电源阳极闭合,从而产生与该聚焦点相对应的电流。通过摄像偏转扫描系统对靶逐点扫描,通过电容器取出各点的变化电流,即可得到该图像的时间序列信号。

若将光电二极管构成一维或二维阵列,外来光线同样通过透镜照在该阵列上,形成一幅图像,每一只光电二极管为一个像素,顺序逐点取出各个光电二极管的信号,也能得到该图像的时间序列信号,其取出信号的方法一般有 MOS 型和 CCD 型。

MOS 型的原理是:给光电二极管加一负脉冲,使光电二极管导通;用一合适的负偏压对其充电;充电结束后,入射光线以脉冲形式照至光电二极管,其电荷将与入射光量成比例减少;给光电二极管加负脉冲,使光电二极管再次导通,由于各光电二极管上的电荷数由光照量决定,所以各点相应补充电荷引起的充电电流将反映各点光量的数值;顺序对各光电二极管进行处理,即可得到图像的时间序列信号。

CCD 是电荷耦合器件的意思,它也是一种半导体器件,具有将电荷以耦合的方式逐次移动至外部的功能,其具体的电荷移动机理请读者参阅有关书籍。由于各点光线不同,光电二极管上所具有的电荷也不同,我们可以把光电二极管上所具有的电荷移动至CCD 上,再通过移动操作,将它作为图像表示信号取出。

线型 CCD 图像传感器主要用来测量工作尺寸等一维量。为获取二维图像,我们需要采用面型 CCD 图像传感器,这种形式的传感器需要在水平和垂直两个方向上进行电荷转移,经过适当的组合后,可获得一幅画面的图像信号。

2）听觉传感器

听觉传感器是机器人的耳朵,它是利用语音信息处理技术制成的。若仅要求听觉传感器对声音产生反应,可选用一个具有开关量输出形式的听觉传感器。这种传感器比较简单,只需用一个声-电转换器就能实现。一个高级的机器人不仅能够听懂人的语言指令,还能讲出人能听懂的语言,前者为语音识别技术,后者为语音合成技术。具有语音识别功能的传感器称为听觉传感器。

语音识别实质上是通过模式识别技术识别未知的输入声音,通常分为特定话者和非特定话者两种语音识别方式。非特定语音识别为自然语音识别,它比特定语音识别要困难得多。特定语音识别是预先提取特定说话者发音的单词或音节中的各种特征参数并将其记录在存储器中,输入声音的类别取决于待识别特征参数与存储器中预先登录的声音特征参数之间的差。

由于人类的语言非常复杂,词汇量相当丰富,即使是同一个人,其发音也会随环境及身体状况的变化而变化,因此,自然语音识别的难度相当大。

3）接触觉传感器

接触觉传感器就是仿真人或动物的接触觉,感知被接触物体的特性的一种传感器。常用的接触觉传感器有机械式微动开关、针式差动变压器、含碳海绵及导电橡胶等。

针式变压器矩阵接触觉传感器如图 2-27 所示,它由若干个触针式触觉传感器(简称触针传感器)构成,呈矩阵形状,每个触针传感器由钢针、塑料套筒以及给每针杆加复位力的磷青铜弹簧等构成,各触针绕上激励线圈,以将感知的信息转换成电信号,计算机采集并处理该电信号后,便可判定接触程度、接触部位等。

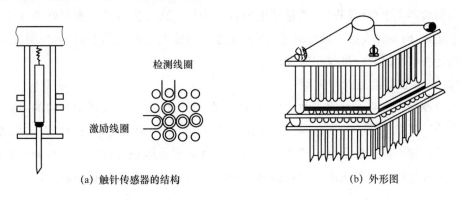

(a) 触针传感器的结构　　　　　　　　　(b) 外形图

图 2-27　针式变压器矩阵接触觉传感器

当针杆与物体接触而产生位移时,其根部的磁极将随之运动,从而增强两个线圈间的耦合系数。通过控制电路可使各行激励线圈加上交流电压,检测线圈则有感应电压,该电压随针杆位移增加而增大。通过扫描电路轮流读出各列检测线圈上的感应电压(感应电压实际上标明了针杆的位移量),再经过计算机运算判断,即可知道对象物体的特征或传感器自身的感知特性。

美国伊利诺斯大学的研究人员曾研制了一种像头发一样的接触觉传感器。众所周知,许多动物和昆虫都能用其毛发辨别不同事物,包括方向、速度、声音和压力等。这种人造毛发是利用性能很好的玻璃和多晶硅制造的,通过光刻工艺由硅基底刻蚀出来的。这种人造发毛的大型阵列可用于空间探测器上,其探测周围环境的能力远远超出当今已有的任何系统。

这种传感器面临的最大挑战是产生的数据量太大。为避开这一问题,研究人员首先研究和模仿了我们自身触觉系统的工作。人的每个手指大约有200根神经,而且还有错综复杂的表皮纹理,所以它产生的数据量很大,连大脑都难以处理。但是由于皮肤就像一个低通滤波器,能滤掉一些细枝末节,所以大脑处理起来才变得简单可行。研究人员正借鉴这一事实解决人造毛发产生的数据量过大的问题。

4)接近觉传感器

接近觉传感器是机器人用来探测自身与周围物体之间相对位置和距离的传感器。

机器人安装接近觉传感器的主要目的有三个:其一,在接触对象物体之前,获得必要的信息,为下一步运动做好准备工作;其二,探测机器人手和足的运动空间中有无障碍物,若发现障碍物,则需及时采取一定措施避免发生碰撞;其三,获取对象物体表面形状的大致信息。经常使用的接近觉传感器主要有涡流式接近觉传感器、光电式接近觉传感器、超声波式接近觉传感器三种。金属型的对象物体一般采用涡流式接近觉传感器,而塑料、木质器物等可采用光电式接近觉传感器、超声波式接近觉传感器等。

(1)光电式接近觉传感器

光电式接近觉传感器是一种比较简单有效的传感器,把它装在机器人手(或足)上,能够检测机器人手臂(或腿)运动路线上的各种物体。这种传感器一般用红外发光二极管作发送体,向物体发射一束红外光,红外光通过透镜照射在物体上;物体反射红外光,然后通过接收电路进行接收和处理。

(2)超声波式接近觉传感器

超声波是人耳听不见的一种机械波,频率在20 kHz以上。人耳能听到的声音的振动频率范围是20~20 000 Hz。超声波因波长较短、绕射小而成为声波射线并定向传播。机器人采用超声波式接近觉传感器的目的是探测周围物体是否存在及其与测量物体的距离。这种传感器一般用来探测周围环境中较大的物体,不能测量距离小于30 mm的物体。

(3)涡流式接近觉传感器

涡流式接近觉传感器主要用于检测由金属材料制成的对象物体,它是利用这样一个基本电学原理工作的:一个导体在非均匀磁场中移动或处在交变磁场内,导体内就会出现感应电流,这种感应电流称为电涡流。通过电涡流的大小可以检测物体的有无,涡流式接近觉传感器的优点是尺寸小、检测精度高(能检测到0.02 mm)、工作可靠、价格便宜,缺点是作用距离小,一般不超过13 mm。

5)嗅觉传感器

人鼻是嗅觉器官,嗅觉传感器就是仿真人鼻功能的一种传感器。给机器人装上嗅觉传感器,它就能感受各种气味,从而识别其所在环境中的有害气体,并测定有害气体的含量。目前机器人还不能像人一样闻出多种气味。常用的嗅觉传感器是半导体气体传感器,它是利用半导体气敏元件同气体接触,造成半导体的物理性质变化,借以测定某种特

定的气体成分及其含量的。大气中的气味各式各样,目前研制出的气体传感器能识别
H_2、CO_2、CO、NO 等少数气体。

嗅觉传感器中应用最广泛的当属电子鼻,它是由传感器阵列构成的。阵列中的每个
传感器都覆盖着不同的具有选择性吸附化学物质能力的导电聚合物。吸附作用将改变
材料的电导率,从而产生一个能测量的电信号。阵列中所有不同传感器产生的信号模式
代表了特定的气味图谱,通过与已知气味数据库相比较可识别各种气味。大多数嗅觉系
统都使用类似的原理。英国一家公司推出一种在线实时系统,这种系统标志着电子鼻已
经走出了实验室,进入了实际工作环境。它能适应各种不同的传感器技术,除了可用于
机器人之外,还可应用于食品加工发酵和酿造、在线水质监测以及火检测等。英国诺丁
汉大学食品科学系另辟蹊径,研制了一种基于质谱原理的新的电子嗅觉系统,这种系统
能分析人吃东西时鼻子中嗅到的香味,可用于解决如何生产不同种类的好食品的问题。

电子鼻是由美国加利福尼亚工学院研制的,它是一种手持式的由 32 个传感器组成
的单元。经过"培训",它能嗅出特定种类的稻米,不但能说出其种类,而且可指出其
产地。

2.3.2　MEMS 传感器

1. MEMS 器件

MEMS(Micro-Electro-Mechanical System)通常称为微机电系统,是当今高科技发
展的热点之一。

MEMS 器件和系统具有体积小、重量轻、功耗低、机械电子合一等优点,因此在航空、
航天、生物医学等诸多领域有着十分广阔的应用前景。MEMS 器件种类繁多,除了进行
信号处理的 IC 部分之外,其包含的单元主要有以下几大类。

1) 微传感器

自 1962 年第一个硅微压力传感器问世以来,微传感器得到了迅速发展。如今,微传
感器主要包括以下几种:阵列触觉传感器、谐振力敏传感器、微型加速度传感器以及真空
微电子传感器等。阵列触觉传感器是用 MEMS 技术和先进的信号处理技术研制而成
的,通过分布在传感器敏感阵列中的力敏单元获取三维力信息,可实现对三维接触总力
信息的定量检测;谐振力敏传感器是利用机械结构的固有频率在外力作用下,使其固有
频率发生变化来检测外力的,因此必须在传感器的微结构中制作激振元件和测振元件;
微型加速度传感器采用电阻热激振、压阻电桥同步检测的方法来获得信号输出,敏感结
构为高度对称的四角支撑结构,它在质量块四边与支撑架之间制作了四根谐振梁,用于
信号检测。

2) 微执行器

微执行器主要包括微马达、微齿轮、微泵、微阀等。成熟的硅加工工艺可使集成电路

加工技术达到深亚微米,解决了静电电机的机械加工精度问题;转子和定子两个正、负电极之间的距离大大缩小,工作电压得到了大幅度降低。在电机转子下面集成几个光电二极管,当转子旋转时,反偏二极管的暗电流和亮电流发生变化,用取样示波器对脉冲信号进行取样,测量电机的转速,这样就形成了光电测速系统。光电测速系统扩大了电机的测速范围,具有测试方便、工艺兼容的优点。

3) 微型构件

微型构件主要包括微梁、微探针、微腔、微沟道等。

4) 微机械光学器件

微机械光学器件就是利用 MEMS 技术制作的光学元器件,目前已有微镜阵列、微光扫描器、微光斩波器、微光开关等。

5) 微机械射频器件

微机械射频器件包括用微机械加工工艺制作的微型电感、可调电容、谐振器/滤波器、波导、传输线、天线阵列与移相器等,它们是 MEMS 器件研究的热点,对射频技术有重要影响。

MEMS 机械滤波器和谐振器具有较高的 Q 值、较低的损耗以及良好的稳定性,而且在材料选择及设计、激励和感应方式等方面具有较大的灵活性,只是它的谐振频率还比较低,空气阻尼对其影响很大。

6) 真空电子器件

真空电子器件是 MEMS 技术、真空电子和微电子技术结合的产物。真空电子器件是利用微细加工工艺在芯片上制作的集成化的微型真空电子器件结构,包括场致发射阴极阵列、阳极、绝缘层和微腔。由于电力输运是在真空中进行的,因此其开关速度极快,具有很好的抗辐射能力和温度特性。

7) 微能源和微动力源

微能源和微动力源是 MEMS 器件研究的一个重要方面,但目前这方面的研究仍处于起步阶段。

2. 典型 MEMS 传感器

1) 微型磁通门传感器

微型磁通门传感器是一种磁感应式传感器,它可以测量直流或低频磁场的大小和方向。在所有室温下使用的固态传感器中,微型磁通门传感器具有最高的灵敏度,其检测范围为 $10^{-10} \sim 10^{-9}$ T,而一般的固态传感器的检测范围为 $10^{-10} \sim 10^{-4}$ T。目前磁通门已经广泛应用于飞机、导弹、卫星、汽车和潜艇的导航系统。在工业中,磁通门也可以用于位置传感、非接触型电流测量、金属物体探测、古磁学测量、磁性油墨的读出等。磁通门的基本结构如图 2-28(a)所示,截面积为 A 的磁芯具有如图 2-28(b)所示的磁滞回线,激发线圈受外加电压 U_{exc} 激发,在读出线圈中得到感应电压 U_{ind}, H_0 为被测磁场,μ_γ 为磁芯的有效相对磁导率。

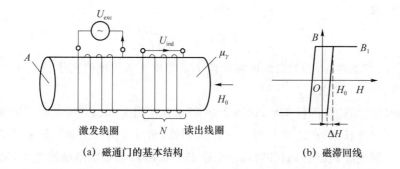

(a) 磁通门的基本结构　　　　(b) 磁滞回线

图 2-28　磁通门

传感器磁芯受到由激发线圈产生的三角波交流磁场的激发,该交流磁场的峰值为 H_m,此值必须足够大才能使磁芯饱和。在读出线圈中感应出一个周期脉冲电压,如图 2-29 中的实线所示。

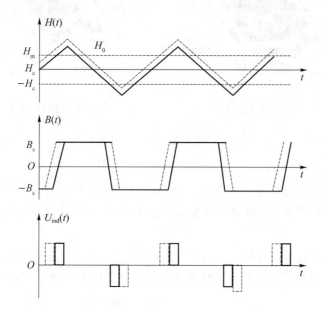

图 2-29　磁通门的二次谐波工作原理

当外加(被测)磁场为 H_0' 时,感应脉冲的相位发生变化。通过分析脉冲相位变化,可测量外加磁场的大小。最常用的工作原理基于下列事实:当施加外磁场时,在读出线圈中将产生偶次谐波,特别是二次谐波。根据傅里叶分析,其二次谐波电压为

$$U_2 = \frac{8NA\mu_0\mu_\gamma H_m f}{\pi}\sin\frac{\pi\Delta H}{H_m}\sin\frac{\pi H_0}{H_m} \tag{2-17}$$

式(2-17)中:N 为读出线圈的圈数;A 为磁芯截面积;f 为激发频率;μ_0 为真空磁导率;

$$\Delta H = \frac{2B_0}{\mu_0\mu_\gamma} \tag{2-18}$$

其中 B_0 为饱和磁通密度。假如 $H_0 \ll H_m$(H_0 为外加磁场,H_m 为激发磁场峰值),那么

磁灵敏度 S_s 为

$$S_s = 8NA\mu_\gamma f \sin\frac{\pi\Delta H}{H_m} \tag{2-19}$$

在最佳激发条件下,即当激发磁场峰值 H_m 等于饱和磁场的两倍($H_m = 2\Delta H$)时,磁通门的磁灵敏度为 $8NA\mu_\gamma f$。

微磁通门的结构有两种类型,如图 2-30 所示。在图 2-30(a)中,先用微机械加工方法(如硅的各向异性腐蚀)在硅片上刻出一个 U 型槽,然后在槽的上面制备金属线圈的下半部分,制备一层绝缘膜以后,制备坡莫合金磁芯。在制备第二层绝缘膜之后,再制备金属线圈的上半部分。线圈的上、下部分合在一起,形成一个绕在坡莫合金磁芯外部的完整线圈。用同样的方法也可以制作如图 2-30(b)所示的结构,但不需要开 U 型槽。

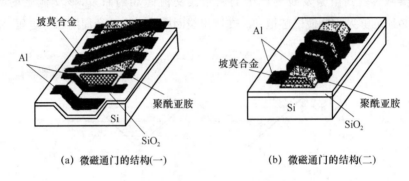

(a) 微磁通门的结构(一)　　　　(b) 微磁通门的结构(二)

图 2-30　微磁通门的两种结构形式

2) 多晶硅微静电马达

微马达是一种运动范围较大的执行器,它可以执行功率输出。通过采用静电方式,利用多晶硅表面微机械加工技术及其他有关技术,已经开发出了可变电容式侧向驱动微马达。

马达的定子和转子需要导电材料及绝缘材料,这与多晶硅表面微机械加工技术是兼容的。定子和转子都采用深层光刻技术制备。静电型马达通常采用氮化硅作为绝缘层。

图 2-31 描述了静电型微马达的工作原理。在某一激发相位结束的瞬间,转子与被激发的定子的相位完全对准,如图 2-31 所示,转子极 1 与定子极 B 的相位完全对准。为使转子沿顺时针方向转动,需要激发定子极 C 的相位;如果要使转子沿逆时针方向转动,则需要激发定子极 A 的相位。对激发信号进行适当的变换控制,就可以使转子连续旋转。

多晶硅微静电马达的基本原理是:在可变的转子与定子构成的电容中的电能储存,以及沿运动方向上的电容变化与微马达的输出转矩成正比。

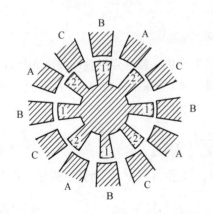

图 2-31　静电型微马达原理平视图

因此，在设计中应增加沿运动方向上的电容变化，以获得最大的输出转矩。

多晶硅微静电马达的典型尺寸如表 2-5 所示。

表 2-5 多晶硅微静电马达的典型尺寸

参数名称	参数值/μm
转子-定子间隙	1.5～2.5
轴承间隙	0.3～0.8
转子内径	10～20
转子到基板间隙	2～2.5
转子外径	50～75

2.3.3 集成传感器

集成传感器是将传感元件、测量电路以及各种补偿元件等集成在一块芯片上的传感器，它具有体积小、重量轻、功能强、性能好的特点。例如：由于敏感元件与放大电路之间没有传输导线，故减小了外来干扰，提高了信噪比；温度补偿元件与敏感元件处在同一温度下，可取得良好的补偿效果；信号发送和接收电路与敏感元件集成在一起，使得遥测传感器变得非常小巧，可置于狭小、封闭空间甚至生物体内进行遥测和控制。目前广泛应用的集成传感器有集成温度传感器、集成压力传感器、集成霍尔传感器等。将若干种不相同的敏感元件集成在一块芯片上制成的多功能传感器，可以同时测量多种参数。

智能传感器（Smart Sensor）是在集成传感器的基础上发展起来的，它是指那些装有微处理器的，不仅能够进行信息处理和信息存储，还能够进行逻辑分析和结论判断的传感器系统。智能化传感器利用集成或混合集成的方式将传感器、信号处理电路和微处理器集成为一个整体，一般具有自补偿、自校准和自诊断能力以及数值处理、信息存储和双向通信功能。下面以集成压力传感器为例进行介绍。

集成压力传感器也称为数字式压力测量仪，它是把敏感元件（常用的压力传感器）和信号处理电路集成在一起，并把被测压力以数字的形式输出或显示的仪器。

集成压力传感器的基本结构和外部连接如图 2-32 所示。图 2-32 显示了压力传感器硅片的俯视图，应变电阻成对角状置于膜片边缘，电源电压由交叉管脚 1 和 3 接入，敏感电阻（其阻值随被测压力的变化而变化）上形成的电压由交叉的 2、4 脚输出。

MPX700DP 传感器的电源电压为 3 V，在任何情况下不超过 6 V。当压力端口的压力高于真空端口的压力时，出现在 2、4 脚的压差电压为正。当采用 3 V 电源供电时，满量程时电压输出为 60 mV。

当零压力加于传感器上时，仍存在一些输出电压，这个电压称为零点偏差。对于MPX700 系列传感器，零点偏差电压在 0～35 mV 范围内，可由合适的仪表放大器通过调零解决。输出电压随输入压力呈线性变化。

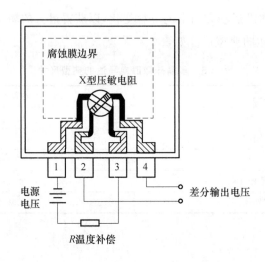

图 2-32　集成压力传感器的基本结构及外部连接

2.3.4　水下无线传感器网络

海洋是人类维持生存繁衍和社会实现可持续发展的重要基地。开发海洋、发展海洋经济是人类生存和社会发展的必由之路。目前世界各国对海洋权益越来越重视,开发利用海洋的热潮正在全球兴起,另外,陆地无线传感器网络的研究也得到了飞速发展。这些因素使得研制具有低成本、良好性能的水下无线传感器网络(以下简称"水下传感器网络")成为一个研究热点。水下传感器网络得到了世界各国政府部门、工业界、学术界的极大关注。美国海军研究局和空海战系统中心主持的海网研究项目早在 1998 年就开始了实际的水下组网实验。

水下传感器网络是指将能耗很低、通信距离较短的水下传感器节点部署到指定海域中,利用节点的自组织能力自动建立起网络,网络中的节点利用传感器实时监测、采集网络分布区域内的各种监测信息,经数据融合等信息处理后,通过具有远距离传输能力的水下传感器节点将实时监测信息送到水面基站,最后通过近岸基站或卫星将实时监测信息传递给用户。

水下传感器网络部署在极其复杂可变的水下环境中,主要利用水声进行通信,具有许多与陆地无线传感器网络不同的特点,这使得陆地无线传感器网络协议不能直接应用于水下。因此,必须针对水下环境的具体特点,研究适应水下通信、组网和应用的新协议。

1. 水下传感器网络通信技术

水下传感器网络通信技术主要有无线电波通信、激光通信和水声通信三种方式。

1) 无线电波通信

无线电波在海水中衰减严重,频率越高,衰减越大。水下实验表明:MOTE 节点发射的无线电波在水下仅能传播 50～120 cm。30～300 Hz 的超低频电磁波的海水穿透能力可达 100 多米,但需要很长的接收天线,这在体积较小的水下节点上无法实现。因此,无线电波只能实现短距离的高速通信,无法满足远距离水下组网的要求。

2）激光通信

蓝绿激光在海水中的衰减值小于 10^{-2} dB/m,海水穿透能力强。水下激光通信需要直线对准传输,通信距离较短,水的清澈度会影响通信质量,这都制约着蓝绿激光在水下网络中的应用。不过,蓝绿激光适合近距离、高速率的数据传输,如自主水下航行器和岸边基站间的数据传输等。

3）水声通信

目前水下传感器网络主要利用声波实现通信和组网。最早的水声通信技术可以追溯到 20 世纪 50 年代的水下模拟电话。20 世纪 80 年代出现了取代模拟系统的数字频移键控技术以及水声相干通信技术。20 世纪 90 年代,DSP(Digital Signal Processing)芯片及数字通信技术的出现,尤其是水下声学调制解调器的问世,为水下传感器网络的发展奠定了坚实的基础。

2. 水下传感器网络节点

水下传感器网络节点负责数据采集和网络通信,是水下传感器网络的硬件支撑,其性能、特点影响着网络体系结构。

1）水下传感器网络节点的基本组成

水下传感器网络节点主要由控制器(CPU)、存储器、传感器和水声调制解调器等组成。

控制器负责控制整个节点,以及数据采集、发送和网络通信等。数据采集接口通过传感器采集水下的压力、温度、盐度、海水透明度、海流、声音等各种海洋物理、化学数据,并将其转换成数字量传送给控制器。常用的传感器主要包括:测量温度、盐度和深度的传感器;测量海流声学多普勒流速剖面仪;测量海洋化学成分的传感器;测量海洋声学的各类传感器;等等。

控制器通过调制解调器发送或接收数据。发送数据时,数据信息经过调制编码,然后通过水声换能器的电致伸缩效应将电信号转换成声信号发送出去。在接收信号时,则利用水声换能器压电效应进行声电转换,将接收的信息解码、还原成有效数据送往控制器。

2）水声调制解调器的研究进展

水声调制解调器以前的产品,如美国 LinkQuest 公司的 UWM 系列产品,体积大、耗能高、价格昂贵,主要用于点对点的远距离数据传输。随着水下传感器网络研究的兴起,许多厂商开始研制、生产水下传感器网络节点,如澳大利亚 DspComm 公司的 AquaNetwork 系列产品以及英国 Tritech 公司的 Micron Data Modem 已经具有初步的组网功能。Tritech 公司新推出一款体积很小、误码率和耗电量都很低的微型调制解调器,它的通信距离为 1 000 m,数据传输速率为 40 bps。

3）水下传感器移动节点

水下节点可以在海床上固定部署,但移动部署可以扩大监测区域。利用洋流或海流可以实现水下节点的移动。水下节点搭载在自主式水下航行器或水下滑翔机(Underwater Glider)等水下移动设备上,也可以成为水下移动节点。Hydroid 公司生产的 REMUS 系列 AUV,其巡游速度可达 $1.5\sim2.9$ m/s,续航时间短的可达几十个小时,利用岸边充电系统或者太阳能电池板浮到水面上自充电,则可以连续工作几个月。

3. 水下传感器网络体系结构

水下传感器网络根据具体应用的不同,可以有多种体系结构。按其监测空间区域的不同,大致可分为二维、三维和海洋立体监测网络三种。

1)二维(2D)监测网络

在 2D 监测网络中,传感器节点被锚定在海底,先通过 AUV 定时收集监测信息(或直接将其发往浮在水面上的基站),然后通过无线电与卫星、船舶或岸上陆基基站,将海底监测信息实时地传送给用户。

2)三维(3D)监测网络

3D 监测网络可分为固定 3D 监测网络和移动 3D 监测网络。固定 3D 监测网络可由带有气囊的水下节点锚定在海底,形成固定的监测网络。利用海面浮标,将节点下降到不同的深度,也可以形成 3D 监测网络。3D 监测网络可由多个 AUV、水下滑翔机等单独组成,其与固定节点可形成 3D 混合监测网络。

3)海洋立体监测网络

海洋立体监测网络由水面上的无线传感器网络和水下传感器网络两部分组成,二者结合为一个统一的网络。水下传感器网络部分可以是固定 3D 监测网络、移动 3D 监测网络或者二者混合的网络。水面上的无线传感器网络部分利用无线电进行通信,具有传输速度快、可靠性高、耗能低,可以 GPS 精确定位,直接与卫星通信等优点。它不仅可以检测风向、波高、潮汐、水温、光照等,还负责与水下网络、陆基基站的信息传输。

4. 水下声学传播特征

水下传感器网络使用声波进行通信,传播介质是水,这与无线电波在空中传播有显著不同,主要体现在以下几个方面。

1)信号时延较大

声波在海水中的传播速度大约为 1 500 m/s,比无线电波的速度低 5 个数量级。声波在海水中传播 1 000 m 大约需要 0.67 s,通信时延很大。此外,声波在海水中的传播速度随海水盐度、温度、压力(深度)的变化而变化。海水温度、盐度及压力的增加会引起声速的增大。声速在水下随不同环境变化的特点,带来了传播时延的动态变化。

2)水声信号衰减大

声波在海水中传播的能量损失有扩散损失、散射损失、反射损失和吸收损失等,其中主要损失是扩散损失和吸收损失两部分。扩散损失是指声波的波阵面从声源向外不断扩展的简单几何效应,与传输距离的平方成正比,在浅海中呈水平方向的柱状扩散,而在深海中为球状扩散。吸收损失受海水的黏滞性、热传导性以及海水中硫酸镁和硼酸盐离子的弛豫效应影响,部分声能被吸收转化为热能。吸收损失与声波的频率成正比,频率越大,吸收损失越大,这限制了水下通信频率的选择范围。在深海中,垂直方向上声波传播距离和波特率乘积的上限为 40 km·Kbps。从可用带宽的角度讲,1～10 km 之间大致有小于 10 kHz 的带宽;100～1 000 m 范围内大致有 20～50 kHz 的带宽;要达到 100 kHz 以上的带宽,通信距离必须小于 100 m。因此,水下通信带宽相对于无线信道要低很多。

3）多径效应严重

声波传播时受海水分层介质的折射和海面、海底的反射等影响,在声源与接收点之间存在多条先后到达接收机的不同路径。由于声波的传播速度低,所以到达接收机的时间延迟会很大,一般可以达到 10 ms 左右,甚至可能达到 50～60 ms（水平方向的多径传播要比垂直方向上严重）。时间延迟各不相同的信号在接收端相互叠加,使收到的声信号振幅和相位产生畸变,造成码间干扰,解调困难,并影响信道传输速率的进一步提高。

4）传输误码率高

由于海平面波动、海水背景噪声、信道多径传播、时延动态变化以及节点的移动导致的多普勒频散等影响,水声信道呈现高度动态性,甚至会出现信号时断时续的不稳定情况。此外,传感器节点在水下环境中更易损坏。这些因素使得水下信道有更高的数据传输误码率。

2.4 地面战场传感器系统

为查明敌方人员和武器装备等的运动情况,通常使用的侦察手段有光电侦察、雷达侦察、无人机侦察等。但在许多情况下,由于多种因素,如战场地形地物复杂、敌方进行严密伪装等,上述侦察手段很难甚至完全不能发挥作用,这时使用地面传感器进行侦察则可以克服这些困难。人员、装备在地面上运动时,必然要发出声响,引起地面震动,或使红外辐射发生变化,在一定条件下,携带武器的人员和装备还会引起电场、磁场的变化,地面传感器正是通过探测这些物理量的变化,来发现与识别运动目标的。地面传感器侦察监视系统作为一种辅助性战场侦察监视手段,弥补了雷达、红外和光学侦察器材的不足,其全天候、不间断、实时、隐蔽的自动监测性能,扩大了交战双方战场监视的时空范围,给地面作战带来了一些新特点。

地面战场传感器是指能对地面目标运动所引起的电磁、磁、声、地面震动和红外辐射等物理量的变化进行探测,并将其转换成电信号的设备。地面战场传感器侦察监视系统就是以地面战场传感器为主要监测设备,监视地面战场情况的装备。

简而言之,地面战场传感器是一种植于地面,能够独立地对目标进行侦察识别的侦察兵装备。与其他侦察兵装备相比,地面战场传感器具有结构简单、方便携带、便于投放、易于伪装、隐蔽性强,不受地形和天候限制等优点,它可用飞机空投、火炮发射或人工布设等方式设置在敌人可能入侵的地段,特别是在其他侦察器材"视线"达不到的地域,能够有效弥补光学侦察和雷达系统的不足,扩展战场信息探测的空间。地面战场传感器自出现之日起就倍受军事家们的青睐,早在越南战争就已被广泛使用。目前,经过蓬勃发展,地面微型探测传感器已发展成为包括震动传感器、磁性传感器、声响传感器、红外传感器、压力传感器和超声波传感器等在内的系列产品。

地面战场传感器侦察监视系统的传感器节点终端由传感器模块、处理器模块、无线通信模块、能量供应模块组成。其中,传感器模块包括声响传感器、震动传感器、磁敏传感器、红外传感器、温湿度传感器、视频传感器、生化传感器、核辐射传感器、组合气象传感器等多种传感器。

地面战场传感器侦察监视系统通过人工布设、飞机空投、火炮发射等方式随机密集地布设在边境地段、敌方纵深地域以及敌方可能通过的地段和要道上,以短距低速通信方式迅速组成分簇、网状、树型等多种网络拓扑,推举的簇头通过单跳或多跳路由与隐蔽的汇聚节点相连,并通过中继器、无人机或卫星接入战场数据链,对敌方武装人员、轮式车、履带车、超低空飞行器等目标进行无人值守、不分昼夜的检测、识别、分类、定位和跟踪。另外,地面战场传感器侦察监视系统将感知信息传送到远端的情报指挥中心,形成战场传感侦察情报,可根据战场态势做出决策,达到火力控制、精确制导、电子对抗、辅助决策等作战意图,为作战指挥提供情报保障。

随着现代科学技术的发展,地面侦察传感器呈现两个重要的趋势和特点:一是随着MEMS微型化技术的出现,早先体积较大、电路组成复杂的传感器变成了体积微型化、功耗低、灵敏度高的探测器件;二是随着无线局域网技术、ZigBee、自组网通信技术等的发展,传感器之间采用通信与组网的方式进行连接,以便地面战场的信息采集和传输。

2.4.1　地面战场传感器工作原理及系统组成

地面战场传感器的工作原理是:对地面目标运动所引起的电磁、声、地面震动和红外辐射等物理量变化进行探测,并将其转换成电信号,以此来获取地面运动目标和低空飞行目标的位置、速度、方向、时间、类型、行动规模等情报,如图 2-33 所示。

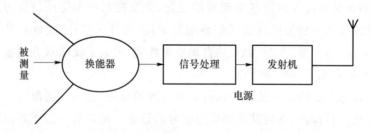

图 2-33　地面战场传感器的工作原理

地面战场传感器侦察监视系统由传感器、监控装置和中继器三个子系统组成,如图 2-34 所示。其中,传感器和监控装置是各类传感器系统所共有的。当进行远距离战场监视时,需经过中继器转发信息。地面战场传感器侦察监视系统的基本工作程序是:以人工布设、飞机投放或火炮发射等方式,按计划将传感器设置在军事上需要监测的地区或道路沿线,当传感器获得人员或车辆等战场目标活动的信息后,便自动或根据指令以无线电发射或有线电传输的方式,将信息传送至监控装置,从而使侦察单位可以迅速及时地获取关于对方行动的情报。

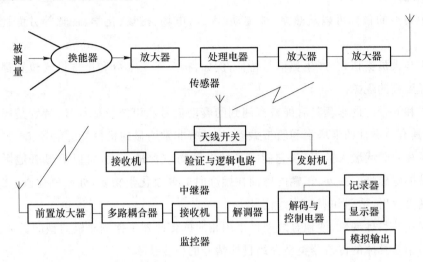

图 2-34　地面战场传感器侦察监视系统

不同类型的地面战场传感器主要是转换元件不同,这是因为接收的被测量不同,因而其转换原理也不同。

2.4.2　目标探测的传感器类型

沙地直线项目的目的是识别入侵的物体或目标,入侵目标可以是徒手人员、携带兵器的士兵或车辆,主要功能包括目标探测、分类和跟踪。下面讨论沙地直线项目用于探测上述三类目标的传感器模式,并分析它们引起的六种基本能量域(光、机械、热、电、磁、化学)方面的变化。首先确立目标现象,即潜在目标可能导致的环境扰动特征;然后确定能探测这些扰动的一组传感器,从那些探测信号中提取有意义的信息。在沙地直线项目的研究中,研究人员希望找出同类目标的相似特征,以区别于不同种类目标的相异特征值。下面从光、机械、热、电、磁、化学六个基本能量域来识别目标特征。

1) 徒手人员

徒手人员可以从热量、地震动、声音、电场、化学、视觉等方面扰动周围环境。由于人体的热量以红外能量的方式向四周发散,因而能采用红外传感器进行感测。人的脚步可以引起地面自然频率回响的脉冲信号,这种共振信号以阻尼振荡方式通过地面进行传播,因而可以采用微震动传感器收集震动信号。脚步声还能引起声音脉冲信号,通过空气进行传播,其传播速度不同于通过地面传播的地震动信号,但可以运用声响传感器收集这种脚步声信号。

2) 武装人员

持械士兵或武装人员具有一些徒手人员所不具备的信号特征。

通常士兵应该持有枪支和其他含有铁质或金属的装备,因而士兵具有磁信号,这些磁信号是大多数徒手人员所不具有的。士兵的磁信号是由铁磁质材料对周围地磁环境的扰动产生的,因此这里采用磁阻传感器探测此类目标。

3)车辆

车辆类型的目标可以从热量、地震动、声音、电场、磁场、化学、视觉等方面扰动周围环境。

车辆与人员类似,会产生热信号特征,例如,机车车头部分和尾气排气位置都会产生比周围温度高的现象。

轮式和履带式的车辆具有能被探测到的震动信号和声波特征信号,特别是履带式车辆,由于具有节奏性的卡塔声和履带振动,故具有非常明显的机械特征信号。

车辆相对于武装人员而言,它们本身的金属物质含量更大,可以更显著地影响周围某一区域的电磁场。另外,车辆的燃油在燃烧时会释放化学物质,如一氧化碳、二氧化碳等。车辆可反射、散射和吸收光线信号。

根据这些目标现象,沙地直线项目采用相应的传感器来探测车辆类型的目标。

下面结合具体的传感器类型介绍目标信号的检测技术。

(1)声音传感器

这里采用 JL1 型电子 F6027AP 麦克风声音传感器,它是声音子系统的核心部件。这种麦克风声音传感器的灵敏度高,响应频率在 20 Hz 和 16 kHz 之间。这种麦克风是高为 2.5 mm、地面直径为 6 mm 的圆柱形。选择这种传感器的原因在于其灵敏度高、尺寸小、性价比高。

(2)被动红外传感器

这里采用 Kube Electronics 的 C172 型传感器,它是被动红外子系统的核心部件。该传感器包含两个相隔一定距离的热电感应元件和一个 JFET 放大器。JFET 放大器密封在封闭的金属盒内,自带一个光学滤波器。该传感器装有一个圆锥形光学反射镜,因而不再需要其他的透镜设备。

被动红外探测器根据警戒区域内的背景和入侵者身上辐射的远红外能量差进行探测。这种传感器非常适合对人员和车辆进行探测,对移动目标运动轨迹的探测来说,它具有功耗低、尺寸小、灵敏度高和成本低等特点。

(3)磁传感器

这里采用 Honeywell HMC1052 型磁阻传感器,它是磁感应子系统的核心部件,可建立基于磁偶极子信号的探测模型,用于检测、判断士兵和车辆目标,提供分析结果。

(4)多普勒雷达传感器

这里采用 TWR-ISM-002 脉冲多普勒传感器作为雷达平台。该传感器能探测半径为 18.3 m 的活动范围,使用电位计旋钮可以调整探测范围。根据当时使用的环境情况,还可以调整多普勒雷达传感器的灵敏度,以适应嘈杂的环境。

2.4.3　典型的地面战场传感器系统

随着微机电系统技术、高速处理器技术、分布式协同信息处理技术、无线网络传输技术的快速发展,各国开展了一系列关于地面战场传感侦察装备的研究,其巨大的应用价值引起了各国军事部门和科研机构的极大关注。

1. 远程监控战场传感器系统

远程监控战场传感器系统简称 REMBASS(Remotely Monitored Battlefield Sensor System),是美军具有代表性的地面战场传感器系统之一,是一种既能满足陆军需要,又能在各种环境中通用的远程监视设备。REMBASS 的第二代地面战场传感侦察装备AN/GSR-8(V)如图 2-35 所示。

AN/GSR-8(V)采用高速的 CPU 和更为先进的声响/震动目标识别、分类算法,增加了红外传感器和磁敏传感器,体积、重量、功耗进一步减小,可确定武装人员、车辆、坦克等目标的行进方向,具有在各种地质条件下进行全天时、全天候侦察的能力。

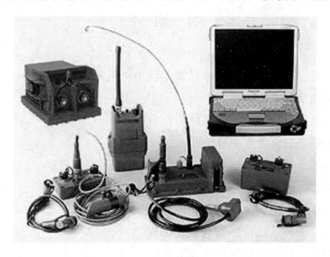

图 2-35　AN/GSR-8(V)

AN/GSR-8(V)由三个主要分系统组成:传感装置、中继器和监控设备。其中传感装置由数量较多、性能各不相同的 7 种传感器构成。利用各类传感器的不同性能构成一个整体监视系统,可以发现在监视地域活动的多种军事目标。

RENBASS-Ⅱ的主要技术指标如下。

声响/震动传感器:对履带车的探测距离为 350 m;对轮式车的探测距离为 250 m;对武装人员的探测距离为 75 m。

红外传感器:对履带车的探测距离为 50 m;对轮式车的探测距离为 50 m;对武装人员的探测距离为 20 m。

磁敏传感器:对履带车的探测距离为 25 m;对轮式车的探测距离为 15 m;对武装人员的探测距离为 3 m。磁敏传感器的工作频率为 138～153 MHz,灵敏度为 −111 dBm,

发射功率为 2 W,最大传输距离为 15 km,工作温度为 $-40℃\sim+65℃$。

2. 空投型装备

为实施大纵深、远距离战场侦察与监视的全球战略,美军充分发挥其空中及太空优势,全力研制灵巧的复合型空投传感侦察装备。1998 年,美国的 SenTech 公司在"钢铁响尾蛇"(Steel Rattler)的基础上开发了"铁鹰"(Steel Eagle)空投型侦察装备。该系统长度为 1.5 m,直径为 10 cm,复合了声阵、震动、气象等多种传感器,可由 F15E 空投。进一步,通过无人机或卫星中继,可解决地面天线贴地传输距离近的难题,将战场温度、湿度、气压、光照、部队运动等信息通过专用战术数据链传送到远端的情报指挥中心,形成及时、准确的态势感知,并引导作战飞机实施对地攻击。

2006 年,美国的 TEXTRON 公司研制了先进空中传送传感器(Advanced Air Delivered Sensor,AADS)。该传感器加装了空中展开装置、GPS 和两个卫星链路,体型更为灵巧,组网能力更强,已在美国海军陆战队中使用。

习 题 2

1. 传感器的概念是什么?请列举日常生活中常见的例子。
2. 传感器是如何分类的?
3. 传感器的总体指标有哪些?具体指标有哪些?
4. 什么是传感器的灵敏度指标?
5. 什么是传感器的分辨力指标?
6. 举例说明某一种压力传感器的工作原理。
7. 举例说明某一种声传感器的工作原理。
8. 举例说明某一种震动传感器的工作原理。
9. 举例说明某一种磁传感器的工作原理。
10. 举例说明红外传感器的工作原理。
11. 什么是数字式传感器?请举例说明。
12. 什么是仿生传感器?请举例说明其应用情况。
13. 什么是 MEMS 传感器?请举例说明其应用情况。
14. 什么是集成传感器?请举例说明。
15. 水下传感器的主要通信技术有几种?
16. 谈一谈水下传感器网络节点的基本组成。
17. 谈一谈水下传感器网络体系结构有哪几种。
18. 简述地面战场传感器系统工作原理及其组成。
19. 结合军事需求,谈一谈地面战场传感器系统的发展趋势。

第**3**章 光电探测技术

3.1 光电探测原理概述

光电探测所使用的电磁波谱范围是电磁波谱的一部分,具体波长从 10 nm 的极紫外到 100 um 的远红外波段,如图 3-1 所示。在光电探测所利用的电磁波谱中,可见光波段由于对人眼敏感而成为主要被使用的波段。随着半导体技术和红外技术的发展,光电探测器件的响应波长范围不断拓展,探测器灵敏度不断提高,光电探测的波长不断向红外和紫外方向发展,红外与紫外波段的光电探测技术在实际应用中发挥着越来越重要的作用。

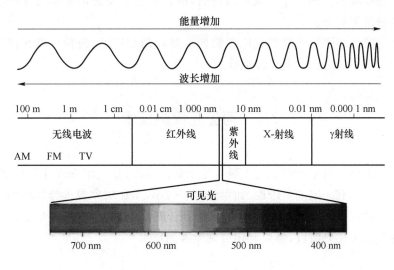

图 3-1 光波谱区及能量跃迁相关图

图 3-2 给出了目标探测及电光成像组件的成像链原理框图。景物发出的辐射经光电探测系统探测,经过数据处理和显示后由人眼观察。景物的辐射特性是目标的材料性质、热源和大气状态的复杂函数。由景物自身发射和反射的辐射通过大气传播,进入成

像器件,在传播过程中,某些辐射会被吸收或散射,背景辐射也能被散射,朝着进入成像器件的同一路径传播行进。需要注意的是,沿着传播路径的湍流会导致空间的折射率分布不均匀,从而引起光线的非直线传播,造成成像器件上图像的失真。

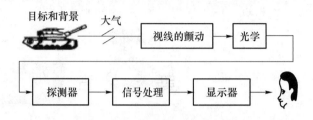

图 3-2 目标探测及电光成像组件的成像链原理框图

入射到光电探测器上的辐射通过镜头等光学系统收集并在系统的像面上被探测器探测,以形成景物的图像。常用的探测器(如增强器以及单个探测器或多个探测器阵列)可以将入射辐射转换为图像信号或电信号,然后再被进一步处理和显示。上述探测链给出了一般光电探测系统的信息流程,但并不是所有的光电探测系统均包含上述链路。对于微光夜视来说,图像通过像增强器直接显示,或者经过真空或固体摄像器件以视频形式显示。对于热成像来说,图像能以不同的途径进行抽样:单个探测器或探测器阵列能迅速地扫描图像,或者以二维阵列简单地凝视图像。观察者在观察图像时,需对目标的有无、位置和特征作出判定。因此,一个目标光电探测模型需要分别对探测链的各个部分以及目标的判定过程进行描述。

目前,没有一个目标探测模型能考虑成像链上的所有因素。因此,很多模型是针对少量特殊的景物和专门的成像系统而构建的,而且经常需要做出一些简化的假设,故它们仅在特定情况下有效。

本章将主要介绍用于侦察的光电探测的主要原理和技术,包括可见光探测技术、微光探测技术、红外探测技术、激光探测技术。

3.2 可见光探测技术

可见光是电磁波谱中可以引起人眼视觉感知的波段,是人眼获取外界目标信息最主要的载体。人眼具有一定的局限性,如角分辨率较小,不能观察较远处物体的细节等,同时人眼只能实时观察而不能对看到的可见光信息进行记录、存储或者复杂的信息处理。为了更好地探测可见光波段,需要利用可见光探测技术。

3.2.1 可见光探测

可见光作为电磁波谱中的一小部分,其波长范围为 $0.40 \sim 0.76\,\mu m$,之所以称之为可见光,主要是因为这个波段的电磁波能在人眼产生较为灵敏的视觉感知。可见光波谱如表 3-1 所示。

表 3-1 可见光波谱

波段	波长范围/μm	波段	波长范围/μm
红光	0.65～0.76	青光	0.46～0.49
橙光	0.59～0.65	蓝光	0.43～0.46
黄光	0.57～0.59	紫光	0.40～0.43
绿光	0.49～0.57		

可见光探测是指利用用可见光波段的电磁辐射对目标进行侦察探测。可见光探测设备是光电探测器材中发展最早、应用最广的设备仪器。1873 年,英国的威勒华·史密斯(Willoughby Smith)发现了硒的光电导效应,但是这种效应长期处于探索研究阶段,未获实际应用。在第二次世界大战期间,可见光侦察设备广泛应用于战场,其中包括望远镜、方向盘、炮长镜等。这表明当时的可见光侦察设备的设计和制造技术已经相当成熟。二战结束以后,特别是近年来,可见光侦察装备随着半导体材料和光电子技术的应用而快速发展,其发展历程如图 3-3 所示。

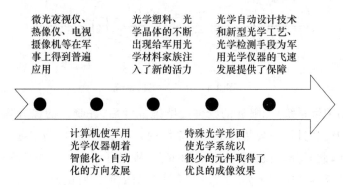

图 3-3 可见光侦察装备的发展历程

随着技术进步,不断更新的光电侦察设备,如微光夜视仪、电视摄像机等在军事领域上得到了大量应用,大大提高了战场信息的获取能力,扩展了战争的时域、空域、频域。计算机使军用光学仪器朝着智能化、自动化的方向发展,大大提高了信息处理速度和精度。光学塑料、光学晶体的不断出现给军用光学材料家族注入了新的活力,它们使传统的信息获取波段得到了拓展,并极大降低了仪器的成本。特殊光学形面的采用打破了球面光学零件"一统天下"的局面,使光学系统以很少的元件取得了优良的成像效果。光学自动设计技术和新型光学工艺、光学检测手段为军用光学仪器的飞速发展提供了保障。军事上的瞄准器具、望远镜、潜望镜、微光夜视仪等都是利用可见光进行工作的。

3.2.2 目视观测仪器

用于目视观察/瞄准和实施距离、角度测量的仪器是在可见光波段工作的最常用的光学侦察仪器。观察/瞄准仪器常简称为观瞄仪器,可用于搜索地面、海上和空中目标,侦察地形,监视敌人的行动,瞄准目标和校正射击等,还可借助于已知物体和经验估算目标距离。这类仪器包含普通望远镜、瞄准镜、指挥镜、潜望镜、炮长镜及光学测距机(被动式)、方向盘、侦察经纬仪等。从光学系统的构成原理来说,军用目视观瞄仪器都属于望远系统的范畴。

1. 望远镜组成结构

典型的望远系统由物镜和目镜组成。当物镜的像方焦点(面)与目镜的物方焦点(面)重合时,入射到望远系统的平行光束在通过望远系统后仍然是平行光束,因此所有的基点(如焦点等)都位于无穷远处。该系统是无焦系统,具有这种性质的系统称为望远系统。

根据望远系统的组成特点,可以将其分为两大类:开普勒望远系统和伽利略望远系统。开普勒望远系统的结构特点是其由共焦的正透镜物镜和正透镜目镜组成,如图 3-4 所示。

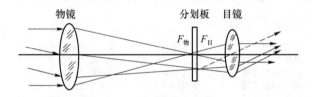

图 3-4　开普勒望远系统

对于开普勒望远系统,无限远的物体经物镜成像后,在物镜的像方焦面上成一倒立的实像。由于物镜和目镜的公共焦平面在系统内,因此可在开普勒望远系统的公共焦平面上放置分划板,此时分划板和物体所成像重合,从而可以对目标进行测量和瞄准,这一特点在军用光学仪器中应用十分广泛。由于开普勒望远镜所成像为倒像,一般需要增加正像系统将倒立的像转换为正立的像,常用的正像系统包括普罗棱镜和屋脊棱镜,如图 3-5 所示。此外,由于物镜和目镜都为正透镜且需要形成共焦结构,因此系统的长度会比较大。

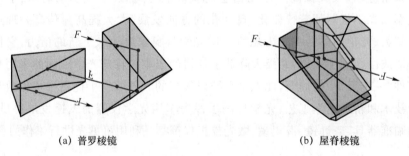

(a) 普罗棱镜　　　　　　　　　　　　(b) 屋脊棱镜

图 3-5　正像系统

伽利略望远系统的特点是其由共焦的正透镜物镜和负透镜目镜组成,如图 3-6 所示。该系统成正像,公共焦平面位于系统外,因此伽利略望远系统无法加装分划板。但是由于该系统的目镜是负透镜,因此其长度可以做得比较小。

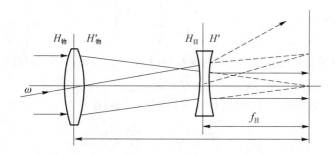

图 3-6 伽利略望远系统

2. 望远镜性能参数

望远系统的主要光学性能参数包含视场半角、视放大率、出瞳直径、出瞳距离等,这里以典型的开普勒望远镜为例来进行简要分析。开普勒望远系统的光路图如图 3-7 所示。

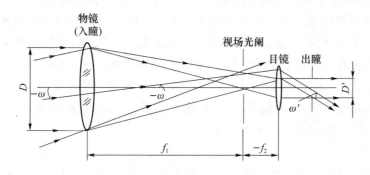

图 3-7 开普勒望远系统的光路图

1) 视场半角($\pm\omega$)

视场半角 ω 决定了系统能观察到的最大角空域范围。如图 3-7 所示,由于目镜口径的限制,开普勒望远镜物镜中心处能够收到的最大视场角的光束为图示的角度 ω 时,最大视场处的主光线刚好可以通过目镜的上边缘,当光线视场角大于 ω 时,光线将不能通过目镜而成像,因此我们把角度 ω 定义为望远镜系统的视场半角。通常望远镜系统的视场半角较小,一般有 $|\omega| \leqslant 5°$。视场半角的大小与望远镜的视放大率 γ 是相互关联的,一般较大的视放大率 γ 对应较小的视场角,这就是在高放大倍率下望远镜的视场范围变小的原因。需要指出的是,望远系统在最大视场角处成像时存在渐晕现象,这导致成像视场越靠近边缘,其亮度越小。

2) 视放大率 γ

望远系统的视放大率的定义为

$$\gamma = \frac{\tan \omega'}{\tan \omega} \qquad (3\text{-}1)$$

式(3-1)中,ω 为系统的视场半角;ω' 为相应的像方视场半角。

γ 影响仪器的分辨率 α、瞄准误差 δ,即

$$\alpha = \frac{60''}{|\gamma|} \tag{3-2}$$

$$\delta = \frac{\delta_e}{|\gamma|} \tag{3-3}$$

式(3-3)中,δ_e 是眼的对准误差(使用压线对准时,$\delta_e = 60''$;使用平行直线、叉线、双线对准时,$\delta_e = 10''$)。

γ 还影响仪器的外形尺寸,因为根据几何关系,我们有

$$\gamma = -\frac{f_1}{f_2} = -\frac{D}{D'} \tag{3-4}$$

式(3-4)中,f_1、f_2 分别为物镜和目镜的焦距;D、D' 分别为入瞳、出瞳的直径。

由式(3-4)可见,望远镜的视放大率与物体和望远系统之间的距离无关,仅与望远系统的结构有关。为增大视放大率,需增大物镜的焦距或减少目镜的焦距,但是目镜的焦距一般不得小于 6 mm,从而使望远系统保持一定的出瞳距,以免眼睛、睫毛触碰目镜表面。因此,在目镜焦距和出瞳直径一定的条件下,γ 越大,物镜焦距和口径越大,同时仪器的体积和重量必然增加。手持望远镜的视放大率一般不超过 10 倍,大地测量仪器中的望远镜视放大率可达到 30 倍。同时需要指出,由式(3-4)可知,望远镜视放大率的符号随物镜与目镜焦距符号的变化而变化,对于开普勒望远镜,其物镜和目镜均为正透镜,所以其视放大率为负,因此成倒像,由于其可加装分划板用于瞄准测量,故其应用较为广泛。对于伽利略望远镜,其目镜是负透镜,视放大率为正,因此成正像,但由于其不可加装分划板,因此应用较少,可用于观剧等。

3)出瞳直径 D'

光学系统的孔径光阑在光学系统像空间所成的像称为系统的"出瞳",实际上,在光学系统中,出射光瞳是光学系统中的真正口径,只有通过这个真正口径的光线才可以离开系统。开普勒望远镜系统一般没有特殊的孔径光阑,望远镜系统的物镜可以看作其孔径光阑,也是系统的入瞳,物镜直径 D 即入瞳直径。因此,物镜在像空间所成的像就是其出瞳,出瞳在目镜外侧且与人眼重合,该出瞳的直径尺寸 D' 就是出瞳直径。由于望远镜是无焦系统,望远镜的出瞳直径也可以理解为远处的影像通过望远镜在目镜后形成的光斑大小。

人眼通过开普勒望远镜观察时,必须使得人眼瞳孔置于系统出瞳处,方可观察到望远镜的全视场。当出瞳直径大于人眼瞳孔直径的时候,有些光线没有进入人眼而被浪费,望远镜的有效口径就会变小,所以从理论上讲,为了提高仪器的主观亮度,仪器的出瞳直径不应小于眼瞳直径 D_e。因此,对于白天和傍晚都要工作的仪器,其出瞳直径需满足 $D' \geqslant 4$ mm;而对于专门在夜间工作的仪器,其出瞳直径需满足 $D' = 8$ mm。当仪器工作于坦克、飞机等震动载体上时,则要求更大的 D',这样当工作人员因震动相对望远系统发生位置偏移时,眼瞳才能保持在望远系统的可见视场之内而不偏出。

4)出瞳距离 p'

光学系统的出瞳距离定义为光学系统最后一个镜片表面顶点与系统出瞳平面的距离。对于望远系统,出瞳距离 p' 是目镜表面顶点至出瞳面的轴向距离。为防止使用时睫

毛擦到镜面,普通望远镜的出瞳距离 p' 要大于等于 10 mm,其他观瞄仪器的出瞳距离 p' 要大于等于 18 mm。对于用于有后坐力武器上的仪器,为防止武器发射时产生的振动导致观察者与观瞄仪器发生撞击,其出瞳距离则要达到几十毫米。

5)分辨率 α

实践中常依据衍射受限分辨率 α_D 来规定仪器的实际分辨率 α,即

$$\alpha = k\alpha_D = k \cdot \frac{140''}{D} \tag{3-5}$$

式(3-5)中,D 为入瞳直径;系数 k 的范围是 1.05~2。分辨率越小,越能分辨远处景物的细节调整。由于望远镜是目视光学仪器,因此受人眼分辨率的限制,即两个观察物点通过仪器后对人眼的视角必须大于人眼的视觉分辨率 $60''$,望远系统的视放大率和分辨率之间存在如下关系:

$$|\gamma| = \frac{60''}{\alpha} \tag{3-6}$$

为了提高系统的分辨率,除了需要增大物镜口径以提高望远镜的衍射受限分辨率之外,还需要增大系统的视放大率以满足人眼的分辨需求。需要注意的是,当望远镜的衍射受限分辨率已确定时,增大视分辨率也不会看到更多的细节。人眼在极限分辨条件($60''$)下观察时会产生疲劳,因此在设计望远镜时,其视觉放大率一般比按式(3-6)求得的数值大 2~3 倍,我们称之为工作放大率,若取 2.3 倍,则有 $|\gamma| = D$。对于观察仪器来说,观察过程中主要关注的是仪器的分辨率,因此用 $\alpha = 60''/|\gamma|$ 来表征观察仪器的精度。而对于瞄准仪器来说,瞄准过程中更加关注瞄准精度,所以用瞄准误差 $\Delta\alpha$ 来表征其瞄准精度。$\Delta\alpha$ 与瞄准方式有关,当采用压线瞄准时,需满足 $\Delta\alpha = 60''/|\gamma|$;而采用双线或者叉线瞄准时,需满足 $\Delta\alpha = 10''/|\gamma|$。

6)视差角 ε

在装有分划板的仪器中,若分划面与物镜后焦面不重合(间距为 Δ),则会产生"视差"。它可能造成的最大瞄准误差角即视差角 ε,且

$$\varepsilon = \frac{3\,438 D'\Delta}{f_1 f_2} \tag{3-7}$$

3.2.3 摄影观测仪器

在军事上,有些光学观测系统除了满足目视需求外,还能被用来测定目标位置、形体及变化,编制特种地图和照片文件,记录和测量导弹、火箭等运动轨迹和动态参数,了解海浪、海流参数及海底地貌,精确标定航天器和某些天体的位置,等等。这些光学测量系统被称为摄影观测仪器。例如,弹道照相机可测量飞行体的轨迹,可鉴定和校准雷达、电影经纬仪、光电经纬仪的精度;高速摄影机可记录爆炸、燃烧等短快过程,快速拍摄弹丸、飞行器、航天器的飞行姿态与轨迹;航空、航天摄影装备可以拍摄地球、月亮和其他行星表面的照片,可以广泛搜集军事情报。摄影观测仪器一般由摄影物镜和感光器件组成,一般把由摄影物镜和感光胶片、电子光学变像管或电视摄像管等接收器件组成的光学系

统称作摄影光学系统,包括照相机、电视摄像机、CCD 摄像机等。

1. 摄影观测仪器的基本原理

军用摄影观测系统多用于"无穷远"物体成像,其理想像高度 y_0' 为

$$y_0' = f' \tan \omega \tag{3-8}$$

式(3-8)中:f' 是物镜焦距;ω 是视场半角。

在拍摄近处物体时,像的大小取决于镜头的垂轴放大率 β:

$$y_0' = \beta y' = \frac{f'}{x} y' \tag{3-9}$$

摄影观测系统的光学性能参数主要有如下几项。

1)物镜焦距 f'

当物距 $l > 10 f'$ 时,有 $\beta \approx f'/l$,因此 f' 是一个成像比例尺,在物距 l 一定的情况下,要得到大比例尺的图像,必须增大物镜焦距,满足图像的线度尺寸与 f' 成正比。

2)相对孔径 D/f'

相对孔径是入瞳直径与焦距之比,它与摄影分辨率 N(lp/mm)的关系为

$$N = \frac{D}{1.22 \lambda f'} \tag{3-10}$$

式(3-10)中,λ 是所讨论的光波波长,若取 $\lambda = 0.000\,55$ mm,则

$$N \approx 1\,500 \cdot \frac{D}{f'} \tag{3-11}$$

可见,相对孔径越大,则分辨率越高。

相对孔径与像面轴上像点照度 E_0' 的关系为

$$E_0' = 0.25 \pi \tau_0 L \left(\frac{D}{f'} \right)^2 \tag{3-12}$$

式(3-12)中,τ_0 为物镜透过率;L 为物点的亮度。可见,照度与相对孔径平方成正比。

3)视场半角($\pm \omega$)

视场半角决定了被摄场景的范围。视场的大小由物镜的焦距和感光器件的尺寸来决定,当感光器件的尺寸一定时,物镜的焦距越短,其视场半角越大,这种物镜被称为广角物镜;物镜的焦距越长,其视场半角越小,这种物镜被称为远摄物镜。普通照相机标准镜头的焦距一般为 50 mm。f'、D/f'、ω 三者相互制约,这主要是因为像差校正存在困难,使之不能同时变大。

2. 相机及镜头

相机是最主要的一种摄影观测仪器,相对于目视光学仪器,相机利用感光材料来记录场景所成的像。相机已有近 200 年的历史,其技术经历了巨大的发展,但无论相机技术如何发展,相机的镜头始终是决定相机性能的主要指标。下面将对相机和相机镜头的相关原理进行介绍。

1)相机镜头的工作原理

相机镜头并不是指放置在相机前端的单个镜片,而是一种由单镜片或多镜片构成的光学系统。简单来说,单个镜片的作用相当于透镜,光线透过不同样式的镜片后发生不

同方式的弯曲,进而形成不同的功能,将不同功能的镜片组合在一起,则可以在感光器件(如成像芯片)上形成清晰的影像。

相机镜头的作用在于,光线通过镜头后,特殊设计的镜头将对入射光线进行弯折,从而将其汇聚在感光器件的位置,以对场景进行清晰的成像记录。而当选取的镜头具有变焦功能时,则还需要在可用焦段内实现精确聚焦的功能。常用的相机镜头都是由多个镜片组合构成的,典型镜头组成如图 3-8 所示。

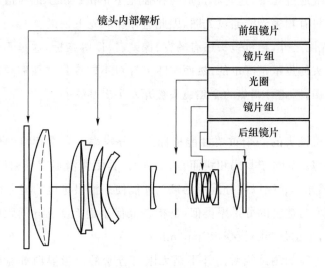

图 3-8 典型镜头组成

相机镜头的特性及参数对其成像效果有直接的影响,下面介绍相机镜头对应的主要指标。

(1) 焦距

与普通透镜的焦距定义类似,焦距是摄影系统中衡量光的聚集或发散的度量方式,指的是从镜头的光心到光聚集的焦点的距离。对于普通相机来说,焦距是从镜头中心到底片或传感器(CCD)等成像平面的距离。由前面介绍可知,镜头的焦距与其视场有关,也就是镜头焦距与相机能够拍到多“宽”的画面有关。根据焦距对镜头进行分类,如图 3-9 所示。短焦距会产生较宽的视场,物体所成像较小,因此短焦距镜头被称作广角镜头。反之,长焦距会产生较窄的视场,物体所成像较大,因此长焦距镜头被称作长焦镜头。

(a) 广角镜头   (b) 长焦镜头

图 3-9 镜头分类

（2）光圈

光圈用来描述镜头中使光线通过的开孔的尺寸。光圈值可用与焦距有关的分数来表示，即 F 数或光圈数。光圈的大小用 F 数衡量：光圈＝焦距/F 数。因此，F 数越大，光圈越小。若焦距为 25 mm，F 数为 4，则光圈为 6.25 mm。

对于焦距固定的相机镜头，若其 f 值较大，这就意味着相机有较小的光圈，即单位时间内有较少的光线通过光圈，这时相机适合在强光下拍摄；反之，若 f 值较小，光圈较大，这时单位时间内将有较多光线通过光圈，因此适合在弱光下拍摄。

除了焦距、光圈之外，相机镜头还有畸变、像差、锐度等指标，这里不再一一介绍。早期的光学相机镜头的焦距是固定的，然而实际上针对不同场景往往需要改变相机的焦距来对场景进行拍摄，因此可调焦的变焦镜头被开发了出来。

（3）分辨率

下面介绍相机镜头的一个重要性能指标——分辨率。光学相机的性能绝大部分取决于镜头的分辨率。而对于数码相机而言，一方面，其图像清晰度受相机的像素影响，另一方面，高像素感光单元配以高分辨率的镜头才能使高清摄像机的能力得以体现。

镜头的分辨率与透镜的分辨率类似，是指在成像平面上 1 mm 间距内能分辨的黑白相间的线条对数，单位是"线对/毫米"（lp/mm）。

镜头对黑白等宽的测试线对图并不是无限可分辨的。当黑白等宽的测试线对密度不高时，成像平面处的黑白线条是很清晰的。当黑白等宽的测试线对密度提高时，在成像平面处还能够分辨黑白线条，但是白线已经不是那么白了，黑线也不是那么黑了，白线、黑线的对比度下降。当黑白等宽的测试线对密度提高到某一程度时，在成像平面处的黑白线的对比度非常小，黑白线条都变成了灰的中间色，这就到了镜头分辨的极限，如图 3-10 所示。

当拍摄的黑白线条密度越来越高时，通过镜头成像的线条黑白反差会越来越小

图 3-10　镜头的分辨率

假设镜头的分辨率为 N_L，感光元件的分辨率为 N_E，一般由经验公式可以得到摄影系统的整体分辨率：

$$\frac{1}{N_C} = \frac{1}{N_L} + \frac{1}{N_E} \tag{3-13}$$

而按照瑞利准则，镜头的分辨率在波长为 555 nm 的绿光下，其 $N_L = 1\,475D/f' = 1\,475/F$，其中 D 为光圈大小，F 为 F 数。

镜头一般不可避免地存在着像差,而且普通镜头的像差比较大,同时由于镜头衍射效应的影响,物镜的实际分辨率往往要低于理论分辨率。另外,镜头成像的分辨率还与被拍摄对象的对比度有关,同一物镜对不同对比度的目标物进行拍摄,其分辨率也不相同。定量评价镜头系统分辨率指标的方法是测量其光学传递函数。

2)相机的变焦原理

由于摄影系统的视场角、分辨率、光圈等重要参数都与镜头的焦距有关,因此,如果镜头的焦距可以通过调节发生变化,那么摄影系统的性能特别是视场大小也将随之发生变化。能实现这种功能的镜头称为变焦镜头。常用的实现变焦镜头的方法包括光学变焦和数码变焦。

(1)光学变焦原理

如前所述,焦距是镜片中心到 CCD 成像平面的距离,并且焦距的大小可以决定相机视场的大小。

光学变焦原理如图 3-11 所示。在图 3-11(a)中,相机的焦距为 f',当改变焦点的位置时,焦距 f' 也会相应地发生变化。在图 3-11(b)中,若将焦点向成像面反方向移动,则焦距会变长,此时成像视场的视角也会变小,对应的视角范围内的景物在成像面上会变得更大。若焦点位置向相反位置移动,则焦距会变小,对应的视场会变大。这就是光学变焦的原理。

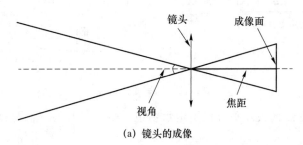

(a) 镜头的成像

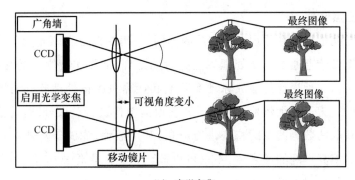

(b) 光学变焦

图 3-11　光学变焦原理

在实际应用中,由于摄影镜头是通过多片镜片组合实现的,故通过调节镜头组中各镜片之间的距离便可实现变焦的目的。镜头组中各镜片之间距离的调节通过变焦环实现,进而达到改变焦距的效果。当改变焦距后,像平面将因为焦距的变化而不再与感光元件重合,从而使得成像变得模糊,这时需要通过对焦操作,令像平面重新与感光元件重合,以获得清晰的成像。实际上,转动镜头调焦就是通过改变镜片与镜头组合之间的位置,改变镜片中心点的位置,因中心点位置发生变化,从而达到光学变焦的效果。

一个简单的光学变焦系统如图 3-12 所示,该系统包含一个无焦变焦系统和一个定焦的汇聚镜片,其中变焦系统不能聚焦入射的平行光,仅改变入射平行光束的尺寸,进而改变系统的视场大小。通过改变镜片 L_1、L_2 和 L_3 的轴向相对位置,便可改变成像的视场大小,从而达到变焦的目的。光学变焦系统包含的镜片较多,控制镜片轴向移动的调焦系统一般比较复杂,同时镜片也需要经过复杂的像差矫正优化设计,以保证在不同焦距下成像的畸变较小。

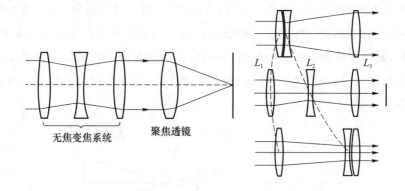

图 3-12　光学变焦系统

在摄影领域,变焦镜头几乎替代了定焦物镜,并用于望远系统、显微系统、投影仪、热像仪等光电设备中。

（2）数码变焦原理

数码变焦与光学变焦在原理上有本质的不同,数码变焦是将感光元件某一区域的感光单元获取的图像信息通过影像处理器进行后期处理,从而实现视场的缩小或放大,达到变焦的目的。而这种视场的缩放原理实际上和计算机图像处理软件对图像进行放大的原理是相同的。为了更细致地对数码设备获取的图像进行放大处理,往往需要利用图像处理算法对获取的数码图像的特征进行分析,利用插值、滤波等算法在数码图像的像素周围插入经过演算得到的像素值,不仅可以放大数码图像像素数量,还可以在一定程度上提高放大后的数码图像的质量。

数码变焦原理如图 3-13 所示。在数码变焦时,数码相机的镜头中焦点的位置并未发生变化,而数码相机中的软件对 CCD 中心的像素进行了提取、放大、插值等一系列的操作,从而使得数码相机图像呈现影像放大的效果。

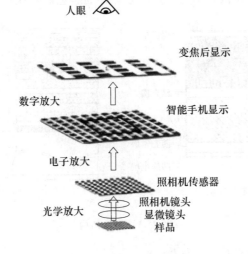

图 3-13　数码变焦原理

3. 感光胶片

目标物体的光线通过镜头成像后,需要通过感光器件来记录。传统相机使用胶卷或胶片作为记录信息的载体,它由能够感光的单层或多层感光乳剂层及其支持体片基构成。

感光乳剂是由对光敏感的微细卤化银颗粒悬浮在明胶介质中构成的一种具有感光性质的化学涂料。对于黑白胶片,如图 3-14(a)所示,当光线通过镜头在胶卷上成像曝光时,光子作用于氯化银晶体,卤离子发生光化学反应生成卤原子并放出一个自由电子,卤原子组成卤分子后,离开晶体晶格结构并被明胶吸收,自由电子则迅速移向感光中心并固定下来。这样感光中心便成了吸附很多电子的负电场带电体。晶体内的晶格间银离子在电场作用下被引向电场,银离子反过来俘获聚集在感光中心的电子,结果被还原成银原子。还原后的金属银原子也被固定在该感光中心上,从而使感光中心进一步扩大,扩大的感光中心又不断俘获光解出来的电子,周而复始,感光中心不断扩大,达到一定程度完成曝光,这时感光中心形成的显影中心构成影像的潜影核。潜影则是由无数潜影核构成的,并经过后期化学显影和定影过程形成我们需要的影像。乳剂层接收的曝光量越大,晶体的变化和聚结就越强烈,这就是说,不同强度的光照射到胶片上,胶片乳剂层的微观领域就有不同数量的晶体发生结构变化和相互聚结。

对于彩色胶片,如图 3-14(b)所示,它有三层感光乳剂层,这些感光乳剂层分别含有不同的能够生成染料的有机化合物,叫作彩色偶合剂(成色剂)。它们本身是无色的,但在彩色显影时能与彩色显影剂的氧化物耦合成为有色的染料。对于负性胶片,上层盲色乳剂里所含的偶合剂在彩色显影时形成黄色,中层形成品红色,下层形成青色。这就是我们得到的经过冲洗的彩色胶片。通过扩印或放大再把影像投射到照相纸上或者进行反转片的反转冲洗,胶片上层的黄色就会转变为它的补色蓝色,中间一层转为绿色,下层则转为红色。此时我们就得到了与自然状态一样的彩色照片或者透明的反转片。

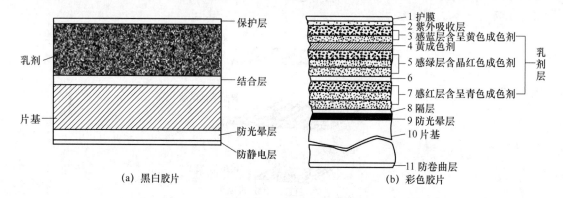

图 3-14　胶片结构

常用摄像底片规格如表 3-2 所示。

表 3-2　常用摄像底片规格

名称	长×宽	名称	长×宽
135 底片	36 mm×24 mm	35 mm 电影片	22 mm×16 mm
120 底片	60 mm×60 mm	航摄底片	180 mm×180 mm
16 mm 电影片	10.4 mm×7.5 mm	航摄底片	230 mm×230 mm

利用胶片作为感光元件进行影像记录,影像具有层次感较强、色彩自然、图质细腻、宽容度大,容易保留亮部或暗部细节等优点,因此其成像质量较好。如果想要增大影像像素数,则可通过增大胶片尺寸来达到,实现起来较为简单。此外,彩色胶片的彩色动态范围大,可达到 10 000 以上。但是根据其感光原理,胶片有一些固有的缺点。例如,胶片用化学方法将影像信息记录在感光材料上,其在完成一次完整曝光后就不能擦除而再次使用;胶片后续的冲印、缩放等过程较为复杂,拍摄者只有看到冲洗后的照片才能看到拍摄的效果,若对效果不满意就只能换胶片重新拍摄。随着半导体技术的不断发展,真空摄像管、CCD 和 CMOS 器件的出现,传统胶片的上述缺点得以改正。

4. 真空摄像管

能够输出视频信号的一类真空光电管称为真空摄像管。真空摄像管主要实现二维光学图像的光电变换、光电信息积累和存储以及信号的扫描读出,其结构通常分为光电转换系统和电子束扫描系统。光电转换系统利用光电子发射效应或者光电导效应,其对应的真空摄像管结构有所不同,人们常把有移像区的摄像管称为光电发射式摄像管,把没有移像区的摄像管称为光电导式摄像管。这里主要介绍光电导式摄像管。

光电导式摄像管的基本结构如图 3-15 所示。它由光电靶光电转换系统和电子枪扫描系统等组成。光电靶靶面的光敏层由一个个独立的光敏单元组成,每个单元构成一个像素,可对入射光进行光电转换。每个像素的轴向电阻小,横向电阻大,有利于保持光电转换形成的电量潜像,并在扫描周期内实现积分存储。电子枪扫描系统包括灯丝、阴极、栅极、样机、靶网、光电靶和管外的聚焦线圈、偏转线圈、校正线圈等。电子枪扫描系统的作用是产生热电子,并使它聚焦成很细的电子射线,按照一定的轨迹扫描靶面,便可以扫描读出光电靶上的潜像。光电靶是实现光电变换的核心,光电导摄像管的光电靶主要有硅靶、氧化铅靶等。

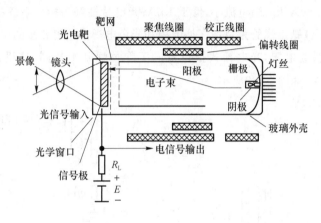

图 3-15 光电导式摄像管结构

1) 硅靶

图 3-16 为硅靶结构。透明玻璃面板作为入射窗口,其内表面通过蒸镀技术,可生长一层既可透光也可导电的透明金属薄膜,在其上接引线作为输出端并同负载相连,构成信号板。在信号板上镀一层薄的过掺杂 N^+ 层,再镀一层 N 型层。硅片朝着电子枪一边的表面,先生成一层氧化层(SiO_2),接着利用光刻技术在 SiO_2 上光刻百万个小孔,再通过硼扩散进行掺杂,使每个小孔都变成 P-Si。由于每个小孔中的 P-Si 被周围的 SiO_2 所隔离,像一个个孤立的小岛,故称其为 P 型岛。每个 P 型岛与 N 型衬底之间形成一个 PN 结(光敏二极管)。最后,在 SiO_2 和 P 型岛表面上蒸涂上一层电阻率适当的材料,该材料在垂直于靶面方向的电阻很小,而在沿着靶面方向的电阻很大,称为电阻海,它可以防止各个 P 型岛上的信号之间因表面漏电而使电势起伏拉平。经过上述流程,便制成了硅靶。

硅靶的特点如下:光谱响应范围较宽($0.4 \sim 1.1\ \mu m$);光电特性较好,光照指数 $\gamma \approx 1$;对于色温为 2 856 K 的标准光源,积分灵敏度为 4 350 $\mu A/lm$,滤除红外光后的光谱积分灵敏度可达 1 100 $\mu A/lm$;惰性较小,三场后的残余信号约为 8%;寿命较长,可达 1 500 h 以上。

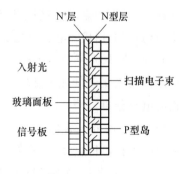

图 3-16 硅靶结构

2) 氧化铅（PbO）靶

PbO 靶的结构与硅靶类似，如图 3-17 所示。不同的是，它的靶是由 PbO 材料制成的。首先在透明板上蒸镀 SnO_2 透明导电层，并将其作为信号板，而后将 PbO 沉积在 SnO_2 上面，最后对 PbO 的扫描面进行强氧化，形成 P 型层。由于 SnO_2 和 PbO 接触会形成 N 型层，而厚度占靶大部分的纯氧化层是高阻本征层，所以整个靶是 N-I-P 结构，由此形成 N-I-P 光电二极管，由这种结构形成的靶又叫合成靶。PbO 靶摄像管的特点是：灵敏度较高，可达 $400\ \mu A/lm$；暗电流小，低于 1 nA；光电特性好，$\gamma \approx 1$；惰性小，三场后残余信号不大于 4%。PbO 靶摄像管是目前广播电视和彩色电视中用得较多的一种摄像管。

无论对于哪种光电靶，光电导式摄像管的工作过程基本相同，这里以硅靶摄像管为例介绍其工作过程，如图 3-18 所示。

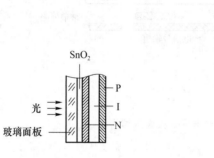

图 3-17 PbO 靶结构

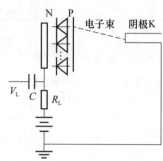

图 3-18 光电导式摄像管的工作过程

硅靶的信号输出回路由电源、信号板、光电二极管、电子枪阴极、负载电阻组成。信号板通过引线、负载电阻与靶电源的正极相连。电子枪的热阴极接地。当摄像管没有光学图像时，电子束扫描到每个 P 型岛，P 型岛的 PN 结即被反偏置，结电容被充电到靶电源电压，由于 PN 结有反向漏电流（暗电流），在负载电阻上要产生少量的电压降，靶的信号板这边的靶面和朝着电子枪那边的靶面之间的电压略低于靶电源电压。当有光学图像时，入射光子通过玻璃面板和透明的信号板进入每个 PN 结区并产生光生的电子-空穴对，它们被 PN 结的内建电场分离而分别漂移到靶的两端，光生电子通过信号板等外电路排到接地端，光生的空穴则被积累于 P 型岛上，从而导致 P 型岛上的电势升高。如果光照是均匀的，靶的扫描面电位只是均匀地升高。如果光照是均匀的，则所有 P 型岛电位均匀地升高。如果光照是一幅有亮度变化的光学图像，则扫描面 P 型岛的电势分布正比于光学图像的亮度分布，亮度高的点对应的 P 型岛的电势也高，因而形成了与光学图像成比例的电势分布。

扫描电子束按一定的制式扫描靶面。例如，先从左上角开始，从左向右扫，然后再逐行从上向下扫，当扫到最右下角时，再返回到左上角，接着扫下一帧。这相当于用一条软导线，按照一定的次序接通每个 P 型岛。当扫描电子束扫描到某个 P 型岛时，靶上的电子数正比于该 P 型岛的电势值。因此，在输出回路中即产生与 P 型岛电势对应的电子流,在负载电阻上即得到与之对应的视频电压信号。而被扫到的这个 P 型岛则被拉回地的电位,相当于一帧积分结束被复位,为下一帧的光信号积累做准备。这样对每个像素依次逐帧反复下去,即可得到与二维光学图像亮度分布相对应的时序视频信号。

5. 电荷耦合器件

电荷耦合器件(Charge Coupled Devices,CCD)是贝尔实验室的 W. S. Boyle 和 G. E. Smith 于 1969 年发明的一种将光信号转换为电信号的高感光度半导体器件。由于它具有光电转换、信息存储、延时,将电信号按顺序传输等功能,且具有集成度高、功耗低、噪声小、寿命长、感光灵敏等诸多优点,自发明后得到了飞速发展,是图像采集及数字化处理必不可少的关键器件,已广泛应用于工业、商业、军事、医学等领域。

CCD 由光敏单元、转移栅、移位寄存器及一些辅助输入、输出电路组成,其核心部分为光敏单元。光敏单元由在硅片上整齐排列的光敏二极管组成,它们整齐地排成一个矩形方阵(见图 3-19),其中每一个光敏单元称为像元。CCD 工作时,像元在设定的积分时间内对入射的光信号进行采样,将光的强弱转换为各像元电荷的多少。这些像元对应的信号电荷在采样完成后,由转移栅转移到移位寄存器的相应单元中,移位寄存器在时钟信号的作用下,将信号电荷顺次转移到输出端。将输出信号接到示波器、图像显示器或其他信号存储、处理设备中,就可实现信号再现或对信号进行存储处理。

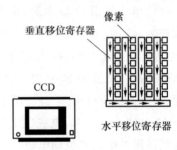

图 3-19　CCD 的光敏单元

CCD 的基本单元是 MOS(金属—氧化物—半导体)电容器,这种电容器能贮存电荷,其结构和原理如图 3-20 所示。以 P 型硅为例,通过氧化在 P 型硅衬底表面形成 SiO_2 氧化物层,然后在 SiO_2 上淀积一层金属,并以此为栅极。P 型硅里的多数载流子是带正电荷的空穴,少数载流子是带负电荷的电子,当金属电极上施加正电压时,其电场能够透过 SiO_2 绝缘层对这些载流子进行排斥或吸引。于是,带正电的空穴被排斥到远离电极处,剩下的带负电的少数载流子紧靠 SiO_2 层形成负电荷层(耗尽层),由于电场作用,电子一旦进入就不能逃逸,故将这种电场对电子的俘获作用称为电子势阱。

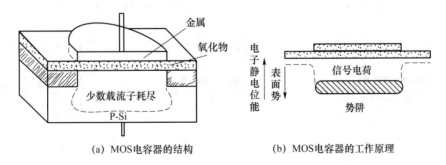

(a) MOS电容器的结构　　　　　　(b) MOS电容器的工作原理

图 3-20　MOS 电容器的结构和工作原理

当器件受到光照时(光可从各电极的缝隙间经过 SiO_2 层射入,或经衬底的薄 P 型硅射入),光子的能量被半导体吸收,产生电子-空穴对,这时出现的电子被吸引、贮存在势阱中,这些电子是可以传导的。光照越强,势阱中收集的电子越多,光照越弱,势阱中收集的电子越少,这样就把光的强弱变成了电荷的多少,实现了光与电的转换。同时,势阱还有累积功能,当光线在一时间段内照射时,它能将这一时间段内由光线强弱产生的电荷累积起来。而势阱中收集的电子处于贮存状态时,即使停止光照一定时间也不会损失,这就实现了对光照的记忆。

CCD 的突出特点是:以电荷为信号的载体,这与大多数以电流、电压为信号载体的器件不同。因此,如何将成千上万个像元中的光感应所获得的电荷提取出来是 CCD 图像传感器的关键。当多个 MOS 管栅极紧紧排列在一起(间隙宽度小于 3 μm),并在它们上面加上按一定规律变化的电压时,存储在势阱中的电荷就可以移动起来。

以简单的三相 CCD 为例,其 MOS 电容的电极①、②、③由 3 个相位相差 1200 的时钟脉冲ϕ_1、ϕ_2、ϕ_3 来驱动,见图 3-21(f)。如图 3-21(a)所示,当电极①为 10 V 的高电平时,电极①下会形成势阱,该 MOS 电容接受光照,其对应的势阱中便会存储一定的电荷。当电极②从 2 V 变为 10 V 时,电极①势阱中的电荷流向第②个电极,并和第一个电极平均分配,如图 3-21(b)和图 3-21(c)所示,电荷定向流动的这个过程称为电荷耦合。第①个电极由 10 V 降为 2 V 时,电极①中的电荷全部倒入电极②下的势阱,这样电极①中代表像元光照强度的电荷移位到电极②下的势阱,如图 3-21(d)和图 3-21(e)所示。这种电荷从一个电极(电荷寄存器)到另一个电极的移位就是 CCD 的基本动作,使用这种移位方式将阵列中的每一个像元电荷逐行、逐列地转移至输出端的电荷/电压转换单元,便形成了以电压代表像元光照强度的视频信号。这也是为什么将 CCD 称为电荷耦合器件的原因。

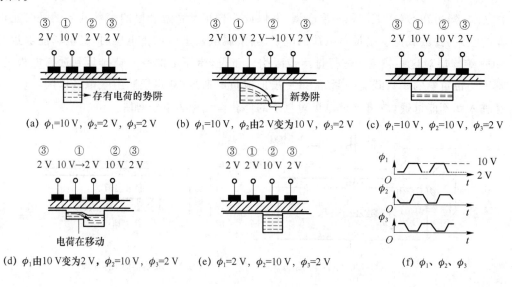

(a) ϕ_1=10 V, ϕ_2=2 V, ϕ_3=2 V　(b) ϕ_1=10 V, ϕ_2由2 V变为10 V, ϕ_3=2 V　(c) ϕ_1=10 V, ϕ_2=10 V, ϕ_3=2 V

(d) ϕ_1由10 V变为2 V, ϕ_2=10 V, ϕ_3=2 V　(e) ϕ_1=2 V, ϕ_2=10 V, ϕ_3=2 V　(f) ϕ_1、ϕ_2、ϕ_3

图 3-21　CCD 电荷耦合原理

6. 互补金属氧化物半导体

互补金属氧化物半导体(Complementary Metal Oxide Semiconductor,CMOS)图像传感器是利用 CMOS 工艺制造的图像传感器,主要利用半导体的光电效应,其将光信号转换为电信号的原理与 CCD 相同。

20 世纪 60 年代末,CMOS 图像传感器与 CCD 图像传感器的研究几乎同时起步,但受当时半导体与集成电路工艺水平的限制,相对于 CCD 图像传感器,CMOS 图像传感器因图像质量差、分辨率低、噪声降不下来、光照灵敏度不够而没有得到重视和发展。随着集成电路设计技术和工艺水平的提高,CMOS 图像传感器的缺点已被逐个改正,而且它固有的优点是 CCD 图像传感器所无法比拟的,因而它再次成为研究的热点。

和 CCD 图像传感器类似,CMOS 图像传感器也利用硅的光电效应进行光信号的检测,两者的主要不同点在于像素光生电荷的读出方式。CMOS 图像传感器的结构和像敏元阵列结构如图 3-22 所示。光敏单元阵列由一个个光敏单元组成,每个光敏单元为一个像素,其包括感光区和读出电路,与 CCD 光敏单元类似,每个像素在接收光信号后将积累电荷信号。该电荷信号经由模拟信号放大处理后,交由 ADC 进行模数转换后即可输至数字处理模块。光敏单元阵列的信号读出过程如下:每个像素在进行复位后,进行曝光;通过行扫描寻址,接通垂直扫描开关作用的行扫描晶体管,一行一行地激活光敏单元阵列中的行寻址晶体管;通过列扫描寄寻址,对于每一行像素,一个一个地激活光敏单元的列扫描晶体管。这样便可以逐个像素地读出各光敏单元的电荷信号,并进行后续放大和处理。

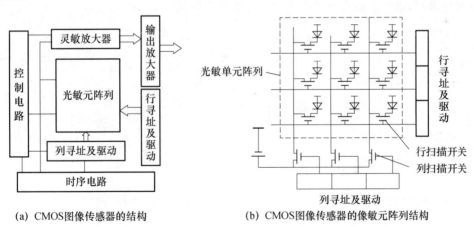

(a) CMOS图像传感器的结构　　　　　　(b) CMOS图像传感器的像敏元阵列结构

图 3-22　CMOS 图像传感器的结构和像敏元阵列结构

CMOS 图像传感器与 CCD 图像传感器相比,具有功耗低、摄像系统尺寸小,可将信号处理电路与 MOS 图像传感器集成在一个芯片上等优点,但其图像质量(特别是低亮度环境下)与系统灵活性相对较低。CCD、CMOS 图像传感器的特点如表 3-3 所示。从表 3-3 可见,CMOS 图像传感器与 CCD 图像传感器各有特点,两者在可预见的未来将并存发展,互为补充,共同繁荣图像传感器市场。

表 3-3　　CCD、CMOS 图像传感器的特点

CCD 图像传感器	CMOS 图像传感器
像元尺寸最小	单一内部电压供电
噪声最低	单一主控时钟
暗电流最低	低功耗
全帧转移结构占空比近 100%	系统尺寸最小
具有电子快门功能	相机电路易于全集成(单芯片相机)
具有成熟的技术与市场	价格相对较低

　　根据像素的不同结构,CMOS 图像传感器可以分为无源像素被动式传感器(PPS)和有源像素主动式传感器(APS),近年来又出现了数字像素图像传感器(DPS)。

　　1) 无源像素被动式传感器(PPS)

　　无源像素被动式传感器的像素结构如图 3-23(a)所示,它包含一个光电二极管和一个场效应管开关,其图像信号时序如图 3-23(b)所示。当场效应管开关选通时,光电二极管中由于光照产生的电荷便被传送到列选择线,列选择线下端的积分放大器将该信号转化为电压输出,光电二极管中产生的电荷与光信号成一定的比例关系,而电压输出信号又与电荷信号成一定的比例关系,这样就将光信号转换成了电压信号输出。无源像素被动式传感器的像素结构具有单元结构简单、寻址简单、填充系数高、量子效率高等优点,但它灵敏度低、读出的噪声大。因此,无源像素被动式传感器不宜向大型阵列发展,其应用也有所限制,很快会被有源像素主动式传感器所替代。

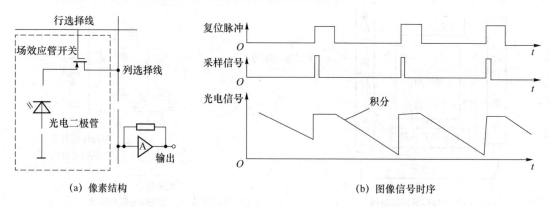

(a) 像素结构　　　　　　　　　　　　(b) 图像信号时序

图 3-23　　无源像素被动式传感器的像素结构和图像信号时序

　　2) 有源像素主动式传感器(APS)

　　有源像素主动式传感器的像素结构如图 3-24(a)所示。从图 3-24(a)可以看出,场效应管 V_1 构成光电二极管的负载,它的栅极接在复位信号线上,当复位脉冲出现时,V_1 导通,光电二极管被瞬时复位;而当复位脉冲消失后,V_1 截止,光电二极管开始积分光信号。

　　图 3-24(b)为上述过程的时序图,其中复位脉冲首先出现,V_1 导通,光电二极管复位;复位脉冲消失后,光电二极管进行积分;积分结束后,V_3 导通,信号电流 I 输出。

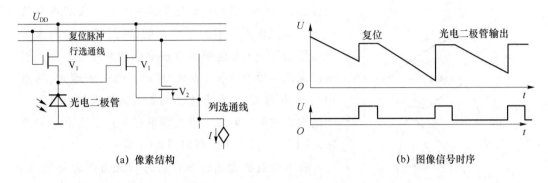

图 3-24　有源像素主动式传感器的像素结构和图像信号时序

　　3) 数字像素图像传感器(DPS)

　　上面提到的无源像素被动式传感器和有源像素主动式传感器的像素读出信号均为模拟信号,于是它们又统称为模拟像素传感器。之后,美国斯坦福大学提出了一种新的CMOS 图像传感器——数字像素图像传感器(DPS),这种传感器在像素单元里集成了模数转换器 ADC 和存储单元。由于这种结构的像素单元读出为数字信号,其他电路都为数字逻辑电路,因此数字像素图像传感器的读出速度极快,具有电子快门的效果,非常适合高速应用,而且它不像读出模拟信号的过程那样,即不存在器件噪声对其产生干扰。另外,由于 DPS 充分利用了数字电路的优点,因此易随着 CMOS 工艺的进步而提高自身解析度,其性能也将很快达到甚至超过 CCD 图像传感器,并且实现系统的单片集成。

3.3　微光探测技术

　　普通的可见光探测技术主要用于可引起人眼视觉的照度条件下的探测成像。对于夜间和其他低光照度下的目标图像信息的获取、转换、增强、记录和显示,则需要使用微光探测,微光探测技术一般指微光夜视技术。

3.3.1　微光夜视概述

　　微光夜视技术可以使人眼视觉在时域、空域和频域得到有效的扩展。就时域而言,它克服了人眼的“夜盲”障碍,使人们在夜晚可以有效探测目标信息。就空域而言,它使人眼在低光照空间(如地下室、山洞、隧道)仍具有正常视觉。就频域而言,它把视觉波谱段从可见光波段向近红外的长波区延伸,使人眼视觉在近红外区仍可实现有效探测。

　　1. 夜天辐射的特点

　　微光夜视技术的核心是利用夜天辐射。即使在“漆黑的夜晚”,天空仍然充满了光辐射,这些光辐射就是所谓的“夜天辐射”。由于夜天辐射的光度太弱,不足以引起人眼的

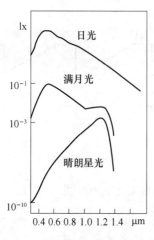

图 3-25　夜天辐射的光谱分布

视觉感知,因此人眼在夜天或低照度下无法实现有效感知。微光夜视技术的主要功能,就是把微弱的夜天光辐射增强至人眼能够正常视觉感知的程度。夜天辐射的来源主要有太阳、地球、月球、气辉、黄道光、弥漫银河光、恒星光,以及上述辐射源被地球大气散射所产生的次级散射辐射源。夜天辐射是上述各自然辐射源辐射的总和,其光谱分布如图 3-25 所示。

夜天辐射的光谱分布在有月和无月时差异很大。有月时,夜天辐射的光谱与太阳辐射的光谱相似,此时月光是夜天辐射的主体,满月月光的强度约为星光的100 倍,故夜天辐射的光谱分布取决于月光,即满月时夜天辐射光谱与太阳光相近。无月时,各种夜天辐射的比例是:星光及其散射光占 30%;大气辉光占 40%;黄道光占 15%;银河光占 5%;大气辉光、黄道光及银河光的大气散射光为 10%。夜天辐射除了包含可见光谱之外,还包含丰富的近红外辐射,特别是在无月晴朗的星空下,近红外辐射急剧增加,甚至远远超过可见光辐射。因此,微光夜视技术需要将探测响应波长延伸至可覆盖 1.3 um 的近红外区域,从而有效利用夜天辐射。

2．夜天辐射产生的景物亮度

微光夜视设备实现对目标的探测,不仅与夜天辐射的强度和气光谱组成有关,还与目标对夜天辐射的反射有关。由夜天辐射产生的地面目标亮度可以依据夜天辐射的照度和目标的反射率计算得出。不同自然条件下的地面目标照度如表 3-4 所示。若景物为漫反射体,则其光出射度为

$$M=\rho E=\pi L$$

$$L=\frac{\rho E}{\pi} \tag{3-14}$$

式(3-14)中,E 为景物照度;L 为景物亮度;ρ 是景物反射率。

表 3-4　不同自然条件下的地面目标照度

天气条件	景物照度/lx	天气条件	景物照度/lx
无月浓云	2×10^{-4}	满月晴朗	2×10^{-1}
无月中等云	2×10^{-4}	微明	1
无月晴朗(星光)	5×10^{-4}	黎明	10
1/4 月晴朗	1×10^{-3}	黄昏	1×10^{2}
半月晴朗	1×10^{-2}	阴天	1×10^{3}
满月浓云	$2\times10^{-2}\sim8\times10^{-2}$	晴天	1×10^{4}
满月薄云	$7\times10^{-2}\sim15\times10^{-2}$		

3.3.2 微光夜视仪

1. 微光夜视仪组成及基本原理

在夜天辐射下观察及成像的主要探测仪器是微光夜视仪。微光夜视仪的主要工作原理是：利用夜间的微弱月光、星光、大气辉光、银河光等自然界的夜天辐射作为照明源，借助于像增强器把目标反射回来的微弱光信号放大并转换为可见图像，以实现夜间微弱光照下的观察探测。简单来说，微光夜视仪就是以像增强器为核心部件的微光夜视器材。由于微光夜视仪具有光增强功能，它可以使人类在极低照度（10^{-5}lx）条件下有效获取景物图像信息。微光夜视仪本身不需要主动光源，是一种被动式探测系统，因此，它改正了主动式红外夜视仪容易自我暴露的缺点，更适合部队在夜战时使用。

微光夜视仪包括四个主要部件：强光力物镜、像增强器、目镜、电源。就光学原理而言，微光夜视仪是带有像增强器的特殊望远镜，如图 3-26 所示。

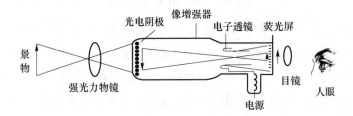

图 3-26　典型的微光夜视系统

微光夜视仪的主要工作原理如下：夜天辐射经由目标表面反射进入微光夜视仪；在强光力物镜作用下，夜天辐射聚焦于像增强器的光阴极面，该光阴极面与物镜后的焦面重合，光阴极在光辐射作用下激发出光电子；光电子在像增强器内部电子光学系统的作用下（电位逐渐升高）被加速、聚焦、成像，以极高速度轰击像增强器后端的荧光屏，激发出足够强的可见光，从而把一个被微弱夜光照明的远方目标变成适合人眼观察的可见光图像。荧光屏上的可见光图像经过目镜被进一步放大，从而实现了有效的目视观察。可见，微光夜视仪的核心部件是像增强器，它通过光电阴极、电子透镜和荧光屏将光学图像变换为电子图像，然后再将电子图像变换为光学图像，这样经过两次光电转换过程，不可见光图像或亮度很低的光学图像就变换成了人眼可见的图像。

2. 微光夜视仪的分类

微光夜视系统除了可以采用光电导摄像管和光电发射式摄像管之外，还可以采用由像增强器构成的微光夜视仪。按所用像增强器的类型对微光夜视仪进行分类，便有了第一代、第二代、第三代微光夜视仪之称，它们分别采用级联式像增强器、带微通道板的像增强器、带负电子亲和势光阴极的像增强器。随着技术进步，还出现了超二代、超三代微光夜视仪。

1）第一代微光夜视仪

20 世纪 50 年代初,多碱光电阴极 Sb-K-Na-Cs 的发明使得光阴极在近红外区有较好的光谱响应,这让含有较多近红外光谱的夜光辐射探测成为可能。同时代的光学纤维面板的发明和同心球电子光学系统设计理论的逐步完善,为电子信号的增强奠定了基础。随着技术和工艺的发展,人们将上述三大技术工程化,研制出第一代微光管。第一代微光夜视仪由物镜、三级级联像增强器、目镜和高压供电装置组成,如图 3-27 所示。

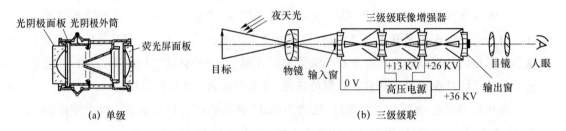

图 3-27　第一代微光夜视仪

级联像增强器是在单级像增强器的基础上发展起来的。单级像增强器由平/凹光纤面板光电阴极、同心球静电聚集系统和凹/平光纤面板荧光屏组成。单级像增强器的亮度增益通常只有 50～100 倍,一般难以满足军用微光夜视仪的使用要求。以典型星光照度(5×10^{-4})的夜视为例,为把目标图像增强至适合目视观察的程度,像增强器需要具有几万倍的光增益,但仅靠单级像增强器是无法实现的。于是人们采用了多级级联的方法,通过三级级联,像增强器增益可达 $5 \times 10^4 \sim 5 \times 10^5$ 倍,这样就可把典型夜天光照度下的景物亮度放大到 $10 \sim 100 \ cd/m^2$,从而接近人眼正常观察物体所需的亮度条件。随着不断的发展,级联像增强器迅速代替较早应用的主动红外夜视技术,成为夜视领域发展的重点。级联像增强器的各项指标如表 3-5 所示。

表 3-5　级联像增强器的各项指标

特性	单级像增强器	二级级联像增强器	三级级联像增强器
增益/倍	80	4 000	50 000
鉴别率/$(1p \cdot mm^{-1})$	65	40	25
畸变/%	6	14	17
出射端有效直径/mm	25	24	23

级联像增强器的主要优点是:依靠景物或者目标对夜天辐射的反射进行探测,采用全被动方式工作,无需照明源,隐蔽性好。由于级联像增强器采用三级级联方式实现像增强,因此其增益较高,成像清晰,但也由于其采用级联方式,所以会有一些明显不足,如防强光性能差,有明显的余晖现象。由于逐级荧光屏的累加效应,微光管荧光屏总的余辉时间显著变长,对近距离快速运动目标跟踪观察时存在图像模糊现象。

一代微光管通过多级光纤面板级联耦合,因为光纤面板边缘明显比中心厚,因此图像亮度不均匀,特别是在级联后,图像边缘亮度明显降低,从而影响视场边缘位置目标的观察效果,使实际有效视场变小。虽然一代微光管具有防强光自动增益调节电源,但对点强闪光无防护能力,而战场却要求夜视仪在炮火闪光条件下工作。点强闪光不仅会造成荧光屏成片亮模糊,淹没附近的图像,影响观察,还将造成荧光屏疲劳或灼伤,影响管子使用寿命。此外,一代微光管是多级组合的结构,这使得其外形尺寸和重量都成倍增加,具有体积大、笨重的缺点,这限制了它在轻武器夜瞄镜、头盔镜上的应用。

2)第二代微光夜视仪

第二代微光夜视仪与第一代微光夜视仪的根本区别在于它采用的是带有微通道板的像增强器。第二代微光夜视仪由于像增强器发生更迭,电源也相应发生了变化,而物镜、目镜与第一代微光夜视仪没有差别。相对于级联像增强器中图像增强主要靠高强度静电场来提高光电子的动能,微通道板像增强器则是以微通道板的二次电子倍增效应作为图像增强的主要手段。

微通道板是一种面阵电子倍增器阵列,由上百万个直径为 $10~\mu m$ 级的相互平行的微通道构成。如图 3-28 所示,微通道的内壁涂覆一层可发射二次电子的半导体材料(如富 Si 表面层)。当给微通道两侧加上 $900 \sim 1~000~V$ 的工作电压后,微通道内将产生一个轴向的电场。从阴极发射的光电子进入微通道后,在电场加速下与微通道壁的半导体材料发生碰撞,使得半导体材料发射二次电子,这些次级电子会再次被电场加速,在碰到微通道壁的半导体材料时会再次激发更多的新的二次电子。因此,每一个微通道相当于一个倍增管。每块微通道板的电子增益可达 $10^3 \sim 10^4$,这样装有一个微通道板的一级微光管就可达到 $10^4 \sim 10^5$ 的亮度增益,从而替代了原有的体积大、笨重的三级级联一代微光管。同时,MCP 微通道板内壁实际上是具有固定板电阻的连续倍增级。因此,在恒定工作电压下,当强电流输入时,有恒定输出电流的自饱和效应,此效应正好避免了微光管的晕光现象。加上微通道板的体积更小、重量更轻,所以第二代微光夜视仪是国内外微光夜视装备的主体。由于微通道板是平行平面形状,故它与荧光屏之间只能采用近贴结构,但它与光电阴极之间,可取静电聚焦式结构或近贴式结构,分别如图 3-29(a)和图 3-29(b)所示。

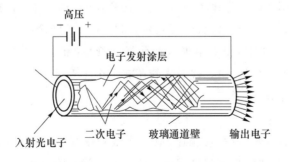

图 3-28　微通道板工作原理

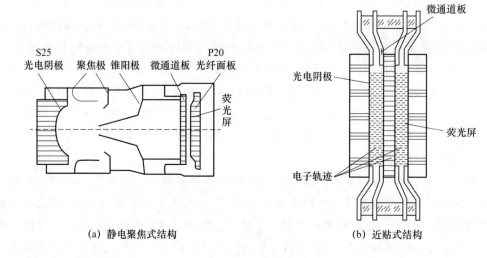

(a) 静电聚焦式结构　　　　　　　　(b) 近贴式结构

图 3-29　第二代微光夜视仪

由于微通道板本身具有高增益、增益饱和等特性,因此与第一代像增强器相比,第二代像增强器具有一些显著的优点。例如,第二代微光管可以在不改变成像性能的条件下对其亮度增益进行自动调节,这主要通过调节微通道板工作电压来实现。由于微通道板具有输出电子流的饱和效应,可自动限制增益,对点强闪光有自保护作用,因此当遇到强光(如照明弹与炮火)时,不仅能防止荧光屏疲劳或灼伤,还不致因强闪光淹没附近的图像,保证管子的正常观察和寿命。同时,由于第二代微光管装有微通道板,可起到减弱或防止荧光屏光反馈到光电阴极面上从而降低管子的背景亮度的作用,有利于提高观察图像的对比度,所以第二代微光夜视的作用距离较第一代微光夜视约提高 $1.2 \sim 1.5$ 倍(在星光下)。第二代微光管的工作电压只有几千伏到一万伏,而第一代微光管的工作电压则为 4 万伏左右,因而第二代微光夜视仪的结构或电绝缘设计更方便。第二代微光管的长度仅为第一代微光管的 $\frac{1}{5} \sim \frac{1}{3}$,其所构成的仪器的外形尺寸较第一代微光夜视仪大大缩短,重量也更轻。

第二代微光管最大的缺点是噪声较大,这是因为它引入了微通道板的工作噪声,使得图像闪烁加剧和图像的信噪比较小,影响了夜视仪的观察视距,因此,它只能使用中短距离的微光夜视仪。采用余辉较长的荧光粉有利于降低闪烁噪声,可使信噪比几乎比短余辉荧光屏(如 XX13s1、Xx13s3 倒像式亚代微光管)提高 1 倍,但不利于对近距离的快速运动目标进行观察。另外,第二代微光管还有一个主要缺点是:仍使用多碱光阴极,对夜天光的利用不够充分。

3) 第三代微光夜视仪

与第一代、第二代微光夜视仪相比,第三代微光夜视仪以第三代像增强器为核心部件,采用了负电子亲和势的光电阴极。第三代微光夜视仪由透射式负电子亲和势砷化镓(GaAs)光电阴极、带三氧化二铝(Al_2O_3)离子壁垒膜的三代微通道板和光纤面板、荧光屏组件构成。受限于 GaAs 光电阴极结构的限制,入射端玻璃窗必须是平板形式,所以第三代像增强器目前还只能取双近贴结构,即光电阴极与微通道板输入面之间、微通道板输出面与荧光屏输入面之间均为近贴式结构,如图 3-30 所示。

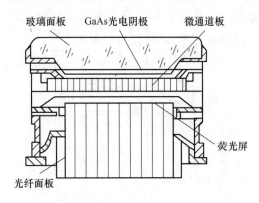

图 3-30 第三代近贴式微光夜视仪

负电子亲和势 GaAs 光电阴极为Ⅲ～Ⅴ族半导体光电阴极,之所以称之为负电子亲和势光电阴极,是因为光电阴极的真空能级低于半导体内导带底能级,形成负电子亲和势,且受光子激发到导带的电子通过与晶格声子交换能量"热化"到导带底,进而逸入真空产生光子电流。这种光电阴极具有量子效率高、暗发射小、发射电子的能量分布及角分布集中、长波可调、长波响应扩展潜力大等优点,这种负电子亲和势光电阴极中的"热化电子"较二代微光正电子亲和势光电阴极中的"热电子",具有更长的寿命。因此,负电子亲和势光电阴极具有比正电子亲和势光电阴极大得多的逸出概率,即具有更高的灵敏度,可达 800～2 400 μA/lm,较二代光电阴极提高 1.5～2 倍。

第三代微光夜视仪的特点是采用了带离子壁垒膜的微通道板。该微通道板在电子输入端面镀有 Al_2O_3 离子阻挡膜。由于微通道板在电子倍增过程中可产生残余气体分子和正离子,这些分子和正离子会反向轰击光电阴极,从而使其损伤。当微通道板的电子输入端面镀有 Al_2O_3 离子阻挡膜时,便可以阻止这些残余气体分子和正离子的反馈,从而保护光电阴极。不过 Al_2O_3 膜会导致输入电子产生部分能量损失,导致微通道板的增益有所下降,因此需选用具有更高增益的微通道板。与第二代微光夜视仪相比,第三代微光夜视仪的灵敏度增加了 4～8 倍,寿命延长了 3 倍,对夜天光光谱的利用率显著提高,在漆黑(10^{-4}lx)夜晚的目标视距延伸了 50％～100％。

第三代像增强器由于采用了具有负电子亲和势的光电阴极,具有高增益、低噪声的优点。如图 3-31 所示,第二代像增强器采用的是表面具有正电子亲和势的多晶薄膜结构的多碱光阴极,其光电灵敏度通常为 400～800 uA/lm,而第三代像增强器采用的是负电子亲和势光电阴极,它的光电灵敏度目前可达到 3 000 uA/lm 以上。同时,负电子亲和势是热化电子发射,光电子的初动能较低,能量比较集中,所以第三代像增强器具有较高的图像分辨率。这些特点使得第三代像增强器成为目前性能最优越的直视型光电成像器件。第三代像增强器配备自动门控高压电源,这种电源除了能够以小体积、低功耗为器件系统提供工作电压之外,还具有荧光屏亮度自动控制和亮源保护功能,其照度适应范围可达 $10^{-5} \sim 10^2$ lx,且对局部强闪光具有保护功能。第三代微光夜视器件由于具有量子效率高、灵敏度高,光谱响应可覆盖近红外波段,与极低照度(10^{-4} lx)下夜天光光谱分布匹配度高的特点,有效提高了像增强器的分辨率和系统的视距,其观察距离比第二代仪器提高了 1.5 倍以上,特别是在极低照度下,效果尤为明显。

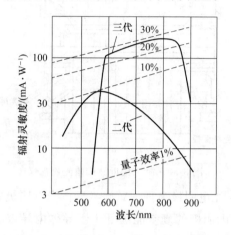

图 3-31 第二代 S25 与第三代 GaAs 光阴极的光谱响应

第一、二、三代像增强器在不同照度下的极限分辨力(lp/mm)如图 3-32 所示。

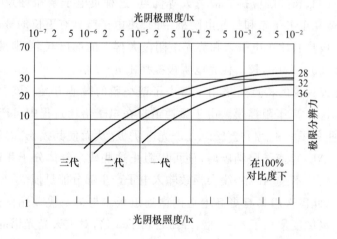

图 3-32 第一、二、三代像增强器在不同照度下的极限分辨力

4)超二代微光夜视仪

超二代微光夜视仪基于二代微光夜视仪,由高灵敏度的多碱光阴极 Na_2KSb、微通道板、小型高压电源等组成,通常为双近贴结构。近年来,为了进一步提高超二代像增强器的性能,多碱光阴极组件被引入微纳光栅技术中,其结构如图 3-33 所示。光栅窗由一个玻璃窗和一个光栅组成,其中玻璃窗起支撑作用,光栅可使输入光发生偏转。入射光经过玻璃窗到达衍射光栅,由于光栅的衍射作用,入射光发生偏转,这样进入光电阴极膜层

的衍射光子就变成了斜射光,而斜射光到达光电阴极的真空界面时会因为满足全反射的条件而发生全反射,这使得该斜射光线再次反射回光电阴极,形成反射光子,这样入射光在光电阴极内部的光程增加了一倍,从而入射光的吸收率得以提高,Na_2KSb 光电阴极的灵敏度也得以提高。

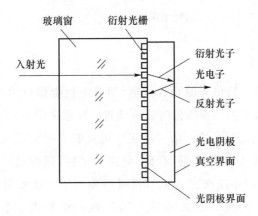

图 3-33　超二代像增强器的光电阴极结构

　　与普通窗的光谱灵敏度相比,光栅窗在整个光谱响应范围内的光谱灵敏度均有不同程度的提高,并且波长越长,提高的比例越大。这是因为 Na_2KSb 是一种多晶半导体,相对于单晶半导体(如 GaAs 半导体),其电子的扩散长度较小,因此光电阴极的厚度不能太厚,否则光电子不能扩散到真空界面,从而不能逸出光电阴极形成光电流。由于 Na_2KSb 光电阴极的厚度较薄,因此对入射光吸收不充分,特别是对长波。而采用光栅窗之后,由于吸收长度增加,对入射光特别是长波的吸收更充分,因此光栅窗光电阴极的光谱灵敏度在长波方向的增加比例较大。长波光谱灵敏度的增加将进一步提高 Na_2KSb 光电阴极与夜天光的光谱匹配系数,从而改善高性能超二代像增强器在夜天光条件下的使用性能。目前采用光栅窗的超二代像增强器的阴极灵敏度可达 $1\,100\sim1\,400\ \mu A/lm$。

　　5) 超三代微光夜视仪

　　美国军方曾将去掉防离子反馈膜或具有超薄防离子反馈膜和在集成高压电源中增加了门控功能的 GaAs 光阴极像增强器称作第四代微光像增强器,但目前已将其改称为超三代微光像增强器。防离子反馈膜是第三代微光像增强器中镀在微通道板输入面上的 Al_2O_3 薄膜,它的作用是防止像增强器中的残余气体因高压电离而产生的正离子反向轰击光阴极,从而防止正离子对光阴极造成损伤,延长像增强器的寿命。但与此同时,防离子反馈膜对光电子也有一定的阻挡作用,一定厚度的膜层对光电子的能量有衰减作用,同时会造成电子弥散,降低像增强器的分辨力。为了减弱电子弥散的作用,超三代微光像增强器的工艺采用了超薄但致密的防离子反馈膜,而早期被采用的去掉防离子反馈膜的工艺方法,因导致寿命减少和良品率下降而不再被采用。

　　自动门控电源技术是超三代微光像增强器的另一特征技术,它采用了阴极电压脉冲控制和微通道板电压线性控制。由于门控电路的开关速度极快,可使荧光屏输出亮度保持不变,因此可以拓展电源的自动亮度控制范围,使像增强器阴极的照度适应范围上限扩展到 10^5 lx,消除了强闪光环境下的景物模糊现象,避免光电阴极在强光下可能出现的"疲劳"或者损坏现象,从而保证像增强器的安全使用。

超三代微光像增强器经过工艺技术的改进,其阴极积分灵敏度可达 2 000~3 000 μA/mm,极限分辨力可达 60~90 lp/mm,信噪比可达 25~30。

3.3.3　微光电视

传统的微光夜视仪一般供人眼直视观察,随着电视摄像技术的不断发展,逐渐产生了可在夜光或微弱照度下的电视摄像与显示装置。简单来说,微光电视是像增强管和电视摄像管相结合的微光夜视系统。微光电视系统具有成像面积大、直观性强、连续性好等优点,且成像信息可以远距离传输、存储、处理和遥控,摄像机输出的电信号既可以通过视频电缆送达显示器(闭路微光电视),也可以先利用专用发射机通过天线传输至远处,再通过天线接收信号在显示终端的显示器上显示(开路微光电视)。目前,微光电视系统已广泛应用于监视、侦察、探测、制导、跟踪等方面。

与微光夜视仪类似,微光电视主要包括摄像的光学物镜、像增强器和摄像管组合的摄像和接收显示装置,早期微光电视的摄像装置主要是像管,其主要工作原理是:景物发出的微弱辐射通过光学物镜在光电阴极上成像;光电阴极受到入射光激发,发射的光电子图像通过像增强转移到特制的一个像靶上;像靶则将此图像转变为像靶另一面上的电位图像;该电位图像被电子枪的细电子束扫描,形成视频信号,图像可通过屏幕直接显示。随着 CCD 技术的不断发展,将其与像增强器耦合,目前已经得到了用于微光电视摄像的 CCD 器件,它主要包含如下几种。

1) 像增强 CCD(ICCD)

由于传统 CCD 摄像只有在 1lx 以上照度条件下才能工作,为了实现微弱夜光辐射下的成像,可将像增强器通过纤维光锥直接耦合到 CCD 上,得到像增强 CCD(ICCD)。例如,将 THX1314 三代管与 TH7861CCD 通过纤维光锥耦合,可以得到像增强 CCD,其结构如图 3-34 所示。将单级缩小倍率的三代管与 CCD 耦合,可使入射光照下降两个数量级;若在三代管前面再加一个二代薄片管,可使其用于 10^{-5}~10^3 lx 照度范围。这种结构的特点为尺寸小、结构紧凑、抗强光。

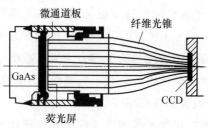

图 3-34　像增强 CCD 结构

2) 背照式 CCD(BCCD)

前照式 CCD 中的光线从电极一面入射,多晶硅电极对短波有较强的吸收和反射,使得最终到达硅片的光子数量减少,而且它的电极结构不容许采用提升性能的增透膜技术。又因为材料的吸收系数、反射率和波长有关,故在可见光波段,波长越短,吸收系数和反射率越大。

前照式 CCD 的这种结构和工艺特点使得其量子效率比较低,对微弱光、短波的响应非常差,应用有一定的局限性。在背照式 CCD 中,通过减薄方法去除基片的大部分硅材料,成像光子从 CCD 背面无须通过多晶硅电极,即可进行光电转换和电荷积累,其量子效率可达 90%,克服了前照式 CCD 的缺点。背照式 CCD 的结构如图 3-35 所示。背照式 CCD 除了在可见光谱区域具有极高的量子效率外,也能接收景物在紫外和软 X 射线波段的辐射,带有紫外抗反射涂层的 BCCD 在 200 nm 波长处还能有近 50% 的量子效率,而通常前照式 CCD 的多晶硅电极将吸收几乎所有的紫外光。背照式 CCD 的光敏面灵敏度可以达到 10^{-3}lx。

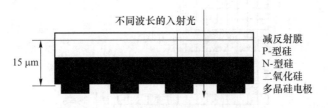

图 3-35 背照式 CCD 结构

3) 电子轰击 CCD(EBCCD)

在像增强器中,把一个对电子灵敏的 BCCD 装在管内,以代替通常的荧光屏来接收由光阴极射出并受到加速的光电子,得到电子轰击半导体(EBS)增益,从而构成电子轰击CCD,其结构如图 3-36 所示。

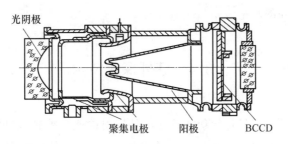

图 3-36 电子轰击 CCD 结构

电子轰击 CCD 像管不再需要微通道板、荧光屏和纤维光学耦合器。电子轰击 CCD可在景物照度为 $10^{-5} \sim 10^{-4}$lx 的条件下工作,其输出为视频信号。其优点主要是高增益、低噪声、高分辨率等,可在很暗的状态下工作。但这种器件仍然存在真空环节,且工艺复杂、造价昂贵。另外,高能电子对 CCD 光敏面的直接轰击直接影响了器件的有效寿命。

4) 电子倍增 CCD(EMCCD)

对于极微弱光信号的探测,长期以来主要采用像增强 CCD 设备,但其背景噪声较大,在使用中会产生诸多不便。EMCCD 技术的出现解决了这些问题,这种技术在对极微弱光信号的实时、快速动态探测方面具有先天的优势,其探测灵敏度可达到真正单光子事件的检测。电子倍增 CCD 的结构如图 3-37 所示。它保留了 CCD 器件的优点,易于大批量生产。与普通 CCD 不同,EMCCD 芯片具有一个位于 CCD 芯片的转移寄存器和输出放大器之间的特殊的倍增寄存器。增益寄存器的结构和一般的 CCD 类似,只是电子转移第二阶段的势阱被一对电极取代,其中,第一个电极上为固定值电压,第二个电极按标准时钟频率加上一个高电压。通过两个电极之间的高电压差,可以实现转移信号电子的冲击电离,从而产生新的电子,实现电子倍增。以目前的技术水平,每次电离后电子的数目大约是原来的 1.015 倍,通过 591 次倍增,电子数目将是原先的 6 629 倍。

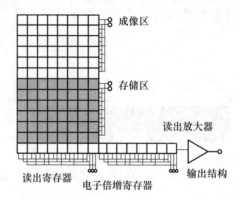

图 3-37　电子倍增 CCD 结构

输出信号强度的大幅度提高,使得 CCD 固有的读出噪声对系统的影响变小。电子倍增与背照技术相结合而制作的 EMBCCD,可以获得低于 10^{-6} lx 的光敏面响应度,且信噪比仍能保持在很高的水平。

3.4　红外探测技术

红外探测技术是利用目标辐射或反射红外辐射的能量差异,借助于红外传感器来探测目标红外特征信息的技术。红外探测技术经历了 60 多年的发展,红外成像探测也走过了 40 多年的发展历程,并先后经历了几次局部战争的实战考验,同时红外成像探测系统的体制、理论、方法、技术也得到了很大的发展。由于红外成像探测技术的进步,其在各种不同应用领域的性能也显著提高,在军事上广泛应用于天基弹道导弹预警、机载舰载红外搜索跟踪、机载导弹发射预警、机载星载对地监测侦察以及反导反卫动能拦截弹、空空导弹、空地导弹、反舰导弹、反装甲导弹精准制导等。

3.4.1 红外基本概念

红外辐射又称红外线,是由组成物质的微观粒子在受到热激励后发生能态之间的跃迁而发射出来的电磁波,其波长范围为 $0.76 \sim 1\,000\ \mu m$,介于可见光和微波之间。

凡是温度高于绝对零度的物体都会发出红外辐射,这是由于任何温度高于绝对零度的物体,其所包含的大量微观粒子,如分子、原子、粒子和电子,都不会处于静止状态,而是在做无规则的运动。物体内部粒子的运动越剧烈,其所含平均动能越大,物体的温度也就越高。任何物体的组成粒子受到某种原因的激励,如受热、电子撞击、光的照射以及化学反应等,都会引起物质内部分子、原子等粒子运动状态发生变化,产生内部各种能级的跃迁,同时向外发出辐射能。物体温度高于绝对零度时,由物体内部微观粒子的热运动状态改变所激发出的辐射叫作热辐射。由于产生辐射的方法和能级不同,辐射的波长也不同。热辐射一般包括红外辐射、可见光和紫外辐射的一部分。自然界中的所有物体都有红外辐射,也都有红外吸收。按照地球大气对红外线的透过特性,一般可将红外辐射分为以下 4 个波段。

(1) $0.76 \sim 3\ \mu m$ 波段:近红外,如由亚原子粒子的热运动产生的辐射。

(2) $3 \sim 6\ \mu m$ 波段:中红外,如由原子的热运动产生的辐射。

(3) $6 \sim 15\ \mu m$ 波段:远红外,如由分子的振动、转动运动产生的辐射。

(4) $15\ \mu m \sim 1\ mm$ 波段:极远红外,如由分子的旋转运动产生的辐射。

在极远红外中,人们将波长范围为 $30 \sim 3\,000\ \mu m$,即频率范围为 $0.1 \sim 10\ THz$ 的波称为太赫兹波。

3.4.2 红外探测的原理

自然界中一切物体的温度都高于绝对零度,并总在不断地辐射红外线。同时各种物体由于其表面温度、辐射特性和表面粗糙程度不同,辐射出的红外线的强弱也不同。虽然这些红外线不能为人眼所察觉,但可以通过光学系统探测到这些红外线,通过对视场内不同区域红外信号的强弱进行识别,可得到相应的红外热辐射的图像。

红外探测的基本原理是根据黑体辐射原理来测温。根据普朗克辐射定律,凡是温度高于绝对零度的物体都可以产生红外辐射,物体所发出的红外辐射能量强度与其温度有关。黑体是理想化的辐射体,它的发射率等于 1,其辐射分布只依赖于辐射波长及其温度,与物体的构成材料无关。其辐射遵循普朗克定律、维恩位移定律、斯特藩玻尔兹曼定律。利用黑体辐射定律,可以确定热像仪探测器单元接收的被测目标辐射的大小,并可以将收到的目标转换为电信号,得到探测器的电压信号与物体温度之间的一一对应关系。

红外探测技术的核心是红外探测器。红外探测器(Infrared Detector)是将入射的红外辐射信号转变成电信号输出的器件。要察觉红外辐射的存在并测量其强弱,必须把它转变成可以察觉和测量的其他物理量。一般来说，红外辐射照射物体所引起的任何效应，只要效果可以测量而且足够灵敏，均可用来度量红外辐射的强弱。

根据分类标准的不同，红外探测器有多种分类方法。按波长，可分为近红外（0.76～3 μm）探测器、中红外（3～6 μm）探测器和远红外（8～15 μm）探测器；按工作温度，可分为低温探测器、中温探测器和室温探测器；按用途和结构，可分为单元探测器、多元探测器和列阵探测器；按工作机理，可分为基于热电效应的热敏探测器（包括温差电偶、辐射热电偶、温差电堆、热敏电阻、热释电探测器等）和基于光电效应的光子探测器〔包括光电导探测器（PC 效应）、光伏探测器（PV 效应）、肖特基势垒探测器（光子牵引效应）和量子阱探测器（量子阱效应）等〕。本书主要介绍基于热电效应的热敏探测器。

3.4.3 红外探测器

1. 温差电偶和辐射热电偶

1）温差电偶

温差电偶也叫热电偶，是一种使用近 200 年的热探测器，其工作原理是温差电效应。如图 3-38(a)所示，两种不同的导体材料 A 和 B 构成回路，若两导体材料两个连接点的温度存在着差异 ΔT，则该温度差 ΔT 将会使得两连接点间产生电势差 ΔV。这个电势差的大小与该接点处的温度有关。由于电势差的存在，回路中就有电流产生，如果回路电阻为 R，则回路电流为 $I=\Delta V/R$，这种现象称为温差电效应或塞贝克效应。

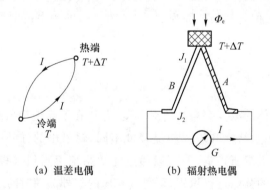

（a）温差电偶   （b）辐射热电偶

图 3-38   温差电偶和辐射热电偶

回路中温差电势差的大小和方向与两种不同导体材料的性质和两接点处的温差有关。通常由铋和锑所构成的一对金属来制作温差电偶，其有最大的温差电位差，约为 100 μV/℃。此外，常用来进行接触测温的温差电偶，通常由铂（Pt）、铑（Rh）等合金组成，它具有较宽的测量范围，一般为－200～1 000℃，测量准确度高达 1/1 000℃。

2）辐射热电偶

测量辐射能的热电偶称为辐射热电偶，它也利用了温差电效应，但其结构有所不同。如图 3-38(b)所示，入射的红外辐射照射在辐射热电偶的热端，为提高红外辐射的吸收，热端通常为涂黑的金箔，当入射辐通量 Φ_e 被金箔吸收后，金箔的温度升高，产生温差电势差,从而在回路中产生电流 I。由于入射辐射引起的温升 ΔT 很小,因此热电偶的材料需要满足很高的要求,另外,其结构也非常复杂,且成本昂贵。实际使用的辐射热电偶主要由半导体材料构成,半导体辐射热电偶的温差电势可达 $500\ \mu V/℃$,成本比金属低很多。

2. 温差电堆

单个热电偶产生的温差电动势一般较小,当用于红外探测时,其探测的灵敏度较小,且容易受到环境影响而产生较大的噪声。温差电堆是由多个热电偶串联起来的,这样可以减小热电偶的响应时间,提高灵敏度。

设温差电堆由 n 个性能一致的热电偶串联构成,在相同的温差时,温差电堆的开路输出电压 V_{po} 是所有串联热电偶的温差电动势之和,即

$$V_{po} = \sum_{j=1}^{n} V_{oj} = n \cdot V_o = n \cdot M \cdot \Delta T \tag{3-15}$$

式(3-15)中,V_o 为单个热电偶产生的平均温差电动势;V_{oj} 为单个热电偶产生的温差电动势;M 为塞贝克系数。

可见,热电偶的数目越多,温差电堆的温差电动势就越大。这样,在相同的电信号检测条件下,温差电堆能检测到的最小温差就是单个热电偶的 $1/n$。因此,温差电堆的灵敏度为

$$S_t = nS \tag{3-16}$$

式(3-16)中,n 为温差电堆中热电偶的对数(或 PN 结的个数);S 为热电偶的灵敏度。

温差电堆具有灵敏度高、响应速度快等特点。

3. 热敏电阻

热敏电阻又称测辐射热计,主要利用热敏材料吸收红外辐射后引起温度变化,进而改变其电导率的效应,其主要特点是光谱响应基本上与入射辐射的波长无关。常用的热敏电阻材料有两种,分别是金属和半导体。对于半导体材料,其在吸收红外辐射后,辐射能会不同程度地转化为热能,所以半导体材料中电子的动能和晶格的振动能都会增加。因此,半导体材料中的部分电子能在热激励下从价带跃迁到导带成为自由电子,于是半导体材料中总的自电子数目增加,从而使电阻减小,故其电阻温度系数为负。对于金属材料,其内部的自由电子密度本身就很大,在能带结构上无禁带,温度升高引起的自由电子浓度的变化可以忽略不计,而温度升高导致的晶格振动加剧则会阻碍电子的定向运动,从而电阻温度系数为正,且金属的电阻温度系数绝对值要比半导体的小很多。图 3-39 为半导体材料和金属材料(白金)的电阻—温度特性曲线。其中,白金的电阻温度系数为正值,大约为 $0.37/℃$;半导体材料热敏电阻的温度系数为负值,大约为 $-3\sim-6/℃$,约为白金的 10 倍。因此,热敏电阻探测器常采用半导体材料而很少采用贵重的金属。

典型的热敏电阻结构如图 3-40 所示,它的热敏元件是一层厚约 $0.01\ mm$、由金属或半导体热敏材料制成的薄片,由于热敏材料一般不能很好地吸收红外辐射,故通常在热敏元件表面镀一层发黑材料进行黑化处理。热敏元件粘在一个导热性能较好的绝缘衬

底上,衬底又粘在导热性能良好、热容量大的导热基体上。使用热特性不同的衬底,可使探测器的时间常数由大约 1 ms 变到 50 ms。电阻体两端蒸发金属电极以便与外电路连接。早期的测辐射热计只含有单个热敏元件,接在惠斯顿电桥的一个臂上。测辐射热计多为两个相同规格的元件装在一个管壳里,一个作为接收元件,另一个作为补偿元件,接到电桥的两个臂上,可使温度的缓慢变化不影响电桥平衡。

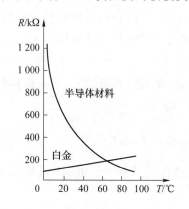

图 3-39　半导体材料和金属材料(白金)
　　　　　的电阻—温度特性曲线

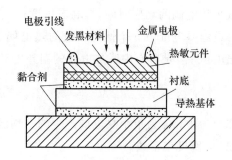

图 3-40　典型的热敏电阻结构

4. 热释电探测器

热释电探测器是利用热释电效应制成的红外辐射探测器,其基本结构是一个以热电晶体为电介质的平板电容器。凡是有自发极化的晶体,其表面都会出现面束缚电荷。而这些面束缚电荷平时被来自晶体内部和外部的自由电荷所中和,因此在常态下呈中性。如果交变的辐射照射在光敏元件上,则光敏元件的温度、晶片的自发极化强度以及由此引起的面束缚电荷的密度均以同样频率发生周期性变化。如果面束缚电荷变化较快,自由电荷来不及中和,在垂直于自发极化矢量的两个端面就会出现交变的端电压。因为热电晶体具有自发极化性质,自发极化矢量能够随着温度变化,所以入射辐射可引起电容器电容的变化。我们可利用这一特性来探测变化的辐射。因此,热释电探测器的工作原理可以用 3 个过程来描述:吸收过程(辐射→热);加热过程(热→温度);测温过程(温度→电)。

由于具有非中心对称的晶体结构,热电晶体中分子的正电荷中心不与负电荷中心重合,具有固有的电偶极矩,电介质分子呈现一定程度的有序排列状态,因此晶体的表面存在一定量的极化电荷,这种现象称为自发极化,其极化强度(Intensity of Polarization)为 P_S。在 P_S 的作用下,垂直于 P_S 的两个晶体表面会分别吸附来自周围空间中的等量异号的面束缚电荷,如图 3-41(a)所示,当温度恒定时,自发极化强度 P_S 的大小等于面束缚电荷密度 σ 的大小,此时没有自发极化现象。当热电晶体入射或离开辐射而导致晶体温度变化时,晶体的正负电荷中心会发生位移,因此表面的极化电荷即随之变化,面束缚电荷可以保持 $\tau = 1 \sim 10^3$ s 的时间,其变化速度跟不上极化电荷的变化速度,表面的电荷中和被破坏,因而失去电荷平衡,见图 3-41(b)。这时即显现出晶体的自发极化现象,见图 3-41(c)。

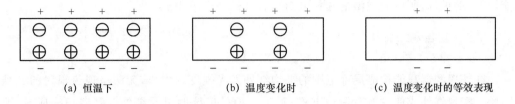

| (a) 恒温下 | (b) 温度变化时 | (c) 温度变化时的等效表现 |

图 3-41 热电晶体在温度变化时所显示的热电效应

例如,当晶体吸收红外辐射导致温度升高时,只要使热释电晶体的温度在面束缚电荷被中和掉之前因吸收辐射而发生变化,晶体的自发极化强度 P_S 就会随温度 T 的变化而变化,相应的,面束缚电荷密度 σ 随温度升高而减小,这一过程的平均时间约为 10^{-12} s,比中和时间短很多。若入射辐射是变化的,且仅当它的调制频率 $f > \frac{1}{\tau}$ 时才有热释电信号输出,即热释电器件为工作在交变辐射下的非平衡器件时,将束缚电荷引出,就会有变化的电流输出,也就会有变化的电压输出。这就是热释电器件的基本工作原理。利用入射辐射引起热释电器件温度变化这一特性,可以探测辐射的变化。

热释电探测器的典型结构如图 3-42 所示,辐射通过窗口进入探测器,通过滤光片后,仅有需要波段的红外线照射在热释电元器件上,热释电元器件一般通过衬底粘贴于普通三极管底座,上下电极与引脚相连,构成三个输出引脚。为了降低器件的总热导,一般采用热导率较低的衬底,管内抽成真空或充入氙气等热导率很低的气体。为获得均匀的光谱响应,可在热释电器件灵敏层的表面涂特殊的漆,以增加对入射辐射的吸收。

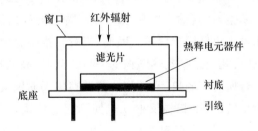

图 3-42 热释电探测器的典型结构

常用的热释电材料有单晶、陶瓷、薄膜等。单晶热释电晶体的热释电系数高,介质损耗小,目前性能最好的热释电探测器大多选用单晶制作。如硫酸三甘肽(TGS)、掺 α 丙氨酸改性后的硫酸三甘肽(LATGS)、钽酸锂(LiTaO$_3$)、钛酸钡(BaTiO$_3$)等。陶瓷热释电晶体的成本较低,响应较慢,如入侵报警用的锆钛酸铅(PZT)陶瓷探测器,其工作频率为 $0.2 \sim 5$ Hz。聚氟乙烯(PVF)和聚二氟乙烯(PVF$_2$)等薄膜热释电材料可以用溅射法、液相外延法等方法制备。有些薄膜的自发极化取向率已接近单晶水平。薄膜一般可以做得很薄,这对制作高性能的热释电探测器十分有利。近年来还出现了响应时间较短的快速热释电器件,这种热释电器件一般都设计成同轴结构,其光敏元件铌酸锶钡(SBN)采用边电极结构,且置于阻抗为 $50\ \Omega$ 的同轴线的一端,响应时间可达到 ps 量级。热释电探测器光谱响应范围较宽,可以非制冷工作,广泛用于辐射测量。由于热释电探测器性能均匀、功耗低,所以成像型的热释电面阵有很好的应用背景。

3.4.4 红外成像器件

红外探测器只能检测局部范围的平均红外发光强度的大小,无法呈现热辐射的二维图像。实现红外成像主要有两种方式,其中一种是传统的单元红外探测器扫描成像,即采用单元热探测器配合扫描机构,通过光束的扫描逐点获取景物的红外图像。随着红外技术和半导体技术的发展,陆续产生了各种类型的红外成像器件,包括早期的电真空热释电摄像管和红外焦平面成像阵列。如今,红外热成像系统已经在军事领域得到了广泛的应用。陆军已将其用于火炮及导弹火控系统、靶场跟踪测量系统;空军已将其用于空中侦察及机载火控系统;海军已将其用于夜间导航、舰载火控及防空报警系统。星载热像仪可用于侦察地面和海上的目标,也可用于对战略导弹的预警。热像仪的服役大大提高了部队的夜战能力,热像仪的性能成为衡量部队战斗力强弱的重要因素之一。

1. 扫描式红外成像

扫描式红外成像主要由红外探测器和扫描机构构成。来自目标景物的红外辐射通过红外光学系统聚焦于红外探测器上,探测器与扫描机构共同作用,把二维分布的红外辐射转换为按时序排列的一维电信号(视频信号),经过后续处理,变成可见光图像显示出来。按扫描的体制,热像仪有"光机扫描"、"电扫描"和"光机扫描+电扫描"3 种类型。

图 3-43 是采用单元探测器的光机扫描热像仪原理图。它以摆动轴正交的两块摆动平面反射镜分别完成水平和铅垂方向的扫描。其中沿水平方向的扫描叫作行扫描。行扫描镜上装有同步信号发生器,其输出电压表示每一瞬时行扫描镜的角坐标,可以此电压信号来控制显示器的电子束做同步偏转。因而,当行扫描镜完成对景物平面一个水平条带的扫描时,显示器就会相应地呈现热图像的一行。此时,高低扫描平面镜被驱动,使光轴在铅垂方向下偏一行所对应的角度。同时,高低扫描平面镜上的高低同步器控制显示器的电子束做出相应偏转,水平扫描反射镜也回到起始位置,准备做下一行扫描。这样循环往复,扫完一帧,显示器上就呈现景物的热图像。

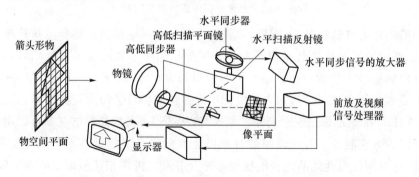

图 3-43　采用单元探测器的光机扫描热像仪原理图

扫描式红外成像系统包含复杂的扫描机构和同步机构,其结构复杂、体积大、成本高,同时会受到扫描机构的扫描速度的限制。对于快速变化的红外目标,扫描式红外成像的动态性能较差,不能探测目标的实际二维红外图像,应用范围有很大限制。

2. 热释电摄像管

热释电摄像管是利用热释电材料作为靶面的摄像管,它可在红外光频谱区进行红外成像。热释电摄像管的结构如图3-44所示。它由锗透镜(成像物镜)、斩光器、热像管(由锗窗口、热释电靶、样机、电子束、栅极和阴极等构成)和扫描偏转系统(聚焦线圈、偏转线圈)等构成。景物发出的红外辐射经过成像物镜在热释电晶体排列成的热释电靶面上成像。之所以采用成像物镜,主要是因为普通玻璃对红外辐射有较强的吸收,而锗玻璃在2~16 um具备非常好的透光性能,物理和化学性质也相对稳定,还可以过滤掉可见光,以防止其影响成像的效果。经成像物镜聚焦的红外辐射,可使热释电靶面上的热释电晶体阵列产生热释电效应,从而得到热释电电荷密度图像。该热释电电荷密度图像被扫描电子枪读出,电子枪按一定的扫描规则扫描靶面,在靶面的输出端(负载电阻 R_L 上)产生视频信号输出,这种扫描机制与采用阴极射线管的电视扫描机制类似。

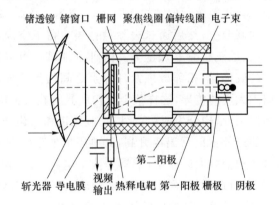

图 3-44 热释电摄像管的结构

摄像管的阴极被加热后发出阴极电子,在聚焦线圈产生的磁场作用下汇聚成很细的电子束。该电子束在水平和垂直两个方向的偏转线圈的作用下扫描热释电靶面。每当电子束扫到靶面上的热释电器件时,该电子束就会像一条软导线一样,其所带的负电荷将热释电器件的面电荷释放掉,并在负载电阻圻上产生电压降,即产生时序信号电压。它将在偏转线圈作用下扫描整个靶面,形成视频信号,将视频信号视频输出电路送到控制显像系统,便可在显像系统的屏幕上见到与物体红外辐射相对应的红外像图。

3. 红外焦平面阵列

红外焦平面探测器是将人眼不可见的红外辐射图像转换成可见图像信息的图像传感器,也称为红外焦平面阵列。红外焦平面阵列器件用集成电路的方法使成千上万的热敏探测单元以线阵或面阵的形式置于同一芯片上,形成红外探测器阵列,并用互连技术与在同一器件中具有扫描功能的信号处理电路相连。近年来,随着热敏感阵列、信号处理电路和互连技术的发展,特别是非制冷技术的发展,红外热焦平面成像技术从军事领域扩展到了广阔的民用领域。

红外焦平面阵列的分类方式较多:按照探测原理,可分为光子探测器与热探测器两大类;按照结构形式,可分为单片式和混成式;按照成像方式,可分为扫描型和凝视型;按照读出电路,可分为 CCD、MOSFET 和 CID 等类型;按照工作波段,可分为近红外(0.78～1 μm)、短波红外(1～2.5 μm)、中波红外(3～5 μm)、长波红外(8～14 μm)四种类型;按照制冷方式,可分为制冷型和非制冷型。这里主要介绍当前使用较为广泛的非制冷型红外焦平面阵列,其工作在室温附近,无需专门的低温制冷机,具有功耗低、体积小、便于携带、价格低廉等优点。根据工作原理,这种非制冷型红外焦平面阵列可分为两类:一类基于电阻温度效应的测辐射热计;另一类基于热释电效应的原理。微测辐射热计型阵列是目前技术最成熟、市场占有率最高的主流非制冷型红外焦平面阵列。

基于测辐射热计原理的非制冷型红外焦平面阵列主要由两部分构成:敏感元和读出电路。敏感元的作用是将红外信号转换为电信号,目前常用的敏感元材料主要有氧化钒(VOx)、非晶硅(α-Si)、钛(Ti)、钇钡铜氧(YbaCuO)等。与其他材料相比,氧化钒材料的电阻温度系数可达到 2%～3%/K,性能更加优越,是目前热敏电阻型非制冷红外焦平面阵列的首选材料。单个氧化钒敏感元的结构如图 3-45 所示。该结构的制造过程如下:先将探测器制作在牺牲层的高台上,然后通过去除牺牲层后留下空腔,形成呈凸起的桥状结构,由支撑臂支撑在双极性三极管基底上方。这种悬浮结构可以较好地抑制热传导,包括热量从敏感元件向衬底传导、相邻敏感元件像素之间的热传导,同时器件抽成真空时还可以抑制热量向周围大气的传导,这样整个结构就具有较好的隔热性能。敏感元的工作原理与热敏电阻相同,其结构分为两层:上层是氧化钒和氮化硅薄膜的微桥,氧化钒和氮化硅薄膜吸收入射的红外辐射后温度升高,其电阻值发生变化,通过 x、y 向金属连线加上偏压并取出信号经积分放大后输出;下层是读出电路,多采用与 CMOS 图像传感器类似的读出电路,主要由行选择器、列选择器、前置放大器与积分电路组成。一般采用氮化硅(Si_3N_4)作为支撑臂,敏感元件构成的桥和 Si 之间的沟宽约为 2.5 μm。敏感材料是 50 nm 厚的氮化硅和氧化钒层,氮化硅和氧化钒层的两个面上镀有 50nm 的 Ni-Cr 导电薄层。氮化硅和氧化钒薄膜通过 Si_3N_4 的夹层保护而不受刻蚀。之所以在敏感元件构成的桥和 Si 之间保持 2.5 μm 的间隙,是为了让这个真空间隙与衬底上的薄片金属反射形成一个四分之一波长的谐振腔,以增强红外辐射的吸收。

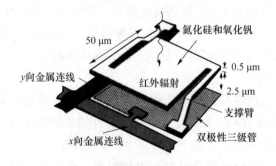

图 3-45　单个氧化钒敏感元的结构

3.5 激光探测技术

激光是"受激辐射的光放大"（Light Amplification by Stimulated Emission of Radiation）的简称。激光发明于 20 世纪 60 年代，它的发明是 20 世纪科学技术的一项重大成果，激光探测技术的兴起使人类对光的认识和利用达到了一个新的水平。激光具有方向性好、单色性好、能量集中、相干性好等特点。正因为激光器具备这些突出特点，因而被很快运用于工业、农业、医疗、军事等方面，并在许多领域引发了革命性的突破。

3.5.1 激光器结构与原理

激光器也称激光振荡器，实际上是把电子技术应用的波段延伸到光频波段的振荡器。图 3-46 给出了一个典型的激光器，其通常由三部分构成，即激光泵浦源、激光增益介质和光学谐振腔，它们分别对应电子振荡器的放大器、能源和反馈回路。

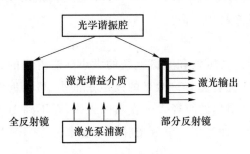

图 3-46 典型激光器的构成

激光泵浦源主要给激光器的运转提供能量激励输入，激光增益介质接收激光泵浦源的激励后，其激活粒子将从基态泵浦到激发态，若激光增益介质具有合适的能级结构且泵浦的强度足够的话，处于激发态的粒子数将高于低能态的粒子数，形成所谓的粒子数反转。高能态粒子向低能态跃迁，从而产生辐射，这些辐射可以是自发辐射，也可以是受激辐射。激光增益介质一般置于一对反射镜所构成的光学谐振腔中，其中一面反射镜对光辐射全反射，另一面反射镜对光辐射部分辐射。由于光学谐振腔的存在，只有那些传播方向与光学谐振腔轴线平行的光辐射才能在光学谐振腔中实现震荡，从而来回反射，形成光学反馈。这些被反馈的光辐射再次通过激光增益介质的受激粒子时，会感应出同相位、同频率的辐射（即受激辐射），这些光辐射经过光学谐振腔的反射，来回反复，会激发出更多的受激辐射光子，从而实现受激辐射的光放大，形成激光增益。由于输出反射镜可以将光学谐振腔内的部分光辐射输出，造成腔内震荡辐射的能量减少，而且光学谐振腔几何损耗、元器件的插入损耗等也将导致腔内辐射功率减小，当激光器损耗小于激光器的受激放大增益时，通过光学谐振腔的部分反射镜，便可以实现稳定的激光输出。

3.5.2　激光特性

由于激光的产生机理跟普通光源相比有很大不同,因此激光有一些独特的性质,具体如下。

1）亮度高

光源亮度反映光源发光的强弱。激光由于其极高的光子流密度,输出激光束具有极高的亮度。在自然光源中,以太阳的亮度最高,约为 2×10^3 W/(cm^2 · sr)。然而,一台功率为 100 mW 的红宝石激光器所发的激光亮度可轻松达到 10^{14} W/(cm^2 · sr)量级,比太阳表面的亮度高出百亿倍以上。

2）单色性好

光的颜色是光的波长的表现。波长范围越小,即谱线宽度越窄,单色性越好,颜色越纯。由于普通光源是自发辐射发光,故其谱线宽度较宽。以普通的氦氖气体放电管发出的波长为 632.8 nm 的光为例,其谱线宽度达 1.52×10^9 Hz;而氦氖激光器发出的波长为 632.8 nm 的激光所对应的频率为 4.74×10^{14} Hz,且它的谱线宽度只有 9×10^{-2} Hz,因此激光的单色性比普通光高 10^{10} 倍。

3）方向性好

光束在空间传播时的发散角和光斑直径的大小标志着光的方向性的好与坏。发散角和光斑越小,光的方向性就越好。激光的发散角很小,可以近似看成平行光。对于定向性比较好的探照灯,其射出的直径 1 m 左右的光束,在不到 10 km 的照射距离处就扩大为直径几十米的光斑。而当用一束激光射到距地球 3.8×10^5 km 的月球上时,其光斑直径不超过 2 km。

4）相干性好

所谓相干性是指波的干涉特性,它是衡量光波与光波在频率、振动方向上是否一致,在相位上是否有恒定关系的一个特性。太阳光和大多数人造光源发出的光都是杂乱无章的,是非相干光,即使对于单色性较好的普通光源,其相干长度也不超过 0.1 m。激光器所产生的激光,在频率、偏振、传播方向等方面都是非常一致的。例如,采用稳频技术的氦氖激光器,其稳频线宽可压缩到 10 kHz,相干长度达可 30 km,相干性极好。

激光所具有的特殊产生机制,使得其在亮度、单色性、方向性和相干性等方面具有普通光源无法比拟的优势,这极大地拓展了激光的应用领域。

3.5.3　激光测距

激光测距技术是非常成熟的军用激光技术,它利用激光的独特性质实现高精度的长度或距离计量和检测。激光测距与一般光学测距相比,具有操作方便、系统简单和昼夜可用的优点。激光测距与雷达测距相比,表现出了抗干扰力强和精度高的特色。激光的频率比微波高得多,以小尺寸的发射天线就能发射极窄的波束。激光脉冲可以很窄,故易于精确探测目标的距离。激光优良的方向性使其在测量目标时不受其他物体的影响。激光测距在技术途径上可分为脉冲式激光测距和连续波激光测距。

1. 脉冲式激光测距

脉冲式激光测距利用了激光脉冲持续时间短、瞬时功率大的特点,通过测量激光脉冲在激光器和目标物之间的往返渡越时间来测定目标距离,属于"时基法"测距,其原理如图 3-47 所示。

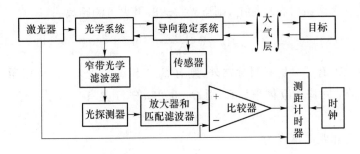

图 3-47 脉冲式激光测距原理

测手或火控计算机下达测距指令,激光器即输出一束细窄的激光脉冲,该激光脉冲经扩束准直光学系统,在导向稳定系统作用下穿过大气层射向目标。光学系统一般是一个望远镜,激光通过光学系统的准直扩束,可以减小出射光束的发散角,以提高目标物处的光能面密度,增大工作距离,同时减少背景和周围非目标物的干扰。在激光束离开本机的同时,从发射光束中取出参考脉冲信号,启动数字式测距计时器开始计时;到达目标的激光束有一部分被表面漫反射回测距机;这一部分激光束经接收物镜和窄带光学滤波器到达探测器;探测器输出的电信号被送往放大器和匹配滤波器,经处理后进入比较器与设定的阈值进行比较;比较器输出信号后,关闭测距计时器,终止计时。记下测距激光束由出发至返回所经历的时间间隔,再利用大气中光的传播速度便可得到距离。

设晶体振荡器产生的时钟脉冲频率为 f,激光往返的时间间隔为 t,目标距离为 L,则计数器记录到的脉冲数 N 为

$$N = f \cdot t \tag{3-17}$$

则时间 t 和 f 为

$$t = \frac{2L}{c} \tag{3-18}$$

$$f = \frac{cN}{2L} \tag{3-19}$$

若每个脉冲代表 r 米的距离,则

$$N \cdot r = L \tag{3-20}$$

于是

$$f = \frac{c}{2r} \tag{3-21}$$

设 $r=10\text{ m}$，则 f 近似为 15 MHz；若 $r=5\text{ m}$，则 f 近似为 30 MHz。

与微波雷达测距类似，测距机的最大可测距离是重要性能之一。

设激光器的发射功率为 P，目标距离为 R，目标被照表面与光束截面夹角为 α。设目标表面的反射率为 ρ，接收物镜入瞳面积为 S_e，发射和接收光学系统的透过率为 τ_0，大气透过率为 τ_a，系统可探测的最小功率为 $P_{\min}$。激光束的平面发散角用 θ 表示，被照射且在测距面视场内的目标面积表示为 S，激光束在目标处的光束截面积为 S_L。

如果激光束完全照射在目标上，则激光雷达的最大可测距离为

$$R_m = \left(\frac{\rho \tau_0 \tau_a P S_e}{2\pi P_{\min}} \right)^{\frac{1}{2}} \tag{3-22}$$

如果测距光束有部分射在目标之外，则有 $S_L > S\cos\alpha$，此时 S_L 可用激光束的平面发散角 θ 表示。若 θ 对应的立体角为 Ω，则 $\Omega = 0.25\pi\theta^2$，于是有

$$S_L = 0.25\pi\theta^2 R^2 \tag{3-23}$$

此时最大可测距离可写为

$$R_m = \left[\frac{\tau_0 \tau_a \rho P \cos\alpha S S_e}{0.25\pi^2\theta^2 P_{\min}} \right]^{\frac{1}{4}} \tag{3-24}$$

可见，当测距激光束全部投射到目标表面时，最大可测距离取决于目标的反射率、激光器发射的功率、接收物镜入瞳面积、大气和光学系统的透射率以及系统的最小可探测功率。而当测距光束并非完全投射到目标表面时，系统的最大可测距离除了与上述因素有关之外，还与目标被光束照射的面积、光束投射角以及激光器输出光束的发散度密切相关。

2. 连续波激光测距

目前使用最广泛的激光测距技术是脉冲式激光测距机。脉冲式激光测距要取得优于 1 m 的测距精度是不现实的，故不宜用于航测地形和海浪起伏等需要更高精度的应用场景。连续波激光测距可弥补这一缺陷，其测距精度可达毫米级，一般最大可测距离可达百余公里，采用"合作目标"时可测几百至几十万公里的距离，且能保证较高的精度。

连续波激光测距通常基于对目标回波相位的探测来进行测距，也称相位式测距，其原理如图 3-48 所示。

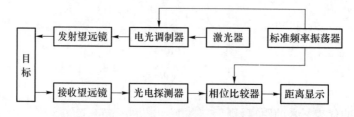

图 3-48　连续波激光测距原理

标准频率振荡器驱动电光调制器，对连续激光器的输出光束实施调制。调制光束经发射望远镜压缩发散角，射至被测目标。从目标返回的光波进入接收望远镜，聚焦于光电探测器。对被延时的调制信号进行解调，然后将其送入相位比较器，与标准频率振荡

器的信号相互比较,得到二者的相位差,此差值携带了目标的距离信息。

例如,以频率 f_M 对输出激光束做正弦调制,则调制波的波长 $\lambda_M = c/f_M$。若此调制波在一个往返过程中的相位变化量为 φ,则有

$$\varphi = 2m\pi + \Delta\varphi = (m + \Delta m)2\pi \qquad (3\text{-}25)$$

式(3-25)中,m 是调制波传播的整周期数,$\Delta m = \Delta\varphi/2\pi$ 是不足整周期的余数。

因为相位每变化 2π,调制波传播一个波长 λ_M,故上述相位变化量 φ 相应的距离为

$$R = 0.5(m + \Delta m)\lambda_M \qquad (3\text{-}26)$$

因为实际探测只能感知 Δm,不能测量 m,因而式(3-26)中的距离 R 具有不确定性(多值性)。此时,采用多个调制频率依次测量,并保证每次都使式(3-26)中的 $m = 0$,将各次的 $\Delta\varphi$ 换算后合成,即可得到目标距离。

采用多个调制频率相当于拿不同长度的尺子对目标距离做分级测量。例如,先用长尺得到距离的高位数值;再用次长尺得到与长尺测量精度衔接的较低位数值;最后用短尺得到与要求的精度相应的尾数。将各级数值结合,即可得到实测距离。

各级测尺长度 L_i 应满足

$$L_i = 0.5\lambda_{Mi} > R_i \qquad (3\text{-}27)$$

式(3-27)中,R_i 为第 i 级测尺预定的最大测程。

由此可确定各级测量相应的调制频率:

$$f_i = \frac{c}{\lambda_i} = \frac{0.5c}{L_i} \qquad (3\text{-}28)$$

例如,若要求测距范围小于 5 km,测距精度为 0.01 m,可先用一级测尺进行测量,其长度 $L_1 = 5$ km,调制频率为

$$f_1 = \frac{0.5 \times (3 \times 10^8 \text{ m/s})}{5 \times 10^3 \text{ m}} = 30 \text{ kHz} \qquad (3\text{-}29)$$

如果一级读数为 3 867 m,在 0.1% 测相精度条件下,与 $L_1 = 5$ km 对应的误差为 $\Delta R_1 = 5$ m。这意味着此读数的最后两位是不可靠的。

再选用二级测尺,长度 $L_2 = 100$ m,其频率为

$$f_2 = \frac{0.5 \times (3 \times 10^8 \text{ m/s})}{100 \text{ m}} = 1.5 \text{ MHz} \qquad (3\text{-}30)$$

如果二级读数为 66.5 m,在同样精度条件下,误差 $\Delta R_2 = 0.1$ m。这表明最末位可能有 ΔR_2 的误差,前两位可靠。

最后用三级测尺,$L_3 = 10$ m,$f_3 = 15$ MHz,若测值为 6.53 m,0.1% 精度对应的误差 $\Delta R_3 = 0.01$ m,则实测距离 $R = 3\,866.53$ m,误差 $\Delta R \leqslant 0.01$ m。

由此可见,因为相位差测量的相对误差限制,所以对远处目标做单级测量时,会存在很大的误差。当采用多个调制频率做分级测量时,不仅能克服连续波测量面临的"多值性"困难,还能确保测距精度。

为增大测距范围,提高系统的信噪比,确保测距精度,一般采用光学角反射器作为"合作目标"。它能使入射光波以很小的立体角返回,因而具有很大的有效目标截面 σ_T。

3.5.4 激光测速

1. 激光测速原理

激光可以用来测距,故也可以用来测速,具体做法是在一段小的时间间隔 $[t_1, t_2]$ 内对目标做两次测距,假设目标距离分别为 R_1、R_2,计算这段时间间隔内的距离变化率 $\bar{v} = (R_2 - R_1)/(t_2 - t_1)$,便可以得到"径向"速度。但是由于存在误差,这种测速方法测得的相对速度精度不高,且实时测速准确性差,特别是对于高速运动的物体,其测得的实时速度准确性将会变得更差。

另一种激光测速方法利用了光学中的多普勒效应。激光测速原理如图 3-49 所示,图中 P 为运动质点,v 是其运动速度,采用频率为 f_0 的激光照射该运动质点,其中一束散射光沿 PQ 方向进入探测器 D,我们称之为信号光。未被 P 散射的一束激光被 M_1、M_2 反射后也进入 D,我们称之为参考光。设 P 的速度 v 与入射光方向的夹角为 α,v 与散射光方向的夹角为 β。

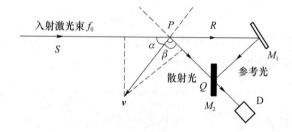

图 3-49 激光测速原理

由于 P 相对于光源运动,根据多普勒效应,它收到的激光频率为

$$f_1 = f_0 \left(1 + \frac{v\cos\alpha}{c} \right) \tag{3-31}$$

式(3-31)中,c 为真空中的光速;n 是 P 所在媒质的折射率,对于空气可近似为 $n \approx 1$。同时,P 相对于探测器 D 也有运动,故 D 收到的来自 P 的散射光频率为

$$f_2 = f_1 \left(1 + \frac{v\cos\beta}{c} \right) \tag{3-32}$$

将式(3-31)代入式(3-32),由于物体运动速度 $v \ll c$,故 $v^2\cos\alpha \cdot \cos\beta/c^2 \approx 0$,于是有

$$f_2 = f_0 \left[1 + \frac{v}{c}(\cos\alpha + \cos\beta) \right] \tag{3-33}$$

所以

$$f_d = f_2 - f_0 = \frac{f_0 v(\cos\alpha + \cos\beta)}{c} \tag{3-34}$$

这就是探测器 D 探测到的多普勒频差。

在激光雷达中,激光发射与接收常在同一处,故有 $\alpha = \beta$,于是得

$$f_d = \frac{f_0 v \cdot 2\cos\alpha}{c} \tag{3-35}$$

$$\lambda = \frac{c}{f} \tag{3-36}$$

从而

$$f_d = \frac{2v\cos\alpha}{\lambda} = \frac{2v_{/\!/}}{\lambda} \tag{3-37}$$

式(3-37)中，λ 是激光波长；$v_{/\!/}$ 为目标相对于探测器的径向速度。测出多普勒频移 f_d，就可得到目标的径向速度。

　　显然，多普勒频差 Δv 与目标径向速度成正比。由于频差测量精度极高，故可准确测知目标速度。即使对低速目标测速，测量结果也有足够高的精度。例如，对以径向速度 $v_{/\!/} = 10 \text{ mm/s}$ 运动的目标，用 He-Ne 激光对其进行测量时，相应的多普勒频移高达 $3 \times 10^4 \text{ Hz}$，目标的运动速度可以被很准确地测出。但若用 $\lambda = 30 \text{ mm}$ 的微波，则 $f_d < 0.7 \text{ Hz}$，这么小的频差则很难被测量。因此，对于低速、超低速目标，激光多普勒测速仪更具优越性。

2. 激光多普勒测速仪

　　典型的激光多普勒测速仪由激光器、光学系统、信号处理系统等组成，如图 3-50 所示。

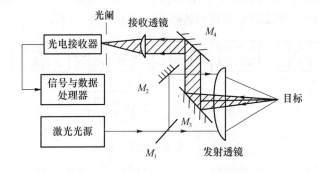

图 3-50　激光多普勒测速仪结构

　　由于激光器发射的激光本身处在光频段，其频率很高，因此多普勒频移相对于光源频率来说变化较小，需采用频谱极窄的激光或单频激光作为光源进行测量，如常用的 He-Ne 激光、氩离子激光、Nd∶YAG 固体激光等。光学系统一般有双散射型、参考光速型和单光束型三种，目前最常用的是双散射型。激光多普勒测速仪的光学系统由发射部分和接收部分构成。发射部分通过分束器 M_1 及反射器 M_2 把激光分成强度相等的两束平行光，然后通过发射透镜将两束激光汇聚在被测目标上，被测目标将激光散射并通过发射透镜接收，接着通过反射镜 M_3 和 M_4 反射进入接收透镜，将散射激光汇聚于光电接收器上，为避免外界杂散光进入光电接收器，通常会在它的前面增加小孔光阑。双散射型光路的多普勒频移只与两束入射光的方向有关，与散射光方向无关，在探测时不受现场条件限制，可在任意方向测量，且可使用大口径接收透镜，对散射光利用率高，具有较好的信噪比。由于激光多普勒信号非常复杂，需要进一步对其进行处理，常用的方法有频谱分析法、频率跟踪法、频率计数法、滤波器组分析法、光子计数相关法和扫描干涉法等。

3.5.5 激光告警

激光告警是一种为了对抗敌方的激光打击,预先探测和识别敌方来袭激光特征信息而发现敌方的技术,它包括对敌方激光信号进行实时截获、分析、识别,判断威胁程度并按预定的判断标准及时发出警告等过程。激光告警作为一种特殊的探测感知方法,一般固定在飞行器、装甲车等重要设备上,可探测、识别激光测距信号或制导武器发出的制导信号,判断威胁程度及决定是否提供警告,以此提示自身战斗成员采取迅速躲避、打开对抗设备等相应措施。

1. 激光告警系统组成与结构

激光告警设备通常由激光光学接收系统、光电传感器、信号处理器、显示与告警装置等部分组成,用于测量敌方激光辐射源的方向、波长、脉冲重复频率等技术参数。如图 3-51所示,激光光学接收系统截获敌方激光束,滤除大部分杂散光后,将激光束会聚到光电传感器上;光电传感器将光电信号转变为电信号后将其送至信号处理器;电信号经信号处理器处理后送至显示器;显示器可显示目标类型、威胁等级以及方位等有关信息,并发出告警信号。信号处理器还可将来袭目标的威胁信号数据通过接口装置直接送到与其交连的光电干扰设备中,直接启动和控制这些光电干扰设备。

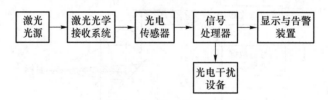

图 3-51　激光告警系统组成

由于激光具有高亮度、高相干性和高方向性的特点,因此激光一般有四种截获途径:主光束直接截获、散射截获、漫反射截获以及复合截获。根据激光辐射的特性,激光告警设备应具有精度高、准确性好、抗干扰能力强等特点。在动态范围相当宽的前提下,激光告警不仅需要具有高截获率和低虚警率,还要能够获得足够多的侦察信息,以便识别和启动有效的干扰措施。通常按探测工作原理将激光告警系统分为光谱识别型、成像型和相干识别型。

2. 激光告警原理

1) 光谱识别型激光告警设备

军用激光装备的工作波长目前仅有 $0.85~\mu m$、$1.06~\mu m$、$10.6~\mu m$ 等有限几个。若探测装置探测到其中某个波长的激光能量,那就意味着可能存在激光威胁。这就是光谱识别型激光告警的工作原理。光谱识别型激光告警设备是一种比较成熟的体制,技术难度小、成本低,开发的设备型号很多。它由探测头和处理器两个部分组成。探测头是由多个基本探测单元组成的阵列,可构成大空域监视,在相邻探测单元的视场间形成交叠。当某一光学通道收到激光时,激光入射方向必定在该通道光轴两旁的一定视场范围内,当相邻两通道同时收到激光时,激光入射方向必定在两通道视场角相重叠的视场范围内。以此类推,探测部件将整个警戒空域分为若干个区间。收到的激光脉冲由光电探测器(一般为 PIN 光电二极管)进行光电转换,经放大后输出为电脉冲信号,电脉冲信号经过预处理和信号处理,便可从各种虚假信息中实时鉴别信号、确定激光源参数并确定激光源方向。

对于光谱识别型激光告警设备的光学系统而言,定位分辨力特别是方位分辨力是该型设备设计的一个重要参数,直接关系到系统方案的好坏、系统的复杂程度和生产成本的高低。如定位分辨率为 45° 的 RL-1 激光告警光学系统,其配置为:水平方向有 4 套均布的激光探测器,顶上(垂直方向)有 1 套探测器,如图 3-52 所示。每一套探测器的视场为水平向 135°,垂直向 −67.5°～−20°,相邻探测器水平向视场重叠 45°,所以,整个水平视场被分为 8 个独立的视场区域,每个视场区域均为 45°。激光告警接收机通过输入孔径探测主光束、出口散射和气溶胶散射的激光辐射。主光束辐射的激光能量呈高斯分布,一般情况下,目标的光束直径只有几米;当发散度为 ±1.5 mrad 时,主光束在 5 km 远的目标上形成直径为 1.5 m 的光斑。由于发射机光学系统不完善或不洁净,部分激光能量偏离主光束形成散射,称之为出口散射。激光能量的另外一个组成部分是气溶胶散射,激光通道上的分子和大气微粒也会使部分激光能量落在主光束外,造成局部散射。光谱识别型激光告警接收机接收激光能量的方式大致有两种:接收大气气溶胶散射的激光能量;直接拦截激光束。

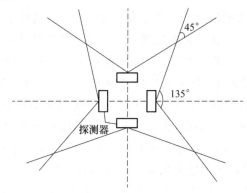

图 3-52　RL-1 激光告警光学系统的探测器布置(水平视场)

(1) 散射激光能量探测方式

散射探测式激光告警设备通过接收目标表面、地面、大气气溶胶等散射的激光辐射来实现激光探测和告警。在协同作战中,探测这种散射光可实现当临近车辆受到激光威胁时,对临近车辆发出激光告警信息。散射探测式激光告警设备光学系统的核心是一个特殊设计的圆锥棱镜(可用光学质量好的有机玻璃制造),其内有一个下凹的锥形,棱镜的下方依次为窄带干涉滤光镜、菲涅耳透镜和硅光电二极管探测器。菲涅耳透镜把透过窄带干涉滤光镜的光聚集在硅光电二极管探测器的光敏面上。该设备通过接收大气气溶胶散射的激光能量进行警戒,其探测器安装在装甲车辆的车顶,视场向外、向下展开,犹如一个锥形的罩子,将车辆完全罩住。它在垂直面上的视场宽度为 6°(范围是 −7°～−13°),在水平方向上的视场为 360°。来自任何方向的、射到车辆任何部位的激光散射和辐射,都必然要穿过这个罩子。当激光束穿越罩子时,大气气溶胶散射的激光能量就能被探测器接收。这种散射探测方式可以有效地警戒敌方激光束的照明,但不能确定激光源的方位。英国马可尼公司研制的空间散射光探测器是典型的设备之一,它有八个光口且这八个光口围成一个圆形,在入光口中有栅极、折射镜、物镜以及探测器等。

(2) 直接拦截探测方式

采用直接拦截探测方式,可实现对激光源的定位。多探测器拦截警戒就是一种比较简单的、可对激光源定位的拦截探测方式。多探测器通常由若干个分立的光学通道和电路组成。这种接收机探测灵敏度高、视场大、结构简单,光学系统不复杂,成本低,但角分辨率低,故只能大概判定结构入射方向。

2) 成像型激光告警设备

成像型激光告警设备通常采用广角远心鱼眼透镜和红外 CCD 或 PSD(位置传感探测器)器件,其优点如下。

① 视场大。采用广角远心鱼眼透镜可实现全空域的凝视监测,不需扫描,不存在由扫描可能引起的漏探测。

② 角分辨率高。采用 CCD 成像器件,象元尺寸小(μm 级),为精度定位提供先决条件。

③ 虚警率低。采用双光道和帧减技术,可消除背景干扰,突出激光信号,大大降低虚警率。

成像型激光告警设备的缺点是光学系统复杂,只能单波长工作且成本高,难以小型化。这种复杂的透镜组合系统通常由探测和显控两个部件组成,探测部件采用 180°视场的等距投影型广角鱼眼透镜作为物镜,视场覆盖整个上半球,可接收来自任何方向的激光辐射,接收的激光辐射通过光学系统成像在面阵 CCD 上。面阵 CCD 产生的整帧视频信号,可通过快速模-数转换器变换成数字形式,存储在单帧数字存储器中,当包含背景信号和激光信号的一帧写入存储器时,即与仅包含背景信号的老的一帧用数字方法相减。帧减的结果作为一个表示位置(方位角和俯仰角)的亮点,在显示器上显示出来。利用这种数字背景减去法,可以在显示器上把每个激光脉冲的位置都清晰地显示出来,并跟踪激光源的位置。由于面阵 CCD 的单个光点的定位精度接近 0.2 μm,角分辨率通常为零点几度到几度,因此可以精确确定辐射源的方位、光束特性(包括光谱特性、强度特性、偏振特性等)、时间特性和编码特性。

以典型的成像型激光告警设备为例,该系统采用了 100×100 的面阵 CCD 成像器件及双通道消除背景的方法,其工作原理为:鱼眼透镜通过 4:1分束镜把会聚的光分成束光并送入两个光学通道,其中 80%的光能通过窄带宽滤光片进入 CCD 摄像机的靶面,其余20%的光能经两块分束镜和窄带滤光片进一步分成 1:1的两条光学通道,并各自进入一个 PIN 硅光电二极管探测器中。进入 PIN 硅光电二极管探测器的两个通道的光,其中一个包含激光和背景信号,另一个只包含背景信号。两个 PIN 硅光电二极管的输出经差分放大和高速阈值比较器处理后,便可区分背景照明和激光辐射,产生音响及灯光指示。光电二极管有输出信号时,对 CCD 面阵输出的视频信号进行模数变换和数字帧相减处理,消去背景,突出激光光斑图像,由计算机解出激光源的角度信息并送火控系统或对抗系统,最终在显示器上以亮点的形式显示出来。

3) 相干识别型激光告警设备

激光辐射有高度的时间相干性,相干长度一般在零点几毫米到几十厘米之间,而非激光辐射的相干长度只有几微米。因此,用干涉仪调制入射激光可确定激光的波长和方向。激光入射干涉仪上便因受到调制而产生相长干涉和相消干涉,非激光入射其上则不产生干涉造成的强度调制,而表现为直流背景,二者便得以区别。这就是相干识别型激光告警设备的基本原理。

目前使用相干识别型激光告警设备测定激光波长最为有效。它用干涉仪光学系统给入射激光造成相干条件,利用形成的干涉条纹间距确定入射激光的波长,利用干涉图的横向位移量确定入射激光的方向。相干识别型激光告警设备的特点是不仅可以区分激光和非相干光,还可以测出入射激光的参数,其优点是识别波长能力强、虚警率低、视场大、定向精度高,缺点是制造工艺复杂、价格昂贵。目前比较实用的相干识别型激光告警设备采用法-珀干涉仪和迈克尔逊干涉仪。前者采用用法-珀干涉滤波器和光电二极管作为探测器,视场大、定向精度高;后者采用球面迈克尔逊干涉仪和面阵 CCD 摄像机探测激光。

(1) 法-珀(Fabry-Perot)干涉仪型激光告警设备

法-珀干涉仪又称为标准具。如图 3-53(a)所示,它是一块高质量透明材料(如玻璃或锗等)平板,两个通光面高度平行并且镀有反射膜,标准具的厚度一般为相干辐射波长的 $100\sim2\,000$ 倍,其上、下表面的反射率均在 $40\%\sim60\%$ 的范围内。标准具需绕平行于表面的轴旋转,并进行机械扫描,以调制相干辐射,然后根据光电探测器的输出,见图 3-53(b),可推导激光的入射方向和波长。入射激光的透射率随旋转角的变化而变化,当 F-P 标准具旋转,激光辐射的入射角为不同特定值时,或产生相干干涉,或产生相消干涉,因此透射光强信号是一个调频波,可由其频率最低点求出入射激光的角度,从而确定激光威胁源的方位。不同波长的激光所对应的调频波周期间隔不同,可由此确定激光波长。采用此类激光告警器可以有效屏蔽直流背景信号,消除背景光的干扰。F-P 型激光告警器具有视场大、虚警率低、角度分辨率高等优点,但由于这种激光告警器需要通过机械扫描才能确定激光的有无和特性参数,因此难以截获单次窄脉冲激光信号,同时工艺难度大、成本高也是制约它的主要因素。

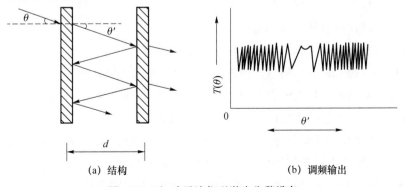

|(a) 结构|(b) 调频输出|

图 3-53　法-珀干涉仪型激光告警设备

（2）迈克尔逊(Michelson)干涉仪型激光告警设备

基于迈克尔逊干涉仪的凝视型激光告警系统的结构如图 3-54 所示,激光束通过鱼眼镜头聚焦在其后焦面 P 上,变换透镜的前焦面与 P 重合,因此激光经过变换透镜后变为平行光。为减轻背景光的干扰,变换透镜后面通常要加入滤光片。滤光后的平行激光进入迈克尔逊干涉仪,其由半透半反镜和半径为 R 的两球面反射镜组成,入射激光被半透半反镜分光后,受到两个反射镜的反射,再次通过半透半反镜的透/反射,在探测器上形成干涉条纹。迈克尔逊干涉仪型激光告警设备能以比较简单的方式确定入射激光的参数,当它收到激光辐射时,就在观测面上形成特有的牛眼型干涉图。该系统的工作特点有:利用阵列探测器检测干涉条纹;利用微机对检测数据进行处理;根据有无干涉条纹来确定是否受到激光的照射;根据干涉条纹间距计算激光波长;根据干涉图的位置确定激光的发射方向。与法-珀干涉仪型激光设备不同的是,该设备不做旋转运动,不进行机械扫描。整个装置由分束器、两个球面反射镜以及阵列探测器等部分组成。

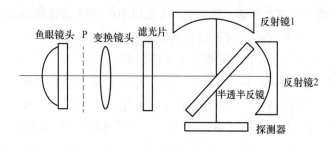

图 3-54　基于迈克尔逊干涉仪的凝视型激光告警系统的结构

习　题　3

1. 望远系统的原理是什么? 它的分类有哪些?

2. 请推导望远系统的放大率公式,提高望远系统放大率的方法有哪些?

3. 分别解释 CCD 和 CMOS 器件的含义,它们的电荷读出方式有什么区别?

4. 光学成像系统中的相对孔径是什么? 它对成像有什么影响?

5. 微光夜视仪由哪几个部分组成?

6. 像增强器由哪几个部分组成? 简述其工作过程。

7. 简述第一代、第二代、第三代微光夜视仪各自的特点及区别。

8. 红外探测原理是什么? 根据工作方式的不同,红外探测器可分为哪两类?

9. 红外探测器为什么需要制冷? 其制冷方式有哪些?

10. 红外热像仪由哪些部分组成? 它跟主动红外夜视仪的根本区别是什么?

11. 主动红外夜视仪和红外热像仪的根本区别是什么?

12. 第二代微光夜视仪与第一代微光夜视仪的根本区别是什么?

13. 红外伪装技术相比普通伪装技术有何优势？其核心原理是什么？

14. 对比普通物质发光原理,激光的产生原理是什么？

15. 激光器由哪些部分组成？各自的功能是什么？

16. 激光产生需要满足的三个必要条件分别是什么？

17. 简述脉冲激光测距仪的基本工作原理。

18. 光谱成像技术与普通成像技术的区别是什么？高光谱成像有什么应用？

19. 简述光电探测技术的主要特点和军事用途。

第**4**章 雷达探测技术

4.1 雷达概述

4.1.1 雷达技术起源

雷达作为获取战场信息的主要装备技术手段,在各国的军事装备史上均处于非常重要的地位。

1903 年,德国人威尔斯姆耶(Hulsmeyer)研制出了原始的船用防撞雷达,并探测到了从船上反射回来的电磁波,获得了专利权。

1922 年,英国人马可尼提出了一种船用防撞测角雷达的建议。同年,美国海军研究实验室的泰勒等人用一部波长为 5 m 的收发机分置的连续波试验装置探测到了一只木船。

1925 年,美国霍普金斯大学的 G·伯瑞特和 M·杜威第一次通过阴极射线管观测到了从电离层反射回来的短波脉冲回波,并测量了电离层高度。

1934 年,美国海军研究实验室的 R·M·佩奇第一次拍摄了 1.6 km 外一架单座飞机反射回来的电磁脉冲的照片。

1935 年,英国首先研制成功第一部雷达。该雷达发射频率为 12 MHz,可以探测 60 km 以外的轰炸机,当时被誉为战场上的“千里眼”。

1937 年,英国科学家瓦特研制成功第一部可使用的军用战斗机雷达。同年,英国西部沿岸正式部署了作战雷达网链“Chain Home”。

1938 年,美国信号公司制造了第一部 SCR-268 防空火力控制雷达,该雷达工作频率为 205 MHz,探测距离大于 180 km;美国无线电公司研制出第一部实用的 XAF 舰载雷达,并将其装在美国“纽约”号战舰上,该雷达对海面舰船的探测距离为 20 km,对飞机的探测距离为 160 km。

1939 年,英国在飞机上安装了世界上第一部机载预警雷达,该雷达工作频率为

200 MHz。同时,英国首先制造出了工作频率和功率分别为 3 000 MHz、1 kW 的磁控管, 大大促进了本国雷达技术的发展。

1943 年,美国研制成功了最早的微波炮瞄雷达,与指挥仪配合后,大幅度提高了高炮 射击的命中率。

二战期间,战争的需要极大地推动了雷达技术的蓬勃发展。收发开关的发明使接收 和发射通道可以共用同一副天线,简化了雷达系统;大功率磁控管发射机的发明大大提 高了雷达的探测性能。同时,雷达的工作频段由高频、甚高频逐步发展到了微波波段,甚 至 K 波段,逐步成为地面、车辆、舰船、飞机等作战平台和武器的非常重要的探测感知和 制导装备。

之后,美国集中了多国专门从事雷达研究的专家,编写了 28 本《辐射实验室丛书》, 全面系统地介绍了雷达的基本理论和技术。雷达技术相继开启了电扫相控阵天线和数 字处理技术的时代,其技术研究逐步从超远程、大批次、高精度、武器引导等领域,扩展到 反隐身、抗辐射、目标分类与识别等技术领域,相继出现了能有效探测卫星和远程弹道导 弹的超远程雷达、大功率速调管、合成孔径雷达、机载气象回避雷达、地面气象观测雷达、 机载动目标检测雷达和毫米波军用雷达,有效解决了侦察和监视在地面活动的各种军事 目标和飞行的空中目标以及侦察各种固定军事设施等问题。

4.1.2 雷达基本概念

1. 雷达的定义以及工作原理

"雷达"是英文单词"Radar"的译音,它是"Radio Detection and Ranging"的缩写,原 意是"无线电探测和测距",其基本功能是辐射电磁能并检测反射体(目标)的回波,由回 波信号的特性提供有关目标的信息。通过测量辐射能量传播到目标并返回雷达的时间 可得到距离。通过方向性天线(具有窄波束的天线)测量回波信号的到达角度可确定目 标的方位。随着新理论、新器件的出现,雷达技术的发展已进入新的阶段,其功能不仅限 于探测目标的空间位置、速度,还可提取有关目标的更多信息,如形状、尺寸、属性等。

雷达的基本工作原理如图 4-1 所示。

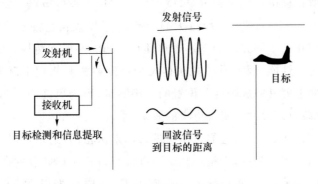

图 4-1 雷达的基本工作原理

2. 雷达的基本组成

雷达系统的基本组成如图 4-2 所示。雷达要发现目标,测定目标的坐标位置或其他参数,需具有产生、辐射和接收电磁波、测量电磁波往返时间以及指示目标方向等功能。因此,雷达系统需要包含能够完成这些任务的组成部分,即发射机、收发转换开关、天线、接收机、显示器、天线控制装置等。

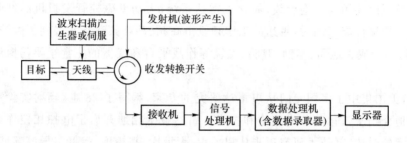

图 4-2 典型雷达系统组成简化框图

雷达系统各组成部分的功能如下。

发射机:在触发脉冲控制下产生射频脉冲进行发射。

接收机:将回波信号放大、滤波,并变换成视频回波脉冲,然后送入显示器。

天线:将发射机输出的电磁波形成波束,实现定向辐射和接收回波。

收发转换开关:存在于收发天线公用的系统中。发射脉冲时,该开关屏蔽天线与接收机之间的电磁波,联通发射机与天线;接收回波时,该开关屏蔽发射机与天线之间的电磁波,联通天线和接收机。

显示器:显示目标回波,指示目标位置,是操作员控制雷达工作的装置。

定时器:产生定时触发脉冲,并将其送到发射机等各个分系统,控制雷达全机同步工作。

伺服装置:控制天线转动,使天线波束依照一定的方式在空间扫描。

3. 雷达的工作频率

依据雷达的工作原理,无论发射波的频率如何,只要通过辐射电磁能量,利用从目标反射回来的回波对目标进行探测和定位,就都属于雷达工作的范畴。常用的雷达工作频率范围为 5 MHz~95 GHz,这是一个巨大的频率范围,所以雷达技术、性能及应用显著依赖于雷达频率的变化。不同频段的雷达通常具有不同的性能和特性。一般情况下,在雷达低频段易获得远程性能,因为低频易获得大功率发射机和物理上巨大的天线。另外,在更高的雷达频率上容易完成距离和位置的精确测量,因为更高的频率能提供更高的带宽,以及在给定天线物理尺寸时实现更窄的波束。

对于许多军用雷达而言,雷达的工作频带通常是保密的,通常情况下,不太方便用精确数值描述某雷达的工作频率,于是一些用字母代替雷达工作频段的命名方式被保留了下来。其中部分频段有时以波长来表示。例如:L 波段代表以 22 cm 为中心的 20~25 cm;S 代表 10 cm 为中心;C 代表 5 cm;X 代表 3 cm;Ku 代表 2.2 cm;Ka 代表 8 mm;

等等。IEEE 已正式把雷达字符波段命名标准化,并将波段约束在一定的频率范围内,如表 4-1 所示。例如,L 波段的频率范围应是 1～2 GHz,而 L 波段雷达的工作频率却被约束在 1.215 GHz 到 1.400 GHz 的范围。

表 4-1　IEEE 标准的雷达频率命名

频段名称	标准频率范围/GHz	国际电信联盟 Ⅱ 区分配给雷达的工作频率范围/GHz
HF	0.003～0.03	—
VHF	0.03～0.3	0.138～0.144、0.216～0.225
UHF	0.3～1	0.42～0.45、0.890～0.942
L	1～2	1.215～1.400
S	2～4	2.3～2.5、2.7～3.7
C	4～8	4.2～4.4、5.250～5.925
X	8～12	8.50～10.68
Ku	12～18	13.4～14.0、15.7～17.7
K	18～27	24.05～24.25、24.65～24.75
Ka	27～40	33.4～36.0
V	40～75	59～64
W	75～110	76～81、92～100

4. 雷达的分类

雷达的分类方法有很多,有的按照雷达信号的形式分类,有的按照雷达的工作频段分类,有的按照雷达的信号处理方式分类,有的按照雷达的用途分类,等等。

1)按雷达信号的形式分类

(1)脉冲雷达

脉冲雷达发射的信号波形是矩形脉冲,按一定的或可变的重复周期工作,这是应用比较广泛的波形。

(2)连续波雷达

连续波雷达发射连续的正弦波,主要用来测量目标的速度。若需同时测量目标的距离,往往要对发射信号进行调制,如对连续的正弦信号进行周期性的频率调制。

(3)脉冲压缩雷达

脉冲压缩雷达发射宽的矩形脉冲,在接收机中对收到的回波信号加以压缩处理,以得到窄脉冲。目前实现脉冲压缩主要有两种方法:线性调频脉冲压缩和相位编码脉冲压缩。

2)按雷达的工作频段分类

按雷达的工作频段分类是一种常用的分类方法。若以波长来分类,有米波雷达、分米波雷达、厘米波雷达和毫米波雷达。若用波段的名称来分类,有 L 波段雷达、S 波段雷达、X 波段雷达。

3) 按雷达的信号处理方式分类

按雷达的信号处理方式分类,有各种分集(频率分集、极化分集等)雷达、相参或非相参积累雷达、动目标显示雷达、动目标检测雷达、脉冲多普勒雷达、合成孔径雷达等。

4) 按雷达的用途分类

(1) 战略预警雷达

战略预警雷达也称超远程雷达。它的主要任务是发现洲际导弹和战略轰炸机,以便及早发出预警警报,其特点是作用距离远,可达数千公里,但其测量精度和分辨率不高。

(2) 搜索和警戒雷达

搜索和警戒雷达的任务是发现飞机,一般作用距离在 400～600 km 左右,对于坐标精度、分辨率的要求不高。雷达一般要求方位上的搜索范围为 360°。

(3) 引导指挥雷达

引导指挥雷达用于歼击机的引导和指挥作战,民用机场的调度雷达便属于此类。其特殊要求是:能同时检测多批次目标;能以较高的精度和分辨率测量目标的三个坐标,特别是测量目标的相对位置。

(4) 火控雷达

火控雷达的任务是控制火炮对目标进行自动跟踪,因此,它需要连续而准确地测定目标的坐标,并迅速将数据传递给火炮。这类雷达的作用距离较近,通常只有几十公里,但测量的精度较高。目前,炮瞄雷达向控制小口径高炮发展,且作用距离只要求在 20 km 左右,有的甚至只有 7～8 km。

(5) 制导雷达

制导雷达和炮瞄雷达同属精密跟踪雷达。在测定目标运动轨迹的同时,制导雷达控制导弹去攻击目标。制导雷达能同时跟踪多个目标,对分辨率的要求较高。

(6) 战场监视雷达

战场监视雷达用于发现坦克、军用车辆、部队和战场上的其他运动目标,作用距离只有几公里。

(7) 机载雷达

现代战斗机上火控系统的雷达具有多种功能,它能空对空搜索和截获目标、空对空制导、空对空精密测距和控制火炮、空对地观察地形和引导轰炸、敌我识别和寻航信标识别,有的雷达还兼有地形跟随和回避的作用,一部雷达往往具有七八种功能。机载雷达的共同特点是体积小、重量轻、可靠性高。

① 机载截击雷达。当歼击机按照指挥所命令接近敌机并进入有利空域时,就利用装在机上的截击雷达准确地测量敌机的位置,以便进行攻击。它要求测量目标具有较高的精度和分辨率,但作用距离不远。

② 机载轰炸瞄准雷达。这是装在轰炸机上的雷达,用于观察地面图像并确定投弹位置。这种雷达配有专用的计算装置,通过计算飞机的自身速度、高度以及风速等来确定投弹位置。

③ 机载护尾雷达。这种雷达可以发现和指示机尾后面一定距离内有无敌机,结构简单,不要求测定目标的准确位置,作用距离较近。

④ 机载导航雷达。这种雷达装在飞机上,可以显示地面图像,以便飞机在黑夜、大雨、浓雾情况下能正确航行。它要求测量目标具有较高的分辨率。

⑤ 无线电测高仪。这是一种装在飞机上的连续波调频雷达,用来测量飞机距地(海)面的高度。

(8) 雷达引信

雷达引信是一种装置在炮弹或导弹头上的一种小型雷达,用来测量弹头附近有无目标。当距离缩小到弹片足以击伤目标时,它可使炮弹或导弹爆炸,提高击中目标的命中率。

(9) 气象雷达

气象雷达可用来测量暴风雨和云层的位置及其移动路线。

(10) 航行管制雷达

在现代航空飞行运输体系中,要对机场周围及航路上的飞机实施严格的管制。航行管制雷达兼有警戒和引导的作用,有时也称其为机场监视雷达,它可以配合二次雷达使用。二次雷达地面设备发射询问信号,机上收到该信号后,用编码的形式发出一个回答信号,地面收到后将其显示在航行管制雷达显示器上,这样便可以鉴定空中目标的高度、速度和属性。

此外,还有一些具有其他用途的雷达,如宇航用雷达、雷达遥感、船用防撞雷达、公路车辆测速雷达等,这里不再一一列举。

5. 雷达的主要性能参数

雷达的性能可以分为战术性能和技术性能。雷达的战术性能是指与作战、使用有关的性能,它表明了雷达的用途和能力;雷达的技术性能是指为实现雷达战术性能而对整机和各分机提出的技术要求。两者之间有着密切的关系,后者往往根据前者的要求而定。

1) 雷达的主要战术性能参数

(1) 雷达的探测范围

雷达对目标进行连续观测的空域,叫作探测范围,又称威力范围,它决定雷达的最小可测距离和最大作用距离、仰角和方位角的探测范围。

(2) 测量目标参数的精确度或误差

精确度的高低是以测量误差的大小来衡量的。测量方法不同,精确度也不同。误差越小,精确度越高。雷达测量精确度的误差通常可分为系统误差、随机误差和疏失误差,所以测量结果往往会有一个规定的误差范围。例如,规定距离精度 $R' = (\Delta R)_{min}/2$,最大值法测角精度 $\theta' = (1/5 \sim 1/10)\theta_{0.5}$,等信号法测角精度通常比最大值法的测角精度高。对跟踪雷达而言,单脉冲体制雷达的测角精度为 $(1/200)\theta_{0.5}$,圆锥扫描体制雷达的测角精度为 $(1/50)\theta_{0.5}$,其中 $(\Delta R)_{min}$ 为距离分辨率,$\theta_{0.5}$ 为半功率波束宽度。

（3）分辨率

分辨率指雷达对两个相邻目标的区分能力。当两个目标在同一角度但处在不同距离上时，这两个目标的可区分的最小距离$(\Delta R)_{min}$称为距离分辨率，如图 4-3（a）所示。距离分辨率的定义为：在采用匹配滤波的雷达中，当第一个目标回波脉冲的后沿与第二个目标回波脉冲的前沿相接近以致不能区分两个目标时，作为可分辨的极限，这个极限间距就是距离分辨率，即

$$(\Delta R)_{min} = \frac{c\tau}{2} \tag{4-1}$$

式（4-1）表明，由于光速 c 是常数，所以 τ（脉冲宽度）越小，距离分辨率越好。

角分辨率是指在两个不同方向的点目标之间能区分的最小角度 $\Delta\theta$，如图 4-3（b）所示。在水平面内的角分辨率称为方位分辨率，在垂直面内的角分辨率称为仰角分辨率。

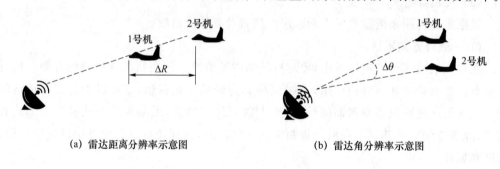

(a) 雷达距离分辨率示意图　　　　　　　　(b) 雷达角分辨率示意图

图 4-3　雷达分辨率示意图

（4）数据率

数据率是雷达对整个探测范围完成一次探测（即对威力范围内所有目标提供一次信息）所需时间的倒数，也就是单位时间内雷达对每个目标提供数据的次数，它表征搜索雷达和三坐标雷达的工作速度。例如，一部 10 秒完成威力区范围搜索的雷达，其数据率为 6 次/分钟。

（5）抗干扰能力

雷达通常在各种自然干扰和人力干扰（ECM）的条件下工作，其中主要是敌方施放的干扰（无源干扰和有源干扰）。这些干扰最终作用于雷达终端设备，严重时可能使雷达失去工作能力，所以近代雷达必须具有一定程度的抗干扰能力。

（6）工作可靠性

硬件的可靠性通常用两次故障之间的平均时间间隔来表示，这个平均时间间隔称为平均无故障时间，记为 MTBF。这一平均时间越长，可靠性越高。可靠性的另一标志是发生故障以后的平均修复时间，记为 MTTR。平均修复时间越短，可靠性越高。对于使用计算机的雷达，要考虑软件的可靠性。对于军用雷达，要考虑其在战争条件下的生存能力。

（7）体积和重量

总体说来，我们希望雷达的体积小、重量轻。雷达体积和重量取决于雷达的任务要

求、所用的器件和材料。机载和空间基雷达对体积和重量的要求很高。

（8）功耗及展开时间

功耗指雷达的电源消耗总功率。展开时间指雷达在机动中的架设和撤收时间。这两项性能对雷达的机动性十分重要。

（9）目标坐标或参数的数目

目标坐标是指目标的方位、斜距和仰角（或高度）。目标的参数除了指目标的坐标参数之外，还指目标的速度和性质（机型、架数、敌我）。对于边扫描边跟踪雷达，还要对多批目标建立航迹，进行跟踪。此时，跟踪目标批数、航迹建立的正确率也是重要的战术参数。

2）雷达的主要技术性能参数

（1）工作频率及工作带宽

雷达的工作频率是指雷达发射机的射频振荡频率，主要由目标的特性、电波传播条件、天线尺寸、高频器件的性能、雷达的测量精确度和功能等决定。工作带宽主要由抗干扰的要求决定。一般情况下，工作带宽为工作频率的 $5\%\sim10\%$，超宽带雷达为 35% 以上。

捷变频雷达可实现保密和抗干扰，即雷达的工作频率可以根据设置的程序跳变，以避开敌方的干扰信号。

（2）脉冲宽度 τ 和脉冲重复周期 T_r

雷达的脉冲宽度是指在发射的高频电磁波信号中，用于调制高频电磁波信号的脉冲信号的持续时间，可用 τ 来表示，如图 4-4 所示。脉冲宽度一般在 $0.05\sim20\ \mu s$ 之间，它不仅影响雷达探测能力，还影响距离分辨率。米波雷达的脉冲宽度一般在 $5\sim20\ \mu s$ 之间，厘米波雷达的脉冲宽度一般在 $0.5\sim2\ \mu s$ 之间。要求目标距离分辨率高的雷达（如炮瞄雷达）的脉冲宽度只有十分之几到百分之几微秒。早期雷达的脉冲宽度是不变的，现代雷达常采用具有多种脉冲宽度的信号以供选择。当采用脉冲压缩技术时，发射脉冲的宽度可达数百微秒。

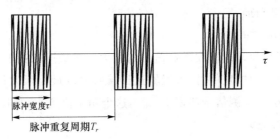

图 4-4　雷达发射的脉冲调制的高频信号

雷达的脉冲重复频率是雷达每秒发射脉冲信号的个数。脉冲重复频率的倒数称为脉冲重复周期，用 T_r 表示。雷达的重复周期一般为 $500\sim20\ 000\ \mu s$。

（3）脉冲功率和平均功率

雷达发射功率的大小影响雷达的作用距离，功率大则作用距离大。发射功率分为脉冲功率和平均功率。雷达在发射脉冲信号期间所输出的功率称为脉冲功率，用 P_t 表示；平均功率是指一个重复周期 T_r 内发射机输出功率的平均值，用 P_{av} 表示。它们的关系为

$$P_t \cdot \tau = P_{av} \cdot T_r \tag{4-2}$$

高频大功率的雷达发射信号的产生，受到器件、电源容量和效率等因素的限制。一般远程警戒雷达的脉冲功率为几百千瓦至兆瓦量级，中、近程火控雷达为几千瓦至几百千瓦量级。

（4）波瓣宽度

雷达发射无线电波都是聚集成束而带有方向性的，方向性的好坏可用波瓣宽度来衡量。波瓣宽度分为水平波瓣宽度和垂直波瓣宽度。水平波瓣宽度指的是在波束的水平截面内两个半功率点方向间的夹角。垂直波瓣宽度与此对应，指的是垂直波瓣图上两个半功率点方向之间的夹角。分辨率越高，波瓣宽度越窄，米波雷达的波束宽度在 10 度量级，而厘米波雷达的波束宽度在几度左右。

（5）天线的增益和扫描方式

天线的增益的近似表示式为

$$G = \frac{4\pi A}{\lambda^2} \tag{4-3}$$

式（4-3）中，A 为天线的有效截面积（单位：m^2）。天线的增益越大，则雷达的作用距离越远。

搜索和跟踪目标时，天线的主瓣在雷达的探测空域内以一定的规律运动，称为扫描，它可分为机械扫描和电扫描两大类。按照扫描时波束在空间的运动规律，扫描方式大致可分为圆周扫描、圆锥扫描、扇形扫描、锯齿形扫描和螺旋扫描等。常规的两坐标警戒雷达一般采用机械方式的圆周扫描，炮瞄雷达在跟踪时可以采用圆锥扫描。相控阵雷达采用电扫描的方式，波束指向由计算机决定，不要求阵列天线在空间做连续机械运动。有的雷达同时采用机械扫描和电扫描两种方式，例如，有的三坐标雷达在方位上采用机械扫描，在仰角上采用电扫描。

（6）接收机的灵敏度

接收机的灵敏度是指雷达接收微弱信号的能力。灵敏度的高低，是以接收机输出回波信号与噪声的比值达到规定值时，天线输送给接收机的最小回波信号功率的数值来表示的，称为接收机最小可检测信号功率 P_{rmin}。这个功率值越小，接收机的灵敏度越高，雷达的最大作用距离就越远。

（7）终端装置和雷达输出数据的形式

雷达最常用的终端装置是显示器。根据雷达任务和性质的不同，其所采用的显示器形式也不同。例如，按坐标形式分类，有极坐标形式的平面位置显示器，也有直角坐标形式的距离-方位显示器、距离-高度显示器，或者上述两种形式的变形。

对于带有计算机的雷达，显示器既是雷达的终端，又是计算机的终端，它既显示雷达接收机输出的原始信息，又显示计算机处理以后的各种数据。在半自动录取的雷达中，

仍然依靠显示器来录取目标的坐标。在全自动录取的雷达中,显示器则是人工监视的主要工具。显示器和键盘的组合常作为人与计算机对话的终端。

（8）电源供应

对于功率大的雷达,电源供应是一个重要的问题,特别是当其架设在野外无市电供应的地方时,还需要自己发电。电源的供应除了考虑功率容量之外,还要考虑频率。地面雷达采用 50 Hz 交流电;船舶和飞机上的雷达为了减轻重量而采用高频的交流电源,其中最常用的是 400 Hz 的交流电。

6. 雷达目标基本参数的测量

测量目标的参数是雷达的基本任务。目标基本参数包括距离、方位角、俯仰角（高度）、速度等。不同用途的雷达,对测量目标的参数的要求各不相同。

1）目标距离的测量

根据雷达发射同步脉冲与目标回波脉冲之间的时延 t_d（实际上经过一个来回的路程）,可求出目标的距离 R（见图 4-5）：

$$R=\frac{1}{2}ct_d \tag{4-4}$$

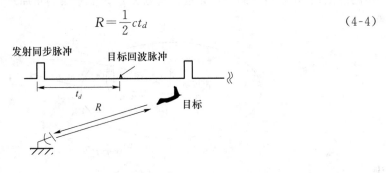

图 4-5　脉冲雷达测距

2）目标角度的测量

测量目标的方位角和俯仰角是雷达的基本任务。雷达测角是利用雷达天线波束的方向性来完成的。显然,雷达天线方位波束宽度越窄,则测量方位角精度越高;俯仰波束宽度越窄,测量俯仰角精度越高。

对于两坐标雷达而言,雷达天线的方位波束宽度很窄,而俯仰波束较宽,因此它只适合测方位角（见图 4-6）。对于三坐标雷达而言,雷达天线波束常为针状波束,方位和俯仰波束的宽度都很窄,能精确测量目标的方位和俯仰角。为了达到一定的俯仰空域覆盖,在俯仰方向上可进行一维波束扫描和多波束堆积,见图 4-7。

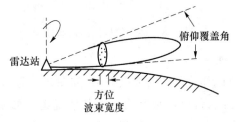

图 4-6　两坐标雷达天线余割波束示意图

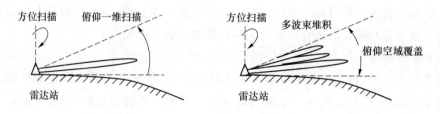

图 4-7   三坐标雷达天线方向图

雷达测角的方法有振幅法和相位法。振幅法可分为最大信号法、等信号法和最小信号法。最大信号法多用于空情报雷达,等信号法多用于精确跟踪雷达,最小信号法已很少使用。相位法多在相控阵雷达中使用。

(1) 最大信号法测角原理

最大信号法测角原理如图 4-8 所示。收到的回波信号经过门限处理后,从通过门限的目标回波信号中找出信号幅度最大处所对应的角度,也就是雷达天线波束中心指向目标的时刻,它就是目标的方位角度。这就是最大信号法测角原理。

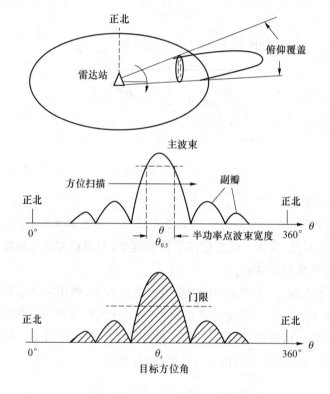

图 4-8   最大信号法测角原理

(2) 等信号法测角原理

等信号法采用两个彼此部分重叠的天线波束,如图 4-9 所示。两波束的相交点与原点的连线 OA 叫作等信号线,每个波束都有一个接收通道。如果目标处在等信号线上,比如目标 T_1,则两个接收通道收到的目标回波幅度相等,即 $u_1 = u_2$,这便是目标的准确角度;反之,则 u_1 与 u_2 不相等,如目标 $T_2(u_1>u_2)$。由两个接收通道接收的目标回波幅度的大小,就可以知道该目标偏离等信号线的大小和方向。

等信号法的优点是测角精度高,可以实现对目标的精密跟踪;缺点是设备较为复杂。等信号法在精密跟踪雷达中被广泛使用。

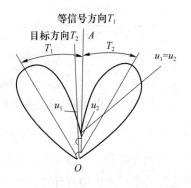

图 4-9 等信号法测角原理

(3) 相位法测角原理

相位法测角原理如图 4-10 所示。图 4-9 中有两副天线和两个接收通道,两副天线之间的间隔为 d。当目标与雷达天线法线之间的夹角为 θ 时,两副天线收到的目标回波信号的波程差为 $\Delta R=d\sin\theta$,将波程差转换为相位差 $\Delta\varphi$,最后由相位比较器测得 $\Delta\varphi$:

$$\Delta\varphi=\frac{2\pi\Delta R}{\lambda}=\frac{2\pi d\sin\theta}{\lambda} \tag{4-5}$$

式(4-5)中,雷达工作波长 λ 和两天线之间的间隔 d 是已知的。由相位比较器测出相位差 $\Delta\varphi$ 后,根据式(4-5)就可以求出目标的角度 θ。

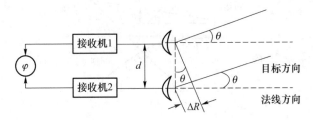

图 4-10 相位法测角原理

3) 目标高度的测量

测量目标的高度是三坐标雷达的主要任务。对于近距离目标而言,地面可被看作一平面,这时目标的高度 H 可以根据目标的斜距 R 和目标的俯仰角 θ 计算得出(见图 4-11),即

$$H=R\sin\theta \tag{4-6}$$

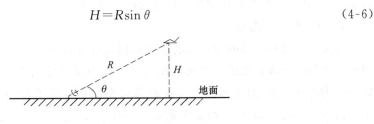

图 4-11 测高原理示意图

对于远距离目标而言,地面不能被看作平面,电波传播也不能被看作直线。由于传播介质的不均匀性,电波传播发生了弯曲,如图 4-12(a)所示。如果我们把地球看作一个更大的球体,那么也就可以将较远距离的电波传播等效地看作直线传播,图 4-12(b)所示。

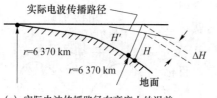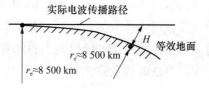

(a) 实际电波传播路径在高度上的误差　　　　　(b) 电波传播等效直线示意图

图 4-12　远距离测高实际和等效示意图

由地球半径 $r=6\,370\,\text{km}$ 可求得地球的等效半径 $r_{\text{e}}\approx8\,500\,\text{km}$。这时根据图 4-12 所示的几何关系可求出测高计算公式。在如图 4-13 所示的 $\triangle OAB$ 中,利用余弦定理不难得出:

$$(r_{\text{e}}+H)^2=R^2+(r_{\text{e}}+H_{\text{a}})^2-2R(r_{\text{e}}+H_{\text{a}})\cos(90°+\theta) \tag{4-7}$$

因为 $r_{\text{e}}\gg H_{\text{a}}$,故省略小项可得:

$$H\approx H_{\text{a}}+\frac{R^2}{2r_{\text{e}}}+R\sin\theta=H_{\text{a}}+\frac{R^2}{17\,000}+R\sin\theta \tag{4-8}$$

式(4-8)中,H 为目标高度;H_{a} 为雷达天线架设高度;R 为目标斜距;θ 为目标俯仰角度;r_{e} 为等效地球的曲率半径。

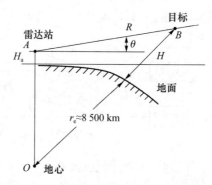

图 4-13　考虑地球曲率影响时的测高公式推导关系图

可见,在 H_{a} 已知的前提下,只要雷达测出目标斜距 R 和俯仰角 θ,就可利用式(4-8)求出目标的高度 H。测量值 R 和 θ 的精度将直接影响测高精度。当前,雷达测距的精度还是比较高的,其所能达到的测高精度为数十米,关键在于测俯仰角的精度。

4) 目标速度的测量

测量目标相对雷达的径向运动速度是现代雷达的任务之一,它对雷达情报的综合利用和作战指挥有重要作用。径向运动速度可以用求微分的方法求得。而在现代全相参体制的雷达系统中,则更多利用多普勒频移来测量目标的径向运动速度,如图 4-14 所示。具体计算公式如下(详细推导见 4.3.1 节):

$$f_{\text{d}}=f_{\text{r}}-f_0=\frac{2v_{\text{r}}}{\lambda}=\frac{2v\cos\theta}{\lambda} \tag{4-9}$$

式(4-9)中,f_0 为雷达发射信号频率,f_{r} 为雷达接收的运动目标回波信号的频率,则频差 $f_{\text{r}}-f_0$ 就是由运动目标所产生的多普勒频移 f_{d};λ 是雷达波长,$\lambda=c/f_0$,单位是 m;v 是目标绝对速度,单位是 m/s;θ 是目标方向和雷达波束之间的夹角;$v_r = v\cos\theta$ 是目标相对速度(相对于雷达),单位为 m/s。

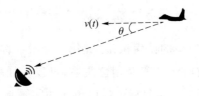

图 4-14 多普勒频移与目标径向运动速度之间的关系

4.2 雷达方程

4.2.1 雷达目标特性

雷达是通过接收反射体(目标)对雷达电磁信号的反射回波来发现目标的。目标的大小和性质不同,对雷达电磁信号的散射特性就不同,雷达所能接收的回波信息也不同。在实际情况中,目标的反射机理比较复杂,根据目标结构尺寸和入射电磁波特性,反射包括镜面反射、漫反射、谐振辐射、绕射等多种形式。于是,一个表征雷达目标对于照射电磁波散射能力的物理量被引入,我们将这个物理量称为目标的雷达散射截面积(Radar Cross Section,RCS),一般记为 σ。它不仅与目标的几何尺寸、形状、材料有关,还与入射波频率、极化形式、入射方向有关。

RCS 是一个假想的等效面积。如果将 RCS 等效为 σ 的物体放在与电磁波传播方向相垂直的平面上,它将无损耗地把入射功率全部、均匀地向各个方向传播出去,且在雷达处由雷达所接收的散射功率密度与实际目标的二次辐射所产生的散射功率密度相等。

总体说来,雷达散射截面积越大,说明物体散射电磁波的能力越强,该物体越容易产生较强的散射波,越容易被雷达探测。因此,军事装备的雷达散射截面应尽量小一些,在设计结构和选择材料时,应进行雷达散射截面的缩减设计,即雷达隐身设计,使得目标不易被雷达发现。

另外,根据目标自身的体形结构和雷达分辨单元的大小,可以将雷达目标分为点目标和分布式目标两种类型。如果一个目标的空间体积明显小于雷达的分辨单元体积(空间分辨单元),则该目标相对雷达而言算作点目标。像飞机、卫星、导弹、船只等雷达目标,当用普通低分辨率的雷达观测时,就可以将其当作点目标。

本节中的基本雷达方程主要考虑点目标。而对于一个具有复杂外形的目标,它的RCS 是无法用计算的方法求出的,只能通过大量的测试,然后通过求统计平均值来确定 σ 值。飞机、舰艇、地物等复杂目标的雷达截面积是视角和工作波长的复杂函数。尺寸大的复杂反射体常常可以近似分解成许多独立的散射体,每一个独立散射体的尺寸仍处于

光学区,各部分没有相互作用,在这样的条件下,总的雷达截面积就是各部分截面积的矢量和:

$$\sigma = \left| \sum_k \sqrt{\sigma_k} \exp\left(\frac{j \cdot 2\pi d_k}{\lambda}\right) \right|^2 \qquad (4\text{-}10)$$

式(4-10)中,σ_k 是第 k 个散射体的截面积;d_k 是第 k 个散射体与雷达之间的距离;λ 为波长。各独立单元的反射回波由于其相对相位关系,可以相加得到大的雷达截面积,也可以相减得到小的雷达截面积。复杂目标各散射单元的间隔是可以和工作波长相比的,因此,当视角改变时,在接收机输入端收到的各单元散射信号间的相位也在变化,其矢量和相应改变,就形成了起伏的回波信号。图 4-15 为螺旋桨飞机 B-26 的雷达截面积。从图 4-15 可以看出,RCS 是视角的函数,且变化比较大。

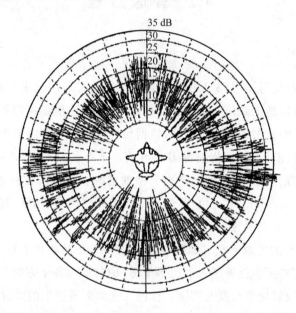

图 4-15　螺旋桨飞机 B-26 的雷达截面积

表 4-2 和表 4-3 列出了几种目标在微波波段时的 RCS。作为参考示例,这些数据不能完全反映复杂目标截面积的性质,只是截面积"平均"值的一个度量。

表 4-2　目标的 RCS 举例(微波波段)

目标	雷达截面积/m²	目标	雷达截面积/m²
大型舰艇	＞20 000	大型歼击机	6
中型舰艇	3 000～10 000	小型歼击机	2
小型舰艇	50～250	小型单人发动机飞机	1
巨型客机	100	人	1
大型轰炸机或客机	40	普通有翼无人驾驶导弹	0.50
中型轰炸机或客机	20	鸟	0.01

表 4-3　典型飞机的 RCS 举例(微波波段)

目标	雷达截面积/m²	目标	雷达截面积/m²
FB-111	7	B1-B	0.750
F-4	6	B-2	0.100
米格-21	4	F-117A	0.017
"阵风"D	2		

4.2.2　基本雷达方程

雷达的作用距离是雷达的重要性能指标之一,它反映雷达能在多大距离范围内发现目标。作用距离的大小取决于雷达本身的性能。估算作用距离的大小不仅有利于我们深入理解雷达各分机参数以及环境因素对雷达性能的影响,还可以帮助我们正确选择符合实际需求的雷达各分机。

下面进行基本雷达方程的推导,以确定作用距离和雷达参数以及目标特性之间的关系。本节的基本雷达方程包括如下假设条件:第一,针对单基地雷达;第二,电磁波在理想无损耗的自由空间中传播。

假设雷达发射机功率为 P_t,将其馈送到天线后,由天线将电磁能量作各向同性(全方向)辐射。由于电磁能量以等强度向所有的方向辐射,于是雷达所在之处为球心,与雷达相距为 R 的假设球体表面的功率密度,将是球体表面上的总功率与球体的总表面积 $4\pi R^2$ 的商。假设传播介质无损耗,且能量守恒,因此,在距离雷达 R 处时,球体表面的功率密度 S 为

$$S=\frac{P_t}{4\pi R^2}(\text{W/m}^2)\tag{4-11}$$

如果将增益为 1 的全方向性天线换为功率增益为 G_t 的定向天线,便会形成一个将能量聚集成束的方向性波束,如图 4-16 所示。这时,在距离 R 处的波束内的功率密度为 S_1,且

$$S_1=S\cdot G_t=\frac{P_t}{4\pi R^2}G_t(\text{W/m}^2)\tag{4-12}$$

假设在距离 R 处的波束内有一个目标,且传播的电磁波会碰上此目标,于是,入射能量将向不同的方向散射,其中一些能量会向雷达反射(后向散射)。向雷达方向反射回的能量由目标所在处的功率密度和目标的雷达截面积(RCS)σ 确定。σ 是衡量目标反射电磁波能力的尺度,它用面积表征。那么目标的反射功率 P_1 为

$$P_1=S_1\cdot\sigma=\frac{P_tG_t\sigma}{4\pi R^2}(\text{W})\tag{4-13}$$

于是,到达雷达所在位置的后向散射波的功率密度 S_2 为

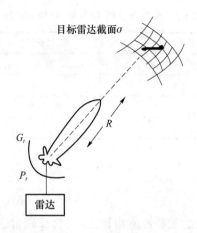

图 4-16　基本雷达方程推导示意图

$$S_2 = \frac{反射功率}{4\pi R^2} \cdot \frac{P_1}{4\pi R^2} = \frac{P_t G_t \sigma}{4\pi R^2} \cdot \frac{1}{4\pi R^2} \ (\mathrm{W/m^2}) \tag{4-14}$$

在雷达接收天线处,天线以有效孔径 A_e 对电磁波进行接收,接收的回波功率 P_r 为

$$P_\mathrm{r} = S_2 \cdot A_\mathrm{e} = \frac{P_t G_t \sigma}{4\pi R^2} \cdot \frac{1}{4\pi R^2} \cdot A_\mathrm{e} \ (\mathrm{W}) \tag{4-15}$$

式(4-15)可以写成如下形式:

$$P_\mathrm{r} = P_t G_t \cdot \frac{1}{4\pi R^2} \cdot \sigma \cdot \frac{1}{4\pi R^2} \cdot A_\mathrm{e} (\mathrm{W})$$

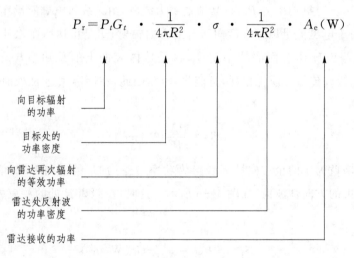

天线有效孔径和增益之间的关系为

$$A_\mathrm{e} = \frac{G_\mathrm{r} \lambda^2}{4\pi} (\mathrm{m^2}) \tag{4-16}$$

式(4-16)中,λ 是电磁波波长;G_r 是接收天线增益。因此雷达天线接收的回波功率为

$$P_\mathrm{r} = \frac{P_t G_t G_\mathrm{r} \lambda^2 \sigma}{(4\pi)^3 R^4} (\mathrm{W}) \tag{4-17}$$

单基地脉冲雷达通常用同一天线来进行发射和接收,此时 $G_t = G_\mathrm{r} = G$。在这种情况下,雷达收到的回波功率将变为

$$P_r = \frac{P_t G^2 \lambda^2 \sigma}{(4\pi)^3 R^4} (\text{W}) \tag{4-18}$$

根据上面的分析和表达式可以看出,接收的回波功率 P_r 反比于 R(目标与雷达站的距离)的四次方,这是因为在一次雷达中,信号功率经过往返双倍的距离路程,能量衰减很大。收到的功率 P_r 必须超过雷达接收机灵敏度(最小可检测信号功率 $S_{i\,min}$),雷达才能可靠地发现目标;当 P_r 正好等于 $S_{i\,min}$ 时,可得到雷达检测该目标的最大作用距离。一旦超过这个距离,接收的信号功率进一步减小,雷达便不能可靠地检测到目标。它们的关系式可以表达为

$$P_r = S_{i\,min} = \frac{P_t G^2 \lambda^2 \sigma}{(4\pi)^3 R_{max}^4} (\text{W}) \tag{4-19}$$

或者

$$R_{max} = \left[\frac{P_t G^2 \lambda^2 \sigma}{(4\pi)^3 S_{i\,min}}\right]^{\frac{1}{4}} (\text{m}) \tag{4-20}$$

另外,也可以采用天线有效孔径来描述两者的关系,即

$$R_{max} = \left[\frac{P_t \sigma A_e^2}{4\pi \lambda^2 S_{i\,min}}\right]^{\frac{1}{4}} (\text{m}) \tag{4-21}$$

式(4-20)和式(4-21)是雷达距离方程的基本形式,它表明了雷达作用距离(或雷达对目标的最大发现距离 R_{max})与雷达参数以及目标特性之间的关系。习惯上,以天线增益表示 R_{max} 的基本雷达方程(4-20)的应用更加广泛。

下面对雷达基本方程进行讨论,为提高雷达的最大作用距离,可从以下几方面入手。

① 由于 $R_{max} \propto P_t^{1/4}$,所以 P_t 增大可使 R_{max} 增大,即应尽可能选用高发射脉冲功率。

② 由于 $R_{max} \propto G^{1/2}$,所以 G 增大可使 R_{max} 增大,又 G 与 A 成正比,故应尽可能选用大孔径天线。

③ 由于 $R_{max} \propto (1/S_{i\,min})^{1/4}$,所以 $S_{i\,min}$ 减小可使 R_{max} 增大,即应尽可能提高接收机灵敏度。

但在实际应用中,这些因素彼此之间是存在矛盾的。例如,P_t 增高会产生高压击穿打火,设备重量会增加;雷达天线孔径 A 增大,会影响雷达抗风能力的设计、机动性设计和结构设计等。因此,需根据具体的战术和技术性能要求来权衡考虑。

在式(4-20)和式(4-21)中,前者的 R_{max} 与 $\lambda^{1/2}$ 成正比,后者的 R_{max} 却与 $\lambda^{1/2}$ 成反比。这里看似矛盾,其实并不矛盾。这是由于在式(4-21)中,当天线面积不变、波长增加时,天线增益下降,作用距离减小;而在式(4-20)中,当天线增益不变、波长增加时,要求的天线面积增大,有效面积增加,从而使得作用距离增加。雷达的工作波长是系统的主要参数,它将影响到发射功率、接收灵敏度、天线尺寸和测量精度等众多因素。

4.2.3　最小可检测信号的确定

如上一节所述,雷达的最大作用距离 R_{max} 是最小可检测信号(灵敏度)$S_{i\,min}$ 的函数。

在雷达接收机的输出端,微弱的回波信号总是和噪声及其他干扰混杂在一起的,这里先集中讨论噪声的影响。在一般情况下,噪声是限制微弱信号检测的基本因素。假如只有信号而没有噪声,任何微弱的信号在理论上都可以经过任意放大后被检测,那么,实际上雷达发现目标(检测)的能力本质上取决于信号噪声功率比(Signal-to-Noise Ratio, SNR),简称信噪比。为计算最小检测信号 $S_{i\,min}$,必须首先确定雷达可靠检测时所需的信号噪声比值。

进一步,在综合考虑噪声、干扰、杂波的情况下,雷达要想发现目标,回波信号除了要与噪声抗争之外,还必须与进入接收机的干扰、杂波抗争。雷达的检测能力取决于进入接收机的信号与噪声、干扰、杂波的功率比。

1. 门限检测

接收机噪声通常是宽频带的高斯噪声,雷达检测微弱信号的能力将受到与信号能量谱占有相同频带的噪声能量的限制。由于噪声的起伏特性,判断信号是否出现成了一个统计问题,必须按照某种统计检测标准进行判断。

在接收系统中,首先通过接收机、信号处理机对单个脉冲信号进行滤波,然后进行检波,有些雷达在 n 个脉冲积累后再检测。如果处理后的信号加噪声超过某一个确定门限,检测器就判定有目标,同时在显示器上出现一个明亮的目标标志信号;反之,显示器仍保持空白。这就是门限检测的原理,如图 4-17 所示。

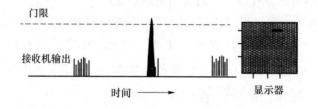

图 4-17　门限检测示意图

由于噪声的随机特性,接收机输出的包络出现起伏,门限检测可能正确,也可能错误。如图 4-18 所示,A、B、C 表示信号加噪声的波形,如果包络电压超过门限值,就认为检测到一个目标。在图 4-18 中,A 信号比较强,要检测目标不难。在 B 点和 C 点,目标回波的幅度相同,但在叠加噪声之后,B 点的总幅度刚刚达到门限值,也可以检测到目标。而在 C 点,由于噪声的影响,其合成振幅较小而不能超过门限,这时就会丢失目标。我们可以用降低门限电平的办法来检测 C 点的信号或其他弱回波信号,但降低门限后,只有噪声存在时,其尖峰超过门限电平的概率也会增大。噪声超过门限电平而被误认为信号的事件称为"虚警(虚假的警报)",产生虚警的机会称为虚警概率,"虚警"是应该设法避免的事情。

显然,门限的设置对于检测目标至关重要。如果门限太高,本来可以检测到的目标就可能无法被发现;如果门限太低,则虚警太多。最佳设置电平应高于平均噪声电平一

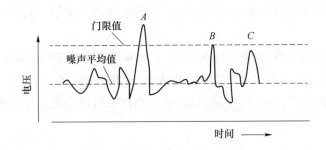

图 4-18　门限检测的不同情况

定的量，以使虚警概率不超过允许值。由于噪声的随机性，平均噪声电平以及系统增益可能在很大范围内变化。因而，必须连续监视噪声电平，以保持最佳的门限设置状态，并总是尽可能地调整门限的设置值，使得检测器的虚警概率为一个选定值。如果虚警概率太大，就提高门限；如果虚警概率太小，就降低门限。实际上，这就是通常所说的恒虚警率检测器（Constant False Alarm Rate Detector，CFAR）。

门限检测是一种统计检测，由于信号叠加了噪声，所以可能出现以下 4 种情况。

① 存在目标时，判为有目标。这是一种正确判断，被称为"发现"，它的概率称为检测概率或发现概率，用 P_{d} 表示。

② 存在目标时，判为无目标。这是一种错误判断，被称为"漏报"，它的概率称为漏报概率 P_{la}。

③ 不存在目标时，判为无目标。这被称为"正确不发现"，它的概率称为正确不发现概率 P_{an}。

④ 不存在目标时，判为有目标。这是一种错误判断，它的概率称为虚警概率 P_{fa}。

显然，4 种概率存在以下关系：

$$P_{\mathrm{d}}+P_{\mathrm{la}}=1, \qquad P_{\mathrm{an}}+P_{\mathrm{fa}}=1 \tag{4-22}$$

因此，我们只需知道每对概率的其中一个即可。常用的概率为发现概率和虚警概率。

2. 检测性能与信噪比

雷达信号检测中通常采用奈曼-皮尔逊准则，这个准则要求在给定信噪比的条件下，满足一定虚警概率 P_{fa} 时的发现概率 P_{d} 最大。换句话说，雷达对目标的发现能力由其发现概率 P_{d} 和虚警概率 P_{fa} 来描述，P_{d} 越大，发现目标的可能性越大，与此同时，P_{fa} 的值不能超过允许值。而接收机信号处理输出端（检波器的输入端）的信号功率和噪声功率的比值，即 $(S/N)_{\mathrm{o}}=D_{\mathrm{o}}$，与检测性能直接相关，如果求出了在确定 P_{d} 和 P_{fa} 条件下所需的 D_{o} 值，即可求得最小可检测信号 $S_{\mathrm{i\,min}}$。将此值代入雷达方程，即可估算雷达的作用距离。

下面分别讨论虚警概率 P_{fa} 和发现概率 P_{d}。

1）虚警概率与虚警时间

虚警是指没有信号仅有噪声时，噪声电平超过门限值而被误认为信号的事件。噪声超过门限的概率称为虚警概率,它与噪声统计特性、噪声功率以及门限电压的大小密切相关。

加到接收机中频滤波器(或中频放大器)上的噪声通常是零均值宽带高斯噪声,高斯噪声通过接收机处理(相当于过窄带中频滤波器,且其带宽远小于其中心频率)后加到包络检波器,根据随机信号分析的有关知识,包络检波器输出端噪声电压振幅的概率密度函数为

$$p(r) = \frac{r}{\sigma^2} \exp\left(-\frac{r^2}{2\sigma^2}\right), \quad r \geqslant 0 \tag{4-23}$$

式(4-23)中,r 表示检波器输出端噪声包络的振幅值;而 σ^2 是加到接收机中频滤波器上的高斯噪声的方差。包络振幅的概率密度函数 $p(r)$ 服从瑞利分布。若设置门限电平为 U_T,则噪声包络电压超过门限电平的概率就是虚警概率 P_{fa},其计算公式如下:

$$P_{fa} = P(U_T \leqslant r < \infty) = \int_{U_T}^{\infty} \frac{r}{\sigma^2} \exp\left(-\frac{r^2}{2\sigma^2}\right) dr = \exp\left(-\frac{U_T^2}{2\sigma^2}\right) \tag{4-24}$$

或者

$$\frac{U_T^2}{2\sigma^2} = \ln \frac{1}{P_{fa}} \tag{4-25}$$

图 4-19 给出了输出噪声包络的概率密度函数并定性地说明了虚警概率与门限电平之间的关系。当噪声分布函数一定时,虚警概率的大小完全取决于门限电平。

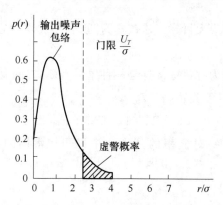

图 4-19 门限电平和虚警概率

雷达工程师除了使用虚警概率表征虚警数量之外,还常常用到虚警时间 T_{fa},二者之间具有确定的关系。虚警时间的定义不止一种,这里采用卡普伦定义。虚警时间 T_{fa} 定义为虚假回波(噪声超过门限)之间的平均时间间隔(如图 4-20 所示),即

$$T_{fa} = \lim_{N \to \infty} \frac{1}{N} \sum_{k=1}^{N} T_k \tag{4-26}$$

显然,虚警时间越大,虚警概率越小,出现虚假回波的机会越小。此处 T_k 为噪声包络电压 r 超过门限 U_T 的时间间隔。虚警概率 P_{fa} 是指仅有噪声存在时,噪声包络电压 r

超过门限 U_T 的概率,可用噪声包络实际超过门限的总时间与观察时间之比来近似求得:

$$P_{\text{fa}} = \frac{\sum\limits_{k=1}^{N} t_k}{\sum\limits_{k=1}^{N} T_k} = \frac{(t_k)_{\text{平均}}}{(T_k)_{\text{平均}}} = \frac{1}{T_{\text{fa}} B_{\text{IF}}} \tag{4-27}$$

式(4-27)中,噪声脉冲的平均宽度$(t_k)_{\text{平均}}$近似为接收机中频带宽 B_{IF} 的倒数。

雷达实际要求的虚警概率一般是很小的,如 10^{-6}、10^{-8}、10^{-10} 等。

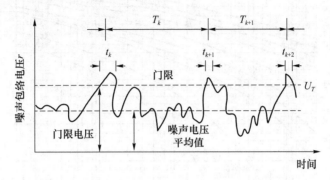

图 4-20   虚警时间与虚警概率

2)发现概率与信噪比

我们必须首先研究信号加噪声通过接收机的情况,然后才能计算信号加噪声电压超过门限的概率,也就是发现概率 P_{d},也称为检测概率。

在雷达中,典型情况为正弦信号同高斯噪声一起输入中频滤波器,经过处理后再到包络检波器。根据统计检测理论,信号加噪声的包络 r 的概率密度函数 $p_{\text{d}}(r)$ 服从广义瑞利分布(如图 4-21 所示),有时也称为莱斯(Rice)分布,σ^2 是加到接收机中频滤波器上高斯噪声的均方根。

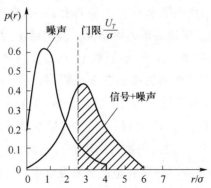

图 4-21   概率密度与发现概率

目标被发现的概率就是信号加噪声的包络 r 超过预定门限 U_T 的概率(如图 4-21 中所示的阴影部分面积),因此发现概率 P_{d} 为

$$P_{\text{d}} = \int_{U_T}^{\infty} p_{\text{d}}(r)\,\text{d}r \tag{4-28}$$

计算这个复杂的积分需要采用数值技术或级数近似。以检测因子 D_o（信噪比）为变量，以虚警概率为参变量绘制的曲线如图 4-22 所示。根据前面已经讲到的内容，当噪声强度确定时，虚警概率取决于门限电平，因此，图 4-22 实际上是以门限电平为参变量的。

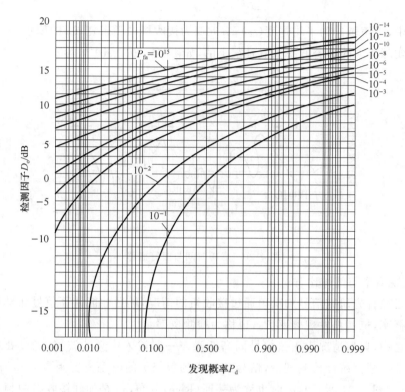

图 4-22 发现概率与检测因子的关系曲线

由图 4-22 可以看出，当虚警概率一定时，信噪比越大，发现概率越大。也就是说，门限电平一定时，发现概率随信噪比的增大而增大。换句话说，如果信噪比一定，则虚警概率越小（门限电平越高），发现概率越小；虚警概率越大，发现概率越大。这个关系也可以进一步用噪声和信号加噪声的概率密度函数来说明（如图 4-21 所示）。图 4-21 给出了只有噪声以及信号加噪声两种情况下的概率密度函数，信号加噪声的概率密度函数变量 r/σ 超过相对门限值 U_T/σ 的曲线下的面积就是发现概率，而仅有噪声存在时包络超过门限电平的概率就是虚警概率。显然，当相对门限 U_T/σ 提高时，虚警概率降低，但发现概率也会降低。因此，如果虚警概率一定时想提高发现概率，则必须提高信噪比。

通常情况下，具体雷达系统会根据实际应用对发现概率和虚警时间（或虚警概率）提出要求。根据给定的发现概率和虚警时间（或虚警概率），就可以从图 4-22 中查得所需要的最小信噪比 D_o。这个数值就是在单个脉冲检测条件下，计算最小可检测信号时所用到的信号噪声比 $(S/N)_{o\,min}$。由于噪声 N_o 可测，所以可确定此时雷达系统的最小可检测信号 $S_{i\,min}$。

4.2.4 环境对最大探测距离的影响

实际上,雷达很少在理想自由空间条件下工作,绝大多数的雷达都受到传播介质以及地面(或海面)的影响,于是还需按实际情况对理想自由空间条件下计算出的雷达最大探测距离进行修正。实际传播环境对雷达性能的影响主要有三个方面。

1. 大气衰减

大气传播影响主要包括大气衰减和折射现象两方面。当有雨雪等恶劣天气时,由雨雪的散射所引起的"杂波"往往会限制雷达的性能。关于抑制此类杂波的问题,将在后续章节讨论,本节主要讨论大气衰减和折射的影响。

由于大气存在氧气和水蒸气,故电磁波会发生能量损耗,其损失的大部分能量被气体和水蒸气吸收转化为热能,少部分能量使气体粒子发生能级跃迁。能量衰减的大小与雷达工作频率、雷达作用距离、目标高度均有关系。一般的规律是:雷达工作频率越高,大气衰减越严重(见图 4-23),探测仰角越大,衰减越小(见图 4-24),雷达作用的距离越远,双程累计衰减就越大。除了正常大气之外,在不同气候条件下,大气中的雨雾对电磁波也有衰减作用。在不同气候条件下,衰减分贝数和雷达波长的关系如图 4-23 所示。图中参数 σ 为电波单程传播衰减因子,其单位为 dB/km,表征每公里电磁波衰减的分贝数。考虑传播衰减后的雷达方程可写成如下形式:

$$R_{\max} = \left(\frac{P_t \sigma A_e^2}{4\pi \lambda^2 S_{i\min}} \right)^{\frac{1}{4}} \mathrm{e}^{0.115\delta R_{\max}} \tag{4-29}$$

当雷达的工作频率低于 1 GHz(L 波段,工作波长长于 30 cm)时,往往可忽略大气衰减。当雷达的工作频率高于 3 GHz(S 波段,工作波长短于 10 cm)时,则必须考虑大气衰减的影响。图 4-24(a)和 4-24(b)分别给出了仰角为 0°和 5°时不同频率下的双程衰减随距离的变化关系。

2. 大气折射和雷达直视距离

大气的成分随着时间、地点、高度、气密度的不同而不同,离地面越高,空气越稀薄,因此电磁波在大气中传播时,实际是在非均匀介质中传播的,传播的路径不是直线,存在折射现象。这一现象会对雷达性能造成两方面的影响:一是改变雷达的测量距离,产生测距误差;二是引起仰角测量误差。

另外,由于地球曲率的存在,雷达存在直视距离限制问题。一般来说,雷达在发现目标时,除了比较特别的超视距雷达之外,均存在视线距离的限制。即无论雷达的功率多么大,设计多么精巧,其探测距离都会在本质上受到最大无遮挡视线距离的限制。例如,通常雷达不可能穿透一座大山,也不能看到高度很低或地平线以下的目标。但是这并不意味着视线范围内的目标一定会被检测到。根据工作环境的不同,目标回波可能会淹没在地面或者箔条等反射的杂波中,也可能被淹没在云、雨、雪的杂波中。此外,目标回波还常常被其他雷达的发射信号、人为干扰以及其他电磁干扰所遮蔽。

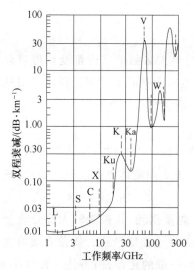
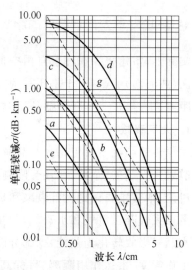

注：a-毛毛雨(降雨量0.25 mm/h)；b-小雨(降雨量1 mm/h)；c-中雨(降雨量4 mm/h)；
d-大雨(降雨量16 mm/h)；e-薄雾(含水量0.032 g/m³, 能见度600 m)；f-浓雾(含
水量0.32 g/m³, 能见度120 m)；g-浓雾(含水量2.3 g/m³, 能见度30 m)。

图 4-23 大气衰减曲线

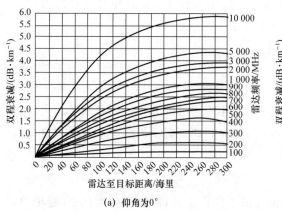
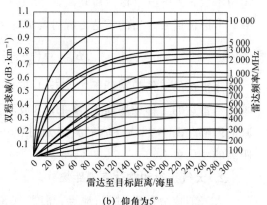

(a) 仰角为0° (b) 仰角为5°

图 4-24 仰角为 0°和 5°时,不同频率下的双程衰减曲线

假设雷达天线架设的高度 $h_a = h_1$,目标的高度 $h_t = h_2$,雷达直视距离如图 4-25 所示。由于地球表面弯曲使雷达看不到直视距离以外的目标,如果希望提高直视距离,只能加大雷达天线的高度(往往会受到限制,特别是当雷达装在舰艇上时)。敌方目标常常利用雷达的弱点,由超低空进入,处于视线以下(图 4-25 中的阴影区域)的目标,是不能被地面雷达发现的。由图 4-25 可以计算出雷达的直视距离 d_0:

$$d_0 \approx 4.12\left(\sqrt{h_1} + \sqrt{h_2}\right) \tag{4-30}$$

式(4-30)中,h_1 和 h_2 的单位为 m,而 d_0 的单位是 km。

雷达直视距离是由地球表面弯曲所引起的,它由雷达天线架设高度 h_1 和目标高度

h_2 决定,和雷达本身的性能无关。它和雷达的最大作用距离 R_{max} 是两个不同的概念。如果 $R_{max}<d_0$,则说明虽然目标处于视线以内,可以被"看到",但雷达由于性能达不到 d_0 这个距离而发现不了距离大于 R_{max} 的目标,这时要提高探测距离就要改进雷达本身的技术指标。如果计算结果为 $R_{max}>d_0$,则说明由于天线高度 h_1 或目标高度 h_2 限制了可检测目标的距离,雷达的探测性能反而将因此受到限制。于是,受地球曲率影响较小的空中预警机载雷达具有一定的军事意义。

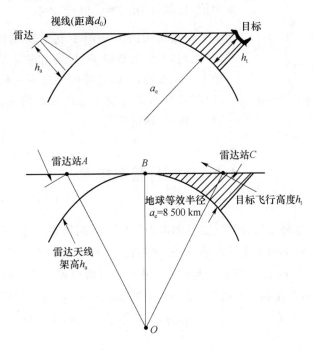

图 4-25 雷达直视距离

3. 地面或水面的反射

地面或水面的反射是雷达电波在非自由空间传播时另一个主要的影响。在许多情况下,地面或水面可近似为镜面反射的平面。对于架设在地面或水面的雷达,当它们的波束较宽时,除存在直射波以外,还存在地面(或水面)的反射波,这样在目标处的电场就是直接波与反射波的干涉结果(见图 4-26)。这种现象称为"多径效应"。

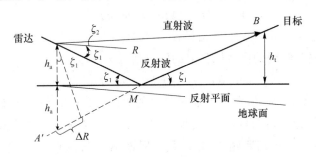

图 4-26 镜面反射影响的几何图形

由于直射波和反射波是由天线不同方向所产生的辐射,它们的路程不同,因而两者之间存在振幅和相位差,目标处的合成场强是入射波和反射波的矢量和。在擦地角很小时,直射波和反射波互相抵消,从而使接近水平目标(低空和超低空)的检测变得十分困难。此外,分析表明,由于地面反射使雷达作用距离随目标的仰角呈周期性变化,地面反射的结果使天线方向图分裂成花瓣状,如图 4-27 所示。

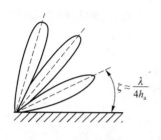

图 4-27 中的参数 ζ 为第一个波瓣最大值时所对应的仰角值,近似有 $\sin \zeta \approx \dfrac{h_t}{R} = \dfrac{\lambda}{4h_a} \approx \zeta$。

花瓣状天线方向图不利于发现目标。至少在"花瓣"之间,天线增益很小(甚至出现零点),雷达在这些仰角上无法发现目标,这样的仰角方向称为"盲区"。一旦出现"盲区",雷达便无法连续观测目标,此时必须设法减小"盲区"的影响。

图 4-27 镜面反射的干涉效应

4.3 动目标检测技术

雷达的主要功能是发现、跟踪、定位和识别目标。根据物理状态,可以将目标分为运动目标、静止目标(停止的坦克或车辆等)和固定目标(导弹发射架或建筑物等)。而雷达在检测运动目标与静止目标、固定目标时,采用了不同的检测方法。对于运动目标的检测,主要应用目标的多普勒频率特性,这样可以将微弱的运动目标和极强的杂波干扰背景区分开来,从而达到检测运动目标的目的,即采用了动目标显示和动目标检测技术。

4.3.1 多普勒效应

多普勒效应是指当发射源和接收者之间有相对径向运动时,收到的信号频率将发生变化。这一声学上的物理现象首先由物理学家克里斯琴·约翰多普勒(Christian Johann Doppler)于 1842 年发现。1930 年左右,这一规律开始运用到电磁波范围。雷达的广泛应用及其性能的不断提高,推动了利用多普勒效应来改善雷达工作质量的进程。

设雷达(连续波)发射信号为

$$s(t) = A\cos(\omega_0 t + \varphi) \tag{4-31}$$

式(4-31)中,ω_0 为发射角频率;φ 为初相;A 为振幅。

在雷达发射站处收到的由目标反射的回波信号 $s_r(t)$ 为

$$s_r(t) = ks(t - t_r) = kA\cos[\omega_0(t - t_r) + \varphi] \tag{4-32}$$

式(4-32)中,$t_r = 2R/c$ 为回波滞后于发射信号的时间,其中 R 为目标和雷达站之间的距离,c 为电磁波传播速度,在自由空间传播时它等于光速;k 为回波的衰减系数。

如果目标固定不动,则距离 R 为常数。回波信号与发射信号之间有固定相位差 $\omega_0 t_r = 2\pi f_0 \cdot 2R/c = 2R(2\pi/\lambda)$,它是电磁波往返于雷达与目标之间所产生的相位滞后。

当目标与雷达站之间有相对运动时,距离 R 随时间的变化而变化。设目标相对雷达站做匀速运动,则在 t 时刻,目标与雷达站间的距离 $R(t)$ 为

$$R(t) = R_0 - v_r t \tag{4-33}$$

式(4-33)中,R_0 为 $t=0$ 时的距离;v_r 为目标相对雷达站的径向运动速度。

式(4-33)说明,在 t 时刻接收的波形 $s_r(t)$ 上的某点,是在 $t-t_r$ 时刻发射的。通常情况下,由于雷达和目标间的相对运动速度 v_r 远小于电磁波速度 c,故时延 t_r 可近似写为

$$t_r = \frac{2R(t)}{c} = \frac{2}{c}(R_0 - v_r t) \tag{4-34}$$

回波信号与发射信号相比,高频相位差

$$\varphi = -\omega_0 t_r = -\omega_0 \cdot \frac{2}{c}(R_0 - v_r t) = -2\pi \cdot \frac{2}{\lambda}(R_0 - v_r t) \tag{4-35}$$

是时间 t 的函数,在径向速度 v_r 为常数时,产生的频率差为

$$f_d = \frac{1}{2\pi} \cdot \frac{d\varphi}{dt} = \frac{2}{\lambda} v_r \tag{4-36}$$

f_d 就是多普勒频率,它正比于相对运动的速度而反比于工作波长 λ。当目标飞向雷达站时,多普勒频率为正值,接收信号频率高于发射信号频率;而当目标背离雷达站飞行时,多普勒频率为负值,接收信号频率低于发射信号频率。

多普勒频率可以直观地解释为:振荡源发射的电磁波以恒速 c 传播,如果接收者相对于振荡源是不动的,则其在单位时间内收到的振荡数目与振荡源发出的相同,即二者频率相等。如果振荡源与接收者之间有相对接近的运动,则接收者在单位时间内收到的振荡数目要比其相对于振荡源不动时多一些,也就是接收频率增大;当二者做背向运动时,结果相反。以 Hz 为单位表示 f_d,以 m/s 为单位表示 v_r,以 cm 为单位表示波长 λ,则式(4-36)可改写成

$$f_d = \frac{200 v_r}{\lambda} \tag{4-37}$$

以式(4-37)作出多普勒频率与雷达波长和相对速度的关系曲线,如图 4-28 所示。由图可知,在与雷达相对速度不同的目标所散射的雷达回波信号中,多普勒频移量与雷达发射电磁波的波长成反比,即与频率成正比。于是,相对速度越大的目标,相同雷达发射频率下,多普勒频移量越大,这使得测量频移量变得相对容易。这也是动目标检测雷达的发射频率会选择在略高的频率段的原因之一。

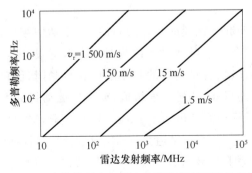

图 4-28 多普勒频率与雷达波长和相对速度的关系

4.3.2　动目标显示

由上面的讨论可知,对于雷达探测,当目标与雷达之间发生相对运动时,回波信号中的多普勒频移将按下式计算:

$$f_{\mathrm{d}} = \frac{2v_{\mathrm{r}}}{\lambda} \tag{4-38}$$

当目标向着雷达运动时,$f_{\mathrm{r}} = f_0 + f_{\mathrm{d}}$,接收信号频率提高;当目标远离雷达运动时,$f_{\mathrm{r}} = f_0 - f_{\mathrm{d}}$,接收信号频率降低;当目标固定不动时,$f_{\mathrm{r}} = f_0$,接收信号频率不变。动目标显示(Moving Target Indication,MTI)雷达正是利用这种差异,从目标回波信号中检测运动目标。这种雷达称为具有动目标显示能力的雷达。

运动目标显示的本质含义是:利用运动目标回波与杂波在多普勒频率上存在的差异,采用带阻滤波器抑制杂波,提取目标信息。MTI 通常包括两个最基本的部分,即完成杂波抑制的对消处理和保留目标多普勒信息的显示处理。固定的杂波回波相对于地面搜索雷达来说是静止不动或慢速运动的,而要探测的地面或空中目标是相对高速运动的,因此可以利用运动目标回波和杂波回波在多普勒频率方面的差别,在处理时设计一种既能消除杂波,又能保留动目标信号的"对消器"。主杂波滤波器频率特性如图 4-29 所示。

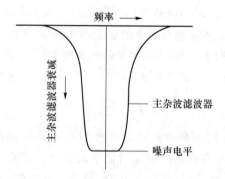

图 4-29　主杂波滤波器频率特性

4.3.3　动目标检测

动目标显示方法实现起来比较简单,在地面搜索雷达中被广泛采用,但它也存在一些缺陷。例如,在地杂波条件下对动目标检测时没有考虑设计匹配滤波,目标谱的形状和滤波器的频率特性差异很大;对消器的频率响应在零频附近有太宽的抑制凹口,相对于雷达做近乎切向飞行的目标(径向速度很低)或慢速运动目标不能被检测。MTI 的改进频域处理技术,即动目标检测(Moving Target Detection,MTD)技术,是利用运动目标回波与杂波的多普勒频率差异,采用带通滤波器组分别滤出目标回波和杂波的信号检测技术。MTD 使改善因子由动目标显示的一般 20 dB 提高到了 40～50 dB。MTD 主要在以下方面进行了改进:改善滤波器的频率特性,使其更接近最佳匹配滤波;在强杂波中能够检测低速目标;不仅可以抑制固定杂波,还可抑制运动杂波。窄带滤波器组特性如图 4-30 所示。

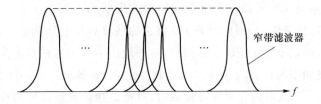

图 4-30 窄带滤波器组特性

MTD 的核心是杂波抑制滤波加窄带多普勒滤波器组,完成目标谱匹配滤波。多普勒滤波器组是覆盖预期的目标多普勒频移范围的一组邻接的窄带滤波器。当目标相对于雷达的径向速度不同,即多普勒频移不同时,它将落入不同的窄带滤波器。因此,窄带多普勒滤波器组起到了分辨速度和精确测量的作用。多普勒滤波器组可以设在中频,也可以设在视频。由于视频滤波比较简便,尤其是采用数字技术时,在视频进行处理可以大大降低对采样率的要求,因此多普勒滤波器组多设在视频。根据匹配滤波理论,为使接收机工作在最佳状态下,每个滤波器的带宽应设计得尽量与回波信号的谱线宽度相匹配。这个带宽同时确定了 PD 雷达的速度分辨能力和测速精度。

随着数字技术的发展,现代雷达多采用快速傅里叶变换(Fast Fourier Transform,FFT)和有限冲击响应(Finite Impulse Response,FIR)技术设计多普勒滤波器组,以形成最佳的目标匹配滤波器。采用自适应 FIR 滤波可以完成对目标的最佳匹配滤波,最大限度地提高目标检测性能。图 4-31 为动目标检测器结构框图。

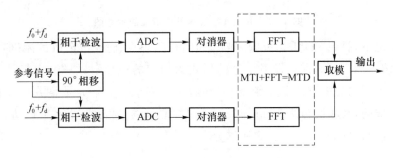

图 4-31 动目标检测器结构框图

4.3.4 脉冲多普勒雷达

脉冲多普勒雷达(又称 PD 雷达)是在动目标显示技术和动目标检测技术基础上发展起来的雷达体制。这种雷达具有脉冲雷达的距离分辨率和连续波雷达的速度分辨率,有更强的抑制杂波的能力,因而能在较强的杂波背景中分辨动目标回波。多普勒雷达根据物体运动速度的不同,可从频率上区分地物杂波与运动目标的回波,从而实现对地面运动目标的探测。

1. PD 雷达的杂波

PD 雷达的基本特点之一是能够在频域、时域分布相当宽广且功率相当强的背景杂波中检测出有用的信号。这种背景杂波通常被称为脉冲多普勒杂波,其杂波频谱是多普勒频率与杂波功率幅度的函数。由于杂波频谱的形状和强度决定着雷达对具有不同多普勒频率的目标的检测能力,因此研究 PD 雷达的杂波具有十分重要的意义。

对于理想的、固定不动的 PD 雷达而言,它的地面杂波频谱在零多普勒频率附近极窄的范围内,其回波功率的计算与脉冲雷达相似。在 PD 雷达处于运动状态的情况下,如下视的机载 PD 雷达,当该雷达相对地面运动时,其杂波频谱就被这种相对运动的速度所展宽。下面将以机载下视 PD 雷达为例,对 PD 雷达的地面杂波及其频谱特征进行分析。

机载下视 PD 雷达与地面之间存在相对运动,再加上雷达天线方向图的影响,PD 雷达地面杂波的频谱发生了显著的变化。这种显著变化就是地面杂波被分为主瓣杂波区、旁瓣杂波区和高度线杂波区。图 4-32 为机载 PD 雷达下视情况的示意图。其中,v_R 为载机地速,v_T 为目标飞行速度。

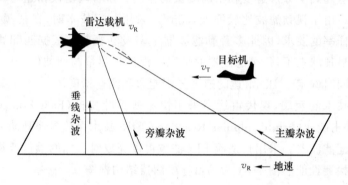

图 4-32　机载 PD 雷达下视情况的示意图

通常情况下,机载 PD 雷达可以观测飞机、汽车、坦克、轮船等离散目标和地物、海浪、云、雨等连续目标。假如雷达发射信号的形式为均匀的矩形射频脉冲串信号,则该矩形脉冲串信号的频谱是由它的载频频率 f_0 和边频频率 $f_0 \pm n f_r$(n 是整数)上的若干条离散谱线所组成的,其频谱包络为 $\sin x/x$ 的形式。图 4-33 表示一个水平运动的雷达所产生的地面杂波与目标回波的无折叠频谱分布。

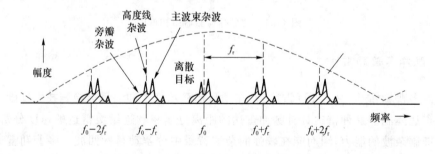

图 4-33　无折叠频谱分布

2. PD 雷达系统组成

典型 PD 雷达系统的组成如图 4-34 所示。

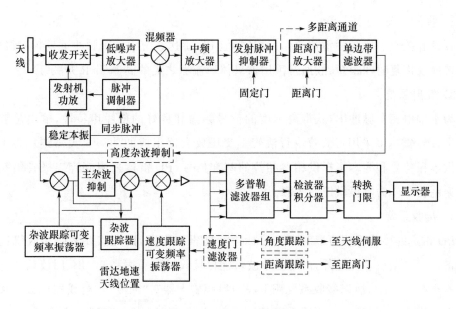

图 4-34 典型 PD 雷达系统的组成

各种实用的 PD 雷达系统的功能和组成往往有很大的差异。这里仅就 PD 雷达系统的重要组成部分,简要地阐明其工作原理。

1) 天线

在 PD 雷达系统中常采用低旁瓣天线,它可帮助雷达在电子战环境中抵抗各种有源杂波的干扰。

抛物面天线具有频带宽、馈电系统简单、设计加工容易、可靠性好、重量轻和成本低等优点。但抛物面天线初级照射图形难以控制,不易实现理想的口径场分布。

平面缝阵天线具有很好的性能,不仅可以应用于预警机雷达、火控雷达、搜索雷达,还可以应用于机载气象雷达。从设计上讲,平面缝阵天线消除了馈源的遮挡,除了可以精确地控制口径场的分布外,还可以得到旁瓣电平的较高的天线效率。通常旁瓣电平低于 -25 dB,同时保持大于 0.7 的天线效率。抛物面天线和平面缝阵天线的各项性能对比如表 4-4 所示。

表 4-4 抛物面天线和平面缝阵天线性能比较

比较项目	抛物面天线	平面缝阵天线
效率	0.4~0.5	0.6~0.8
旁瓣电平	高(-20~-30 dB)	低(-25~-40 dB)
频带	宽(10%~15%)	窄(<5%)
馈电系统	简单	复杂
加工	简单	复杂
重量	轻	重
成本	低	高

2）收发开关

收发开关与一般脉冲雷达的作用相同,但 PD 雷达系统中由于脉冲重复频率很高,要求的转换及恢复时间很短,故通常采用铁氧体环流器之类的高速 T/R 开关。

3）发射系统

为了辐射相参脉冲串,获得高纯度的信号频谱和良好的低噪声特性,输出足够的峰值功率,PD 雷达多采用行波管或行波管正交场放大器组成的功率放大器链。为了给混频提供本振信号和为本机提供相参相位的基准信号,PD 雷达采用变容二极管倍频器及耿氏振荡器等作为本振微波功率源。

4）接收系统

PD 雷达的接收系统可以对多个目标进行搜索与跟踪,因此需要多路接收机比一般脉冲雷达要复杂得多。此外,由于主杂波可能比接收机热噪声高 90 dB(回波信号一般只比热噪声高 10 dB),所以接收系统用低噪声射频放大器对"回波"进行线性放大。接收机制通常要满足动态范围大、线性度好等要求,否则将会导致交叉调制、信号频带展宽,从而使滤波器输出信噪比变坏。接收机还包括许多关键电路,如距离波门、发射脉冲抑制电路、单边带滤波器、主杂波抑制电路、多普勒滤波器组、检波积累及门限电路等。

5）速度跟踪、距离跟踪和角度跟踪系统

速度跟踪和角度跟踪与连续波雷达相似,采用单通道的速度跟踪滤波器进行测速以及圆锥扫描、顺序波束转换或单脉冲技术进行角度测量及跟踪。PD 雷达对单个目标的距离跟踪则类似于一般的脉冲雷达。由图 4-34 可知,PD 雷达的距离跟踪和角度跟踪是以速度跟踪为前提的,角度跟踪又是以距离跟踪为前提的,因此只有实现了速度跟踪和角度跟踪(方位角和仰角都实现跟踪)的 PD 雷达系统才称为四维分辨系统,具有四维分辨能力的系统能够在时间、空间和速度上分辨各类目标的回波信号。

6）主杂波抑制

主杂波的干扰最强,常常比目标回波能量高出 60～80 dB。为了减轻后面多普勒滤波的负担,尤其是为了减小采用数字滤波技术时数字部分的动态范围,同时保证对主杂波有足够的抑制能力,必须先采用主杂波抑制滤波器对主杂波进行抑制。由于主杂波的位置是随着天线指向和载机速度的不同而变化的,所以抑制主杂波常用的方法是首先确定它的频率 f_{MB},然后用一个混频器消除变化的 f_{MB},最后用一个固定频率的滤波器将其滤除。该滤波器在主杂波谱线位置有一个很深的(衰减很大的)缺口,而且在通带范围应有平坦且衰减很小的响应。实际上,主杂波频谱有一定的宽度,滤波器的缺口定位总存在一些误差,因此,缺口应稍宽于主杂波频谱宽度,如图 4-35 所示。滤波器中心频率(即缺口)对主杂波谱线的跟踪可用闭环频率跟踪,也可通过利用雷达载体速度和天线瞬时位置计算主杂波频率的方法实现。

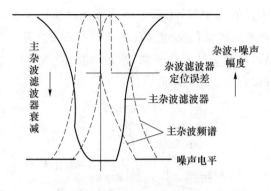

图 4-35　主杂波的滤波

7）高度杂波抑制

高度杂波是由地面的垂直反射所形成的杂波,由于平滑地面的镜面反射,其强度很大,并落在旁瓣杂波区中。由于它比漫射的旁瓣杂波大得多,频谱宽很窄,所以通常用一个单独的滤波器对其进行抑制。当载机水平飞行时,高度杂波的多普勒频移为零,该滤波器的中心频率可以固定,无需频率跟踪。通常可以采用一个单独的固定频率抑制滤波器——零多普勒频率滤波器来滤除它。这个滤波器获得的附加好处是它可以进一步抑制由发射机直接泄漏进入接收机的电磁波。如果后面的多普勒滤波器组有足够的动态范围,则可以不必单独设置这个滤波器,只需断开滤波器组中落入高度杂波区的那些子滤波器的输出,即可达到滤除高度杂波的目的。

8）单边带滤波器

单边带滤波器是一个带宽近似等于脉冲重复频率 f_r 的带通滤波器,如图 4-36 所示。其主要作用是从回波频谱中单独滤出单根谱线,从而使得后面的各种滤波处理在单根谱线上进行。这比在整个频谱范围上进行信号与杂波的分离要容易。单边带滤波器不仅可以避免目标多普勒频率 $f_d = f_r/2$ 时出现的模糊,还可以避免后面信号处理过程中可能产生的频谱折叠效应。

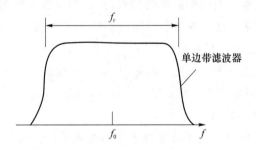

图 4-36　单边带滤波器

为了使选通的单根谱线具有最大的信号功率,并且当 f_r 改变时不改变单边带滤波器通带的位置,单边带滤波器的中心通常选取回波谱的中心位置,通常是图 4-33 中 f_0 附近信号能量最强的那根谱线,即利用回波信号通过接收机单边带滤波后的频谱,如图 4-37 所示。

单边带滤波器一般设置在中频,由于中频信号经过单边带滤波器后只剩下一根谱线,成为连续波,因此距离选通波门必须设在单边带滤波器之前。但单边带滤波器最好紧跟在距离门电路之后,以便尽早减小带宽、抑制杂波、降低噪声,从而降低对系统的动态范围的要求,简化后面各级处理电路的设计。

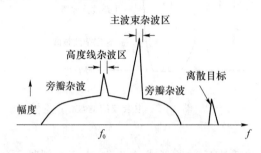

图 4-37　单边带滤波后靠近 f_0 的频谱

9) 信号处理机

PD 雷达与普通脉冲雷达的根本区别在于前者在频域内对回波信号进行检测,而后者在时域内对回波信号进行检测。简而言之,PD 雷达信号处理机的核心就是一个窄带滤波器组。它滤除了各种干扰杂波,保留了所需的目标信号。由于 PD 雷达中从天线到视频的全部过程都是线性的,运动目标信息在接收机中无畸变地保存到视频级,因此多普勒滤波可以在视频(零中频)实现。由于视频滤波比中频滤波易于实现,数字处理在视频进行量化也比在中频容易,所以多普勒滤波一般在低中频或视频进行。多普勒滤波器带宽主要由系统灵敏度、信号的检测和积累特性、滤波电路的可行性等因素确定。接收理论表明,当接收机的通带带宽等于接收信号的频谱宽度时,接收机的输出可得到最佳信噪比。而信号频谱宽度与雷达照射目标时间成反比,是每个多普勒滤波器应有的带宽。由于多普勒滤波器组要覆盖全部所需探测目标的多普勒频率范围,每个滤波器通带又很窄,所以所需滤波器的数量很大。例如,PRF 为 200 kHz,每个滤波器带宽为 500 Hz,则应有 400 个滤波器。若用多距离门接收,则所需滤波器的数量应为 $n \cdot m$,其中 n 为距离门数,m 为每个距离通道的多普勒滤波器数。多普勒滤波器的实现,早期多使用晶体滤波器、陶瓷滤波器和机械带通滤波器,目前普遍采用数字式滤波器。

数字式滤波器具有可靠性高、灵活性好、精度高等优点。由于对信号的处理在时间上是分开的,所以可同时处理多个距离单元。在多功能 PD 雷达中,很多数字电路的共用大大节省了系统中部件的数量。

数字式滤波器的原理是用傅里叶变换求取信号频谱。快速傅里叶变换(Fast Fourier Transform,FFT)算法是一种有效计算有限个等间距抽样的离散傅里叶变换的算法。这种算法是在 1965 年由库利-图基(Cooley-Tukey)首先提出的。这种算法大大减少了傅里叶分析所需的时间,极大地推动了数字式信号处理技术的发展。可以证明,FFT 算法比一般离散傅里叶算法快,运算次数可由 $2N^2$ 次减少到 $2N\log_2 N$ 次。例如,抽样点数 $N=64$,采用离散傅里叶算法的计算次数为 8 192,采用 FFT 算法的计算次数仅为 768 次。

10）数据处理机

数据处理机的主要功能如下。

① 控制。这种功能包括：工作方式的控制；扫描图形的产生；PRF 的选择；杂波频率的预测。

② 数据处理。这种功能包括：距离跟踪；角度跟踪；解模糊计算；雷达罩和天线角度误差修正。

③ 性能监视和机内自检。

④ 兼容其他系统接口。

同信号处理机一样，现代雷达的数据处理机也是一种可编程序结构的数字式计算机。由于采用模块方式来设计硬件和软件的执行过程，所以数据处理机具有灵活的处理能力和控制能力。表 4-5 列出了一种典型的机载 PD 雷达数据处理机的功能和对存储容量、运算速度的要求。

表 4-5　一种典型的机载 PD 雷达数据处理机的功能和对存储容量、运算速度的要求

功能	存储容量/字	运算速度/(千次·秒$^{-1}$)
主管理程序	50～100	5～10
天线方式控制	600～1 000	0.5～1.0
天线扫描控制	600～800	50～100
处理控制	1 500～2 000	80～120
雷达定时控制	200～300	1～2
距离跟踪(单目标)	2 000～2 500	100～155
边扫描边跟踪(8 个目标)	2 000～3 000	100～150
输入/输出	800～1 200	50～100

在目前的部分雷达设计中，数字式硬件电路的费用比例已增至 40%～50%，数字式硬件电路比重不断增大的这种趋势主要集中在控制和处理部分。一部雷达具备多少种工作方式，很大程度上由系统的处理能力所决定，而这种能力随着数字电路在费用、功耗、运算速度、尺寸和可靠性等方面的改进而迅速提高。

3. PD 雷达的特点

PD 雷达是以提取运动目标多普勒频移信息为基础的脉冲雷达。一般说来，PD 雷达有如下三个特点。

（1）足够高的脉冲重复频率（Pulse Repetition Frequency，PRF）

PD 雷达应选用足够高的脉冲重复频率，以保证在频域上区分杂波和运动目标。根据用途的不同，PD 雷达的脉冲重复频率可分为高中低三种。

高脉冲重复频率（High Pulse Repetition Frequency，HPRF）PD 雷达：PRF 的取值范围为 100～300 kHz；中脉冲重复频率（Middle Pulse Repetition Frequency，MPRF）PD 雷达：PRF 的取值范围为 10～20 kHz；低脉冲重复频率（Low Pulse Repetition Frequency，

LPRF)PD 雷达:PRF 的取值范围为 $1\sim2\,\mathrm{kHz}$。

不模糊距离 $R_\mathrm{u}=c/2f_\mathrm{r}$,其中 c 为光速,f_r 为脉冲重复频率。而多普勒频移量 $f_\mathrm{d}=2v_\mathrm{r}/\lambda$。可知,由于 LPRF 波形的 PD 雷达的 PRF 足够低,所以可不模糊地测量目标的距离。由于 HPRF 波形的 PD 雷达的 PRF 足够高,所以能不模糊地测量所有感兴趣的运动目标的速度。例如:若一部机载雷达的 PRF 为 $1\,\mathrm{kHz}$,对应于 LPRF 波形,此时该雷达的不模糊距离为 $150\,\mathrm{km}$;若雷达的 PRF 选择为 $250\,\mathrm{kHz}$,对应于 HPRF 波形,此时该雷达的不模糊距离仅为 $600\,\mathrm{m}$。因此,一个在 $150\,\mathrm{km}$ 距离上的目标是距离高度模糊的。

MPRF 波形的 PD 雷达既有速度模糊,又有距离模糊,但与 HPRF 波形的 PD 雷达一样,依然能进行频域滤波。虽然 PD 雷达采用的是低重复频率脉冲波形,但也能在频域进行滤波,且具有速度选择能力。由于多普勒频移与雷达工作波长有关,因此 PD 雷达的高、中、低脉冲重复频率的划分并不是绝对的。

（2）能够实现对脉冲串频谱中单根谱线的多普勒滤波

在 PD 雷达中,运动目标回波为一相参脉冲串,其频谱为具有一定宽度的多根谱线,谱线位置相对发射信号具有相应的多普勒频移。PD 雷达的信号处理基本模式采用杂波抑制滤波器和窄带滤波器组的串接结构,其中后者与信号谱线相匹配,具有对信号单根谱线滤波的能力;窄带滤波器的频带宽度决定测速精度和分辨率,因而可提供目标的径向速度信息。MTI 雷达则不具备这一功能。

（3）采用主振放大式相参发射机

雷达发射机通常有两种类型:一种是由功率振荡器和脉冲调制器组成的单极振荡式发射机;另一种是由高稳定主振器、倍频器、功率放大器和脉冲调制器组成的主振放大式相参发射机。前者相对于后者,更加简单、可靠、经济,体积更小,重量更轻;但后者信号质量更高。由于 PD 雷达的工作以对回波的频率分析为基础,从频率上区分杂波和处于模糊距离的运动目标回波,并进一步进行中频信号处理,所以发射信号频率的失真与噪声对整机性能影响非常大。为保证发射信号频率的高频率稳定度和低噪声,PD 雷达发射系统常采用具有高稳定度的主振源和功率放大式发射机。

4. PD 雷达的关键技术

经典的 PD 雷达一般指 HPRF 波形和 MPRF 波形两种类型的 PD 雷达,前者大多应用在高空拦截或高空预警等场合,后者多在近、低空跟踪目标时使用。对于采用 HPRF 波形的机载 PD 雷达来说,迎头状态载机和目标的相对速度要大于载机速度,目标回波在频域上处于无杂波区。此时,目标回波信号的检测只需要考虑接收噪声的和,故采用 HPRF 波形的脉冲多普勒雷达具有良好的迎头探测性能。但当工作雷达与目标之间处于尾随目标状态,两者的相对速度远低于迎头探测时,回波落入旁瓣杂波区。由于旁瓣杂波强度很强,所以会大大影响探测性能。同时,随着载机飞行高度的降低,杂波功率会急剧上升,从而使探测性能进一步下降。所以,虽然 HPRF 波形具有很好的迎头探测性能,但并不具备全方向和全高度能力。MPRF 波形在频域上不存在无杂波区,但需要在天线旁瓣引入的杂波中检测目标回波信号。旁瓣杂波的强度比 HPRF 波形低,可以获得较好的探测性能。更重要的是,采用 MPRF 波形的脉冲多普勒雷达的探测性能在迎头与尾随状态时大体相当,具有近乎全方向能力,且杂波功率随高度变化不大,全高度性能也较好。

20 世纪 80 年代以后,中、远距空对空导弹和诸多空对地攻击武器的使用,要求机载火控雷达具有更远的探测距离和空对空、空对地等多种功能。由于单一的波形已难以满足这一要求,于是出现了综合采用高、中、低重复频率的所谓全波形 PD 雷达,如美国的AN/APG-68、AN/APG-70 等雷达。

因此,PD 雷达的关键技术包括高效率、低副瓣天线技术,高频谱纯度信号产生和放大技术以及高速数字信号处理技术,也就是人们通常所说的"三高"技术。

(1) 高效率、低副瓣天线技术

由于机载 PD 雷达一般都需要在旁瓣杂波背景中检测信号,天线副瓣电平的高低直接制约雷达的检测性能,因此,机载 PD 雷达所用天线的副瓣电平应尽量低一些。机载火控雷达天线的第一副瓣应达 30 dB 左右,而机载预警雷达天线的第一副瓣电平应在 —45～—55 dB 范围内。机载火控雷达大多采用平板缝隙阵列天线,这是由于其不受遮挡和溢出的影响,容易获得较高的效率和较低的副瓣。对于精心设计的机载平板缝隙阵列天线,其副瓣电平一般可以达到 —30～—35 dB。

(2) 高频谱纯度信号产生和放大技术

由于 PD 雷达从频域检测目标回波信号,其发射信号的频谱纯度直接影响着雷达相干检测的性能,衡量信号处理频谱纯度的主要指标是谱线宽度和单边带相位噪声电平(简称相位噪声)。

(3) 高速数字信号处理技术

PD 雷达信号处理的主要任务是根据运动目标多普勒频移与背景杂波频谱的差异,尽可能地抑制杂波,以提取运动目标的信息。早期的机载雷达采用模拟滤波技术来完成频域滤波,例如,AN/AWG-9 使用数百个晶体滤波器组成窄带多普勒滤波器组。中期的机载雷达广泛使用数字滤波技术,采用 FFT 完成雷达信号的实时分析,PD 雷达数字信号处理流程如图 4-38 所示。但那时的数字信号处理机不具备可编程能力,设备的体积和功耗仍较大。之后,机载 PD 雷达普遍采用可编程信号处理机,如 AN/AWG-68、AN/APG-70 等雷达。在软件控制下,将同一硬件按需要组成不同的结构形式,可以完成不同的信号处理任务,也可以使处理机的重量下降为原来的 50%,体积缩减为不到原来的 10%。

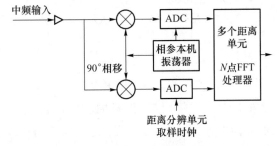

图 4-38 PD 雷达数字信号处理流程

4.4 相控阵雷达技术

所谓"相控阵",就是"相位控制阵列"的简称。顾名思义,相控阵天线是由许多辐射单元排列而成的,而各个单元的馈电相位是由计算机灵活控制的阵列。

20世纪60年代,为满足对人造卫星、洲际弹道导弹等外空目标进行监视和防御的需要,美国和苏联相继展开研制具有战略防御用途的大型相控阵雷达。随着计算机技术、微波固态电子技术、信号处理技术、光电子技术的发展以及器件、材料、结构、工艺等方面的进步,制约相控阵雷达发展的"瓶颈"正逐渐被克服,出现了各种具有战略和战术用途的相控阵雷达,如弹道导弹探测与警戒系统的AN/FPS-115"铺路爪"(Pave Paws)相控阵雷达、"爱国者"战术防空系统的AN/MPQ-53目标指示和制导雷达、"宙斯盾"系统的AN/SPY-1舰载多功能相控阵雷达、AN/TPQ-37战场火炮侦察定位雷达、AN/TPS-59等众多三坐标对空监视引导雷达、MOTR靶场多目标精密测量雷达等。科学家曾预言:"将来所有的雷达都将采用相控阵技术。"

相控阵雷达具有波束高速捷变、雷达多功能运行以及结合能量管理的工作模式,可以由确定的或自适应性的方向图形成,因而能够满足高性能雷达系统日益增长的需要,诸如多目标跟踪、自适应抗干扰、目标搜索、目标识别、目标捕获等多种功能。

4.4.1 相控阵天线的基本原理

通常,相控阵天线的辐射元少则几百个,多则几千个,甚至上万个。每个阵元(或一组阵元)后面接有一个可控移相器,利用控制这些可控移相器相移量的方法来改变各阵元间的相对馈电相位,可改变天线阵面上电磁波的相位分布,使得波束在空间按一定规律扫描。阵列天线有两种基本形式:一种称为线阵列,即所有单元都排列在一条直线上;另一种称为面阵列,即辐射单元排列在一个面上,这个面通常是一个平面。

为了说明何为"相位控制阵列",即通过电扫描改变天线波束方向的原理,我们先讨论N个阵元组成的相距为d的线性阵列的扫描情况,如图4-39所示。

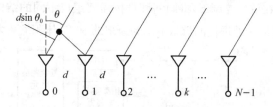

图4-39 N个阵元组成的相距为d的线性阵列的扫描情况

假设各辐射元为无方向性的点辐射源,而且同相等幅馈电(以零号阵元为相位基准)。在相对阵轴法线的方向上,两点阵元之间波程差所引起的相位差为

$$\psi = \frac{2\pi}{\lambda} d \sin\theta \tag{4-39}$$

则 N 个阵元在 θ 方向远区某一点辐射场的矢量和为

$$\boldsymbol{E}(\theta) = \sum_{k=0}^{N-1} \boldsymbol{E}_k \mathrm{e}^{\mathrm{j}k\psi} = \boldsymbol{E} \sum_{k=0}^{N-1} \mathrm{e}^{\mathrm{j}k\psi} \tag{4-40}$$

式(4-40)中，$\boldsymbol{E}_k$ 为各阵元在远区的辐射场强。每个 $\boldsymbol{E}_k$ 都相等时，式(4-40)中的第二个等号才成立。因为各阵元的馈电一般需要加权，所以实际上远区 $\boldsymbol{E}_k$ 不一定都相等。为了便于分析，假设等幅馈电，且忽略因波程差所引起的场强差别，所以可认为远区各阵元的辐射场强近似相等，$\boldsymbol{E}_k$ 可用 $\boldsymbol{E}$ 表示。显然，当 $\theta=0$ 时，电场因同相叠加而获得最大值。

根据等比级数的求和公式和欧拉公式，式(4-40)可写为

$$\boldsymbol{E}(\theta) = \boldsymbol{E}\frac{\mathrm{e}^{\mathrm{j}N\psi}-1}{\mathrm{e}^{\mathrm{j}\psi}-1} = \boldsymbol{E}\frac{\mathrm{e}^{\mathrm{j}\frac{N}{2}\psi}(\mathrm{e}^{\mathrm{j}\frac{N}{2}\psi}-\mathrm{e}^{-\mathrm{j}\frac{N}{2}\psi})}{\mathrm{e}^{\mathrm{j}\frac{\psi}{2}}(\mathrm{e}^{\mathrm{j}\frac{\psi}{2}}-\mathrm{e}^{-\mathrm{j}\frac{\psi}{2}})} = \boldsymbol{E}\frac{\sin\left(\frac{N}{2}\psi\right)}{\sin\frac{\psi}{2}}\mathrm{e}^{\mathrm{j}\frac{N-1}{2}\psi} \tag{4-41}$$

将式(4-41)取模并归一化后，可得各向同性单元阵列的归一化方向场强方向图函数 $F_a(\theta)$，其表达式为

$$F_a(\theta) = \frac{|\boldsymbol{E}(\theta)|}{|\boldsymbol{E}_{\max}(\theta)|} = \frac{\sin\left(\frac{N}{2}\psi\right)}{N\sin\frac{\psi}{2}} = \frac{\sin\left(\frac{\pi Nd}{\lambda}\sin\theta\right)}{N\sin\left(\frac{\pi d}{\lambda}\sin\theta\right)} \tag{4-42}$$

当 N 取 10 阵元时，$F_a(\theta)$ 如图 4-40 所示。

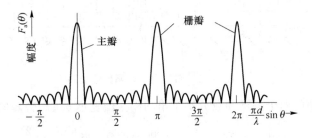

图 4-40　10 阵元的示意图

当各个阵元存在方向性时，假设其辐射方向图为 $F_e(\theta)$，则阵列的场强方向图变为

$$F(\theta) = F_a(\theta)F_e(\theta) \tag{4-43}$$

式(4-43)中，$F_a(\theta)$ 称为阵列场强方向图因子，有时简称为阵因子；而 $F_e(\theta)$ 称为阵元场强方向图因子。

在式(4-42)中，当 $\pi N(d/\lambda)\sin\theta = 0,\pm\pi,\pm2\pi,\cdots,\pm n\pi$（$n$ 为整数）时，$F_a(\theta)$ 的分子为 0；而当 $\pi(d/\lambda)\sin\theta = 0,\pm\pi,\pm2\pi,\cdots,\pm n\pi$ 时，由于分子和分母均为 0，所以 $F_a(\theta)$ 的值不确定。利用洛必达法则，当 $\sin\theta = \pm n\lambda/d$（$n$ 为整数）时，$F_a(\theta)$ 为最大值，且这些最大值都等于 N。于是，$n=0$ 时的最大值被称为主瓣，$n\neq0$ 时的最大值均被称为栅瓣（见图 4-40）。栅瓣的间隔是阵元间距的函数，栅瓣出现的角度为

$$\theta_{GL} = \arcsin\left(\pm\frac{n\lambda}{d}\right) \tag{4-44}$$

式(4-44)中，n 是整数。当 $d=\lambda$ 时，$\theta_{GL}=90°$；当 $d=0.5\lambda$ 时，由于 $\sin\theta_{GL}>1$ 不可能成立，所以空间不会出现第一栅瓣。

当 θ 很小时，$\sin\left(\dfrac{\pi d}{\lambda}\sin\theta\right)\approx\dfrac{\pi d}{\lambda}\sin\theta\approx\dfrac{\pi d}{\lambda}\theta$，式(4-42)可近似为 sinc 函数（如图 4-41 所示），即

$$F_a(\theta)\approx\frac{\sin\left(\dfrac{\pi Nd}{\lambda}\sin\theta\right)}{\dfrac{\pi Nd}{\lambda}\sin\theta} \tag{4-45}$$

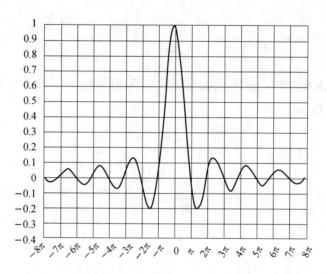

图 4-41　归一化 sinc 函数曲线

天线方向图中的两个关键参数分别是半功率主瓣宽度 $\theta_{0.5}$ 和旁瓣电平。设式(4-45)中的 $\dfrac{\pi Nd}{\lambda}=\dfrac{a}{2}$，$\sin\theta\approx\theta=x$，则由 sinc 函数的曲线，当 $\dfrac{\sin(ax/2)}{ax/2}=\dfrac{1}{\sqrt{2}}$ 时，有 $ax/2=0.443\pi$，

$$\theta_{0.5}=2x=\frac{0.886}{Nd}\lambda(\text{rad})=\frac{50.8}{Nd}\lambda(°) \tag{4-46}$$

于是，若选择 $d=\lambda/2$，则 $\theta_{0.5}\approx100/N$。因此，若要在一个平面上产生波瓣宽度为 1°的波束，需要用 100 个辐射元组成线阵。若水平、垂直两个平面都采用阵列天线，设 n_1 和 n_2 分别为水平方向和垂直方向的辐射元数目，则此二维阵列天线辐射元的总数目 $N=n_1 n_2$，而水平和垂直平面内的半功率波瓣宽度分别为

$$\theta_\alpha=\frac{100}{n_1},\quad \theta_\beta=\frac{100}{n_2} \tag{4-47}$$

为实现波束扫描，相控阵天线的每个辐射单元与一个移相器(实现 $0\sim2\pi$ 之间的相

移)相连接。相位扫描原理如图 4-42 所示。

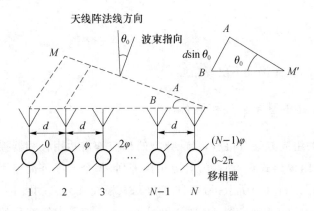

图 4-42　相位扫描原理的示意图

以阵列的第 1 个辐射单元为基准,各单元移相器所引入的相移量依次为 $0,\varphi,2\varphi,\cdots,$ $(N-1)\varphi$。由于单元之间相对的相位差不为 0,所以各单元的辐射场在天线阵的法线方向上不能同相相加,因而天线阵的法线方向不是最大辐射方向。当移相器引入的相移 φ 能够抵消由于单元间波程差所引起的相位差(即 $\psi=\varphi=\dfrac{2\pi d}{\lambda}\sin\theta_0$)时,则在偏离法线的 θ_0 角度方向上,电场由于同相叠加而获得最大值。这时波束指向由原来的天线法线方向 $(\theta=0)$ 调整为 θ_0 方向。相控阵天线的最大辐射方向出现在偏离阵列法线的 θ_0 方向上。因此,通过控制这些移相器的相对相移量 φ,就可调整波束指向,从而达到扫描的目的。

此时,式(4-40)变成

$$E(\theta)=E\sum_{k=0}^{N-1}\mathrm{e}^{jk(\psi-\varphi)} \tag{4-48}$$

式(4-48)中,ψ 为相邻单元间的波程差所引入的相位差;φ 为移相器的相移量。令

$$\varphi=\frac{2\pi}{\lambda}d\sin\theta_0 \tag{4-49}$$

则对于各向同性单元阵列,由式(4-45)可得扫描时的方向性函数为

$$F_a(\theta)=\frac{\sin[N\pi(d/\lambda)(\sin\theta-\sin\theta_0)]}{N\sin[\pi(d/\lambda)(\sin\theta-\sin\theta_0)]} \tag{4-50}$$

由式(4-50)可得出以下结论。

① 在 $\theta=\theta_0$ 方向上,$F_a(\theta)=1$,主瓣存在且主瓣的方向由 $\varphi=(2\pi/\lambda)d\sin\theta_0$ 决定,此时只要控制移相器的相移量 φ,就可控制最大辐射方向 θ_0,从而形成波束扫描。

② 在 $\dfrac{\pi d}{\lambda}(\sin\theta-\sin\theta_0)=\pm m\pi(m=1,2,\cdots)$ 的 θ 方向上,存在与主瓣等幅度的栅瓣。栅瓣的出现使得测角存在多值性,这是不希望发生的,为了不出现栅瓣,必须使

$$\frac{\pi d}{\lambda}|\sin\theta-\sin\theta_0|<\pi \tag{4-51}$$

因为

$$|\sin \theta - \sin \theta_0| \leqslant |\sin \theta| + |\sin \theta_0| \leqslant 1 + |\sin \theta_0| \qquad (4\text{-}52)$$

所以只要满足

$$\frac{d}{\lambda} < \frac{1}{1 + |\sin \theta_0|} \qquad (4\text{-}53)$$

式(4-52)即可成立,从而保证不出现栅瓣。

4.4.2 相控阵雷达的基本组成和特点

相控阵雷达的组成方案有很多,目前典型的相控阵雷达用移相器控制波束的发射和接收,它共有两种组成形式:一种称为有源相控阵列,每个天线阵元使用一个接收机和发射功率放大器,如图 4-43(a)所示;另一种称为无源相控阵列,它共用一个或几个发射机和接收机,如图 4-43(b)所示。图 4-43(a)和图 4-43(b)除了虚线部分的发射与天线功能不一样之外,其他都是相同的。它们的性能与所采用的阵元密切相关。

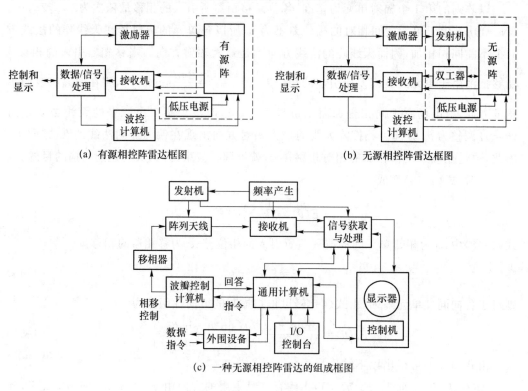

(a) 有源相控阵雷达框图

(b) 无源相控阵雷达框图

(c) 一种无源相控阵雷达的组成框图

图 4-43 典型的相控阵雷达组成的框图

我们先对图 4-43 中的数据/信号处理部分进行说明。一个多功能雷达的数据处理系统常常由一台通用计算机(称为中心计算机)组成,以通过对其进行编程来控制雷达,并进行数据处理。其主要功能为:对关心的目标进行相关处理,并响应用户的请求。一般来说,数据处理依赖的是雷达多次扫过目标时所得到的回波数据,相比之下,信号处理所依赖的是雷达单次扫描所获得的回波数据。例如,数据处理是根据雷达多次扫过目标得出目标的航迹,而信号处理则是在一次扫描时间内从信号和噪声中进行目标检测。对于图 4-43(b)的无源相控阵雷达,我们可将其展开,并对该无源相控阵雷达的工作过程作简要说明,如图 4-43(c)所示。中心计算机根据数据处理后的有关目标的位置坐标,命令波控机(一台专用于计算和控制相移量的计算机)计算并控制天线阵中各移相器的相移量,使天线波束按指定空域搜索或跟踪目标。目标回波又经阵列传输到接收机中,中心计算机对目标参数进行平滑,从而得出目标位置和速度等外推数据。根据外推数据,中心计算机进一步判断目标的轨迹和威胁程度,确定对各目标搜索或跟踪的程序,并由此控制全机各系统,从而使雷达工作状态自动适应空间目标的情况。

相位扫描是实现电扫描的一种方法,另一种实现电扫描的方法是频率扫描,其天线由 N 个一定间距的阵元组成,如图 4-44 所示。与相位扫描的不同之处在于,它不靠移相器在不同阵元中产生相位差,而是通过延迟线产生相位差。不同频率的输入信号依次经过延迟线(长度为 1)后分别送往各阵元,这样各阵元之间的输入信号便会产生相应的相位差。因此,和相位扫描一样,在频率扫描方式中,一定的频率对应一定的相位差,将具有一定相位差的发射信号送至阵列天线,即可形成一个具有特定指向的波束。这种通过改变雷达的工作频率,使天线的波束实现扫描的雷达称为频率扫描雷达,其组成原理框图如图 4-45 所示。

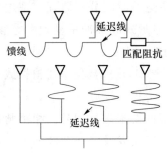

图 4-44 频率扫描天线的馈电方式的示意图

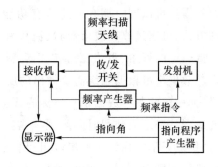

图 4-45 频率扫描雷达的组成原理框图

采用相控阵列技术的雷达,与常规雷达相比,具有灵活的、快速无惯性的天线波束控制能力,其特点如下。

(1) 多波束形成

相控阵雷达能够在空间同时产生多个独立的发射波束和接收波束,这是它的优点之一。

(2) 可实现很高的数据率

相控阵雷达的数据率仅受到波束驻留时间这一约束条件的限制。相控阵雷达的监视(搜索)与跟踪功能是相互独立的,因此可以采用更高的数据率来跟踪高密度环境中的多目标。高跟踪数据率有助于进行机动检测和获得最佳工作性能。

(3) 进行空间滤波

通过所有独立的辐射单元或子阵加权函数进行纯相位控制或幅度/相位控制,可以形成接收天线方向图上的多个零点,并且可以自动地将零点置于干扰信号的来波方向,从而使雷达系统能够在复杂的电子干扰环境中保持最佳工作性能。当然,常规的孔径天线通过采用旁瓣对消技术也能够实现自适应的零点控制,但是它的处理通道数(即进行干扰对消的自由度)有限,并且还有其他一些限制条件。采用数字波束形成技术的相控阵天线,将信号处理技术与天线技术相结合,可以实现真正意义上的自适应阵列处理,大大提高雷达抑制干扰、杂波和多径效应的能力。

（4）系统的自适应校正

由于相控阵雷达能够利用每个独立的辐射单元,因此它可以对天线阵的相位和幅度误差进行自适应和实时校正。如果要获得理想工作环境下的最佳天线性能(如低旁瓣电平或超低旁瓣电平),必须对相控阵天线的同相的相位特性进行严格的控制。

（5）能量自适应管理

根据目标的状态/特性、环境条件和雷达工作方式,可以使雷达能量得到最佳的控制和利用。在雷达所有的时间和能量约束条件下,空间和时间参数能够满足各种瞬时的要求。这就使得雷达得到了最大限度的利用,并使它能对所要求的任务灵敏度做出反应。

（6）多功能工作

常规的雷达功能(如水平搜索、三维空间监视、目标跟踪)都可作为独立的功能,但一部相控阵雷达可以同时拥有上述所有功能。相控阵雷达按时间分割原理实现边扫描边跟踪的方式,可通过改变波束形状、波束驻留时间、信号形式和脉冲重复频率等参数,实现对多批目标的搜索、跟踪、敌我识别和制导等多种功能。

跟踪数据率可根据系统需要做出的反应而改变。例如,跟踪数据率需根据武器系统要求(导弹中段的制导数据率)、目标的状态(高度机动)等做出反应。

波束形状和波束驻留时间可根据雷达对杂波环境的要求进行调整。相干脉冲串长度、脉冲重复频率序列和脉冲串数目可根据陆地、海上气候以及箔条杂波的单一环境或混合环境的不同而改变。波束的照射次序直接与信号波形要求相适应。

通过灵活的时间和波束控制,可控制、延长目标的驻留时间。这可以在更长的时间内有效跟踪特别感兴趣的或有特殊检测困难的目标,或从雷达信号中进一步提取其他的目标信息,如高距离分辨率数据、高多普勒频率数据和测定极化信息等。

实际上,并不是每一个雷达都具有上述全部性能。雷达的成本和复杂性是否合理,取决于具体要求。相控阵雷达除成本高之外,确实还存在技术上的限制。以下是相控阵雷达的一些很明显的技术限制。

① 当相控阵天线的波束扫离法线方向时,波束形状随之改变,波束宽度也随之增大,从而雷达固有检测性能和角分辨率下降,作为扫描角函数的天线旁瓣的特性也会发生显著变化。

② 阵列各辐射单元间的互耦等因素会引起单脉冲特性的明显变化,此时需要进行与频率有关的补偿;单元方向图、子阵效应和辐射单元间的互耦效应会影响相控阵天线的旁瓣特性,当需要进行大角度范围的扫描时,阵列天线波束会产生栅瓣,若不经过仔细设

计,主波瓣方向图就会产生误差。

③ 相控阵天线的极化控制和处理要比在反射器天线中困难得多。相控阵天线实现宽频带或多波段工作方式要比反射器天线困难得多,反射器天线可提供倍频程的频率覆盖,而对于相控阵天线来说,典型的带宽限制为10%到20%。

4.4.3 相控阵雷达的应用

1. 相控阵雷达在第四代战斗机中的应用

以 F-35 联合攻击战斗机和 F-22"猛禽"战斗机为代表的战斗机的出现,标志着第四代战斗机的诞生。其中,以"宝石柱"(Pave Pilar)和"宝石台"(Pave Pace)为代表的新一代航空电子系统,以及以 AN/APG-77、AN/APG-79 和 AN/APG-81 为代表的有源相控阵雷达是第四代战斗机性能突破的里程碑。AN/APG-79、81 有源相控阵雷达天线如图 4-46 所示。

(a) AN/APG-79　　　　　　　　　(b) AN/APG-81

图 4-46　AN/APG-79、81 有源相控阵雷达天线

AN/APG-77 和 AN/APG-79 有源相控阵雷达从一开始就被要求具有最大的目标检测能力,能够渗透敌方领空,对多目标实现"先敌发现、先敌攻击、先敌击落",因此,采用有源相控阵技术是唯一选择。

(1) AN/APG-79 有源相控阵雷达的技术特点

AN/APG-79 是一种可执行空空和空地作战任务的全数字化、全天候、多功能火控雷达,它是一种宽带有源电扫阵列(Active Electronically Scanned Array,AESA)雷达,具有多目标跟踪与高分辨 SAR 地形测绘的能力,可提供极高分辨率的地形测绘。该雷达的波束扫描十分快捷,这种快速扫描的特点大大增强了雷达的可靠性和生存能力,且降低了成本。它可同时跟踪 20 个以上的目标,并能对所跟踪的目标自动建立跟踪文件,边扫边跟,用交替技术基本上可同时完成空空和空地功能。即使某一目标逃出当前的扫描区域,该雷达仍可重新探测到该目标,并可使用一个单独波束对其进行跟踪。该雷达使用的 T/R 组件非常薄,其厚度与一元硬币的厚度相近。

(2) AN/APG-79 有源相控阵雷达的工作方式

空/空:速度搜索(高 PRF),边搜索边测距(高/中 PRF),边扫描边跟踪(保持 10 个目标,显示 8 个目标);近程自动截获、火炮截获、垂直搜索截获、瞄准线截获、宽角截获、单目标跟踪、火炮引导、攻击判断。

空/地:实波束地形测绘、雷达导航地形测绘;多普勒波束锐化扇形区;多普勒波束锐化贴片;中分辨 SAR;固定目标跟踪;地面动目标指示与跟踪;空地测距;地形回避;精确速度更新。

空/海:海面搜索,可同时为双座舱进行两种不同的工作方式,在该模式下,作用距离大于 180 km;重复频率在高、中、低 PRF 中可调;跟踪能力方面,最大跟踪目标数为 20,最大同时显示目标数为 8。

(3) AN/APG-81 有源相控阵雷达的研制简况

AN/APG-81 有源相控阵雷达是继 AN/APG-77、AN/APG-79 之后为 JSF(F-35)研制的先进雷达,其独特之处在于,它不再是一个独立的电子设备,而是被称为"多功能综合射频系统",作为 JSF 综合传感器系统(ISS)的一部分。

AN/APG-81 有源相控阵雷达有 1 000 多个宽频带 T/R 组件,辐射单元为钉状辐射体,可使天线表面呈现凹凸不平的奇异形状,有助于降低天线的反射,提升隐身效果,$1 m^2$ 目标的探测距离为 170 km 以上。该雷达不仅能够实时跟踪目标、监测敌人电子辐射信号和干扰敌人雷达,还能够承担通信、干扰或目标搜索等任务。空地模式包括超高分辨合成孔径成像、动目标显示和地形跟随等。

2. 相控阵雷达在弹道导弹防御系统中的应用

美国在加紧发展弹道导弹(TBM)系统的同时,也大力发展弹道导弹防御(BMD)系统。弹道导弹防御系统可分为战区导弹防御(TMD)系统和国家导弹防御(NMD)系统。

NMD 系统的基本作战模式实际上也是目标信号获取与处理的过程,最终的结果表现为用拦截导弹拦截并摧毁来袭的洲际弹道导弹的弹头。NMD 系统是一个很复杂的系统,主要由陆基拦截导弹/外大气层杀伤武器(GBI/EKV),陆基雷达(GBR),作战管理与指挥、控制、通信(BM/C³)系统,改进的预警雷达(UEWR)以及由地球同步轨道(GEO)卫星、高椭圆轨道(HEO)卫星和轨道(LEO)卫星构成的预警卫星/天基红外(EWS/SBIRS)五大部分构成,如图 4-47 所示。

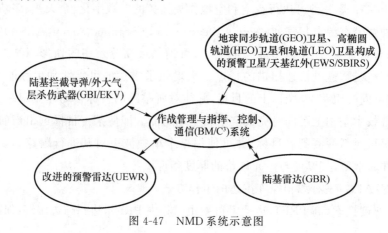

图 4-47　NMD 系统示意图

（1）改进的预警雷达（UEWR）

陆基弹道导弹预警相控阵雷达的任务为：①发现所有威胁导弹，提供发点和落点预报及时间预报；②为反导系统提供告警；③为防御系统提供告警，为制导雷达指示目标，提供交班信息；④向指挥和控制中心提供全部目标信息；⑤"空间垃圾"监视；⑥轨道目标识别；⑦中低轨卫星编目。

目前，美国改进的陆基预警雷达有 AN/FPS-115（Pave Paws）、AN/FPS-130、AN/FPS-133 和 AN/FPS-136 等。图 4-48 为 NMD-UEWR 雷达系统的照片。

图 4-48　NMD-UEWR 雷达系统的照片

该相控阵雷达的工作频率为 420～450 MHz，搜索模式中的带宽为 100 kHz，跟踪模式中的带宽为 1 MHz，它具有检测、跟踪和识别多目标的能力，能准确测量弹道导弹目标的弹发点、弹着点以及目标的空间坐标位置和速度矢量信息。

Pave Paws 系统通常由两个圆形平面相控阵组成，每个阵面后倾 30°，两阵列装在 33 m 高的建筑物的相邻边上。停留在建筑物紧靠阵面的两个角落上的结构塔可横跨阵面移动，工作台通过上升或下降便能接近特定阵元。

控制台可显示各种数据，如特定轨道目标数据、能量管理信息、系统状态信息等。设备监控系统有故障警报和专用打印输出，图形显示器可提供任何故障的精确定位。

Pave Paws 雷达是较为实用的固态空间相控阵雷达，它的设计有以下特点：它是第一部采用全固态两维相扫的空间探测相控阵雷达；雷达天线阵列设计为密度加权平面阵。

Pave Paws 雷达采用等幅馈电的方法，控制有源单元的信号幅度，以改变阵列的照射梯度。在每个 31.4 米宽的阵面上，由 1 793 个有源单元和 885 个无源单元构成 306 m 有效阵列孔径，这些单元分组成 56 个子阵，其阵列中心子阵的稀疏因子为 0.78，并由此逐渐降低，直到阵列边缘子阵的稀疏因子降到 0.37 以下。波束控制计算机可在数毫秒时间量级内改变阵列的相位波前平面。

Pave Paws 雷达两阵面之间的夹角为 120°，波束方位覆盖 240°，仰角覆盖 3～85°，对 10 m² 雷达横截面积的目标探测距离为 5 500 km。每个阵面的平均功率约为 150 kW。两个阵面组合在一起给雷达的计算机综合处理显示器以 240°的视野，在这个角度之间，可以用电子方法在几微秒内将其波束从一个目标移至另一个目标，因而该雷达能同时跟踪大量的目标。

（2）陆基雷达（GBR）

弹道导弹在助推段从零开始逐渐加速，飞行中弹体与尾流具有强烈的红外线辐射和巨大的雷达反射面积，空基或地基的战略远程警戒雷达据此可发现、跟踪、识别目标。在中间飞行段,弹头与末级弹体分离,沿固定弹道惯性飞行;弹头中间飞行段的突防方法很多,如隐身、投放干扰丝和充气假目标,或把末级弹体炸成碎片形成干扰碎片云等。另外,战略弹道导弹的高速弹头与大气摩擦会产生等离子尾流,这有利于雷达的跟踪、识别。突发弹道可以是集中式、分导式或机动式多弹头,这样可使拦截系统的难度加大,雷达系统的识别任务就是从密集目标环境中准确、实时地识别一个或几个真弹头。

图 4-49 为 GBR 的设计和天线的视图。GBR 不仅能用于捕获、跟踪和识别中间段和末段的来袭目标,引导 ERIS、HEDI 等功能拦截导弹,还能评估拦截的杀伤效果。

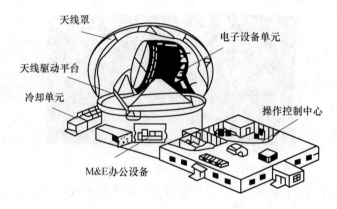

图 4-49   GBR 的设计和天线的视图

GBR 具有很强的识别能力,可区分诱饵和弹头,所以该雷达是 NMD 系统的关键组成部分。GBR 的主要功能为:

① 发现、捕获、跟踪弹道导弹和潜射弹道导弹(SLBM);

② 为大气层内外拦截目标提供有关目标的精确信息;

③ 跟踪和制导反弹道导弹;

④ 目标分类、识别;

⑤ 评估杀伤效果和提供后续拦截信息。

发现发射段的目标并进行目标指示后,可使用陆基的探测和识别雷达,根据加速值和等离子体反射面积等,在大气层中识别目标。因此,反导雷达更应该增大对弹道导弹快速变化的距离参数和增加角坐标的处理速度(即提高数据提取速度)。GBR 功率和孔径特性的主要确定因素是宽角搜索,其次较为重要的因素是同时跟踪大量目标。因此,GBR 采用的有源相控阵雷达具有以下特点:

① 大口径 X 波段有源相控阵天线,角度分辨率高;

② 全固态;

③ 瞬时带宽大,可在子阵级别上实现时间延迟;

④ 可在每个子天线实现分布式 RF、波束控制、电源与液冷;

⑤ 采用光纤连接的分布式子阵波束控制;

⑥ 具有盲配 RF 与液冷插头座;

⑦ 可分拆运输;

⑧ 具有高作战有效性。

4.5　合成孔径雷达技术

合成孔径雷达(Synthetic Aperture Radar,简称 SAR 雷达)是一种利用天线运动,获得较高分辨率的成像雷达。早期雷达在发现目标后,一般以一个亮点等方式表示目标。随着雷达探测距离越来越大,目标数量越来越多,对雷达分辨目标的能力提出了更高的要求。而在解决分辨问题的过程中,雷达由探测目标有无、确定目标三维空间位置的阶段,发展到了对目标形状、尺寸等其他特征参数的感知技术研究阶段。合成孔径雷达能够获得地面被测物的清晰图像,因此广泛应用于军事侦察、轰炸瞄准和轰炸效果监视、地质资源开发、地形测绘和遥感等领域。图 4-50 展示了一幅分辨率为 3 m 的合成孔径雷达的成像图像。

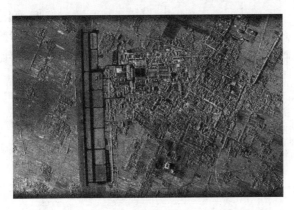

图 4-50　分辨率为 3m 的合成孔径雷达的成像图像

4.5.1　合成孔径雷达的基本原理

对于高分辨率成像雷达,我们使用距离分辨率来描述雷达到目标区域沿视线的分辨率,用横向分辨率来描述雷达视线垂直方向和地平面方向上的距离分辨率。为了强调距离分辨率是沿雷达视线方向的,经常称之为径向距离分辨率。另外,还经常称横向分辨率为方位分辨率,因为它的测量是沿某条直线保持距离不变,通过改变雷达视线的方位获得的。严格来说,合成孔径雷达是一种提高横向分辨率而不是径向距离分辨率的方法,然而因为高的径向距离分辨率对于一个成功的合成孔径雷达来说十分必要,也因为径向距离分辨率和横向分辨率类似,所以我们先简要讨论一下径向距离分辨率以及实现高径向距离分辨率的方法。

对于简单的脉冲雷达,一般认为雷达的径向距离分辨率为

$$(\Delta R)_{\min} = \frac{c\tau}{2} \tag{4-54}$$

式(4-54)中,光速 c 为常数,因而脉冲宽度 τ 越小,径向距离分辨率越好。由此可知,为提

高径向距离分辨率,雷达系统应尽量采用窄的脉冲。例如,两架飞机在雷达所辐射的电波同一方位上相距 50 m(见图 4-51),若发射脉冲宽为 1 μs,则屏面上两架飞机回波将在一起;若发射脉冲宽为 0.1 μs,则屏面上两架飞机回波就可分开。但实际中,τ 的减小存在两个方面的限制:一是雷达中产生发射信号设备的具体物理可实现的限制;二是窄脉冲信号能量相对宽脉冲小,接收端的回波若达不到要求的信噪比,就不能保证在要求的探测距离下实现对目标的有效检测,即探测能力受限。

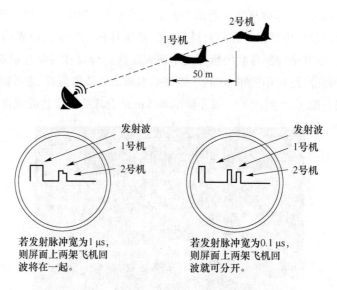

图 4-51　雷达径向距离分辨率示意图

现代雷达主要采用脉冲压缩技术提高径向距离分辨率。脉冲压缩技术是指主动发射时带积大的调制信号,然后在接收时通过"压缩"回波为窄脉冲,以获取足够高的距离分辨率。雷达系统发射时带积大(脉冲宽度和信号带宽的乘积大)的信号,如线性调频、非线性调频、相位编码等,可使系统有效地利用雷达所具有的平均功率容量,避免高峰值功率信号,提高系统的多普勒分辨力。接着,雷达系统在接收机中使用压缩滤波器处理接收回波。压缩滤波器重新调整各频率分量的相对相位,从而得到窄脉冲(或压缩脉冲)。经脉冲压缩技术处理后的回波脉冲宽度变为信号带宽的倒数,信号带宽越宽,经过信号处理后的脉冲宽度越窄,从而实现了径向距离分辨率高数量级的提升。

匹配滤波器是脉冲压缩技术的一种实现。如图 4-52 所示,一个时宽为 τ 的线性调频信号通过脉冲压缩滤波器(匹配滤波器)后,输出信号有一个主峰时宽为 τ_0 的压缩脉冲。输出信号压缩脉冲的主峰旁边有一串峰值较低的波形,称为距离副瓣。

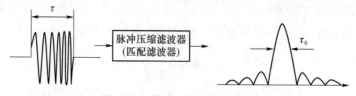

图 4-52　脉冲压缩处理示意图

　　有了高的径向距离分辨率,我们继续讨论横向(方位)分辨率以及实现高横向(方位)分辨率的方法。

　　雷达的横向分辨率是指两个目标处在相同距离上,但角位置有所不同,能够区分的最小角度称为横向(方位)分辨率,如图 4-53 所示。它与波束宽度有关,波束越窄,横向分辨率越高。

图 4-53　雷达横向分辨率示意图

　　根据天线理论,雷达真实波束的方位分辨率可写为

$$\delta_x = \frac{\lambda}{D} \cdot R \qquad\qquad (4\text{-}55)$$

式(4-55)中,λ 为雷达工作波长,单位为 m;D 为雷达天线孔径,单位为 m;R 为雷达与目标之间的距离,单位为 m。

　　假设高空侦察飞机的飞行高度为 20 km,用一 X 波段($\lambda = 3$ cm)侧视雷达进行侦察,如图 4-54 所示。设其方位向孔径 $D = 4$ m,则在离航迹 45 km 处(此处 $R \approx 50$ km)的方位分辨率约为

$$\delta_x = \frac{\lambda}{D} \cdot R = \frac{0.03}{4} \times 50 \times 10^3 = 375 \text{ m}$$

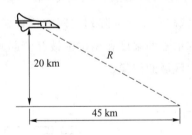

图 4-54　侧视雷达侦察

　　由上例可知,若此时要求系统对该航迹位置的方位分辨率达到 3 m,则需要安装现有阵列天线 125 倍口径的天线(约 500 m)。这种通过增加雷达天线的真实孔径来提高方位分辨率的方法是可行的,也是常见的,但在高数量级的分辨率要求下,继续采用这种方法将极大地限制雷达设备的机动性和隐蔽性。

　　为进一步提高方位分辨率,科学家们开始研究具有高分辨率特性的天线结构,并发现了由许多辐射单元沿直线配置在适当位置上构成的阵列天线。发射时,每个辐射单元同时发射相参信号,接收时,每个阵元又同时接收回波信号,在馈线中同相相加,便可形

成很窄的方位接收波束,亦能得到很高的方位分辨率。于是科学家们参考长线性阵列物理天线的特性,用信号处理的方法制作了一个等效的长天线(而非真正采用物理的长天线),以达到高方位分辨率效果。图 4-55(a)是一个由 N 个阵元组成的大孔径的长线性天线,它具有很大的天线口径尺寸。假设只用单个阵元(或一个小孔径天线)先在长线阵天线第一个阵元处发射和接收,再移到第二个阵元处发射和接收,依次进行,一直到第 N 个阵元处发射和接收完为止,如图 4-55(b)所示。之后把每次收到的回波信号依次存储起来,待 N 个阵元所接收的回波信号到齐后,将所有回波信号同相相加,这样的结果与 N 元长线阵天线同时发射和接收是类似的,也可以获得更好的方位分辨率。这一概念下的技术称为合成孔径。采用合成孔径天线技术的雷达称为合成孔径雷达。同样,阵元(或小孔径雷达)不动而目标运动也可以获得高方位分辨率,按这种方式工作的雷达称为逆合成孔径雷达(Inverse Synthetic Aperture Radar,ISAR)。

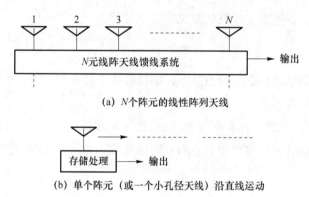

(a) N 个阵元的线性阵列天线

(b) 单个阵元(或一个小孔径天线)沿直线运动

图 4-55 N 个阵元的线性阵列天线和单阵元天线

　　合成孔径雷达单个天线依次占据合成阵列空间的位置如图 4-56 所示。在合成阵列里,每个天线位置上所接收的信号的幅度和相位都被存储起来。这些被存储的数据经过处理,再成像为被雷达所照射区域的图像。

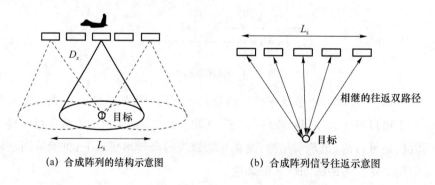

(a) 合成阵列的结构示意图　　　　　　(b) 合成阵列信号往返示意图

图 4-56   合成阵列的结构示意图和合成阵列信号往返示意图

　　以如图 4-57 所示的 N 个阵元的线性阵列天线为例,此线性阵列的辐射方向图可定义为单个阵元辐射方向图和阵列因子的乘积。阵列因子是阵列里天线阵元均为全向阵

元时的总辐射方向图。若忽略空间损失和阵元的方向图,则线性阵列的输出电压可表示为

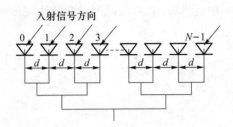

图 4-57　N 个阵元的线性阵列天线的示意图

$$V_R = \sum_{n=0}^{N-1} \{A_n \exp[-j(2\pi/\lambda)d]\}^2 \tag{4-56}$$

式(4-56)中,V_R 为阵列输出的各阵元幅度的平方之和;A_n 为第 n 个阵元的幅值;d 为线性阵列阵元的间距;N 为线性阵列中阵元的总数。阵列的半功率点波瓣宽度为

$$\theta_{0.5} = \frac{\lambda}{L} (\mathrm{rad}) \tag{4-57}$$

式(4-57)中,L 为实际线性阵列的总长度。若阵列对目标的斜距为 R,则其方位分辨率为

$$\delta_x = \frac{\lambda R}{L} (\mathrm{m}) \tag{4-58}$$

在忽略空间损失和阵元方向图的情况下,合成阵列的输出电压为

$$V_S = \sum_{n=0}^{N-1} \{A_n \exp[-j(2\pi/\lambda)d]\}^2 \tag{4-59}$$

式(4-59)中,V_S 为同一阵元在 N 个位置合成孔径阵列输出的幅度平方之和。其区别在于每个阵元所接收的回波信号是由同一个阵元的照射产生的。

所得的实际线性阵列与合成阵列的双路径方向图的不同之处见图 4-58。

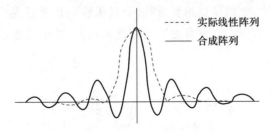

图 4-58　实际线性阵列和合成阵列的双路径方向图的不同

合成阵列的有效半功率点波瓣宽度近似于相同长度的实际线性阵列的一半,即

$$\theta_S = \frac{\lambda}{2L_S} \tag{4-60}$$

式(4-60)中,L_S 为合成孔径的有效长度,它是当目标仍在天线波瓣宽度之内时飞机飞过的距离,如图 4-59 所示;因子 2 代表合成阵列系统的特征,出现的原因是合成孔径在各

阵元位置以自发自收工作,相邻两阵元位置的双程波程差为 $2d\sin\theta/\lambda$,即比实际阵列单独接收时大一倍,阵元间隔长度对相位差的影响加倍,相当于使其等效阵列长度大一位,即变成了 $2L_S$。从图 4-58 中还可看到,合成阵列的旁瓣比实际阵列稍高一点。

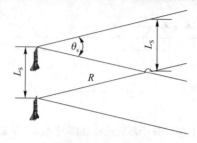

图 4-59 侧视合成孔径雷达的几何图

用 D_x 作为单个天线的水平孔径,则合成孔径的长度为

$$L_S = \frac{\lambda R}{D_x} \tag{4-61}$$

合成孔径阵列的方位分辨率为

$$\delta_S = \theta_S R \tag{4-62}$$

将式(4-60)和式(4-61)代入式(4-62),得方位分辨率为

$$\delta_S = \frac{\lambda}{2L_S}R = \frac{\lambda R}{2}\frac{D_x}{\lambda R} = \frac{1}{2}D_x \tag{4-63}$$

式(4-63)有几点值得注意。首先,方位分辨率与距离无关。这是由于合成天线的长度 L_S 与距离呈线性关系,因而长距离目标比短距离目标的合成孔径更大,如图 4-60 所示。其次,方位分辨率和合成天线的"波束宽度"不随波长的变化而变化。虽然式(4-61)所表示的合成波束宽度随波长的加长而展宽,但是由于长的波长比短的波长的合成天线长度更长,从而抵消了合成波束的展宽。最后,如果将单个天线做得更小一些,则分辨率就会更好一些,这正好与实际天线的方位分辨率的关系相反,这可参照图 4-61 来解释。因为单个天线做得越小,其波束就越宽,因而合成天线的长度就更长。当然,单个天线小到什么程度是有限制的,因为它需要足够的增益和孔径,以确保合适的信噪比。

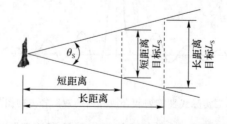

图 4-60 目标距离对侧视合成孔径雷达的影响示意图

为达到式(4-63)的方位分辨率,需要对信号进行附加处理,即对合成孔径雷达天线在每一位置上所收到的信号进行相位调整,使这些信号对于一个给定的目标来说是同相的。

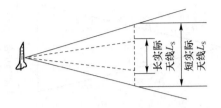

图 4-61　单个天线尺寸对侧视合成孔径雷达的影响示意图

根据合成孔径信号处理方式的不同,可将合成孔径雷达分为聚焦和非聚焦合成孔径雷达。图 4-62 给出了聚焦和非聚焦合成孔径雷达的工作示意图。

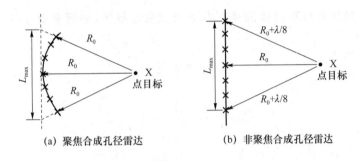

(a) 聚焦合成孔径雷达　　　　　(b) 非聚焦合成孔径雷达

图 4-62　聚焦和非聚焦合成孔径雷达的工作示意图

聚焦合成孔径雷达如图 4-62(a)所示。飞行平台沿着以点目标为圆心、目标斜距 R_0 为半径的圆飞行。在这个过程中,在合成积累时间内收到的目标回波信号的相位是同相的,可进行同相叠加处理。然而飞行平台实际上是沿直线飞行的,直线上各发射位置和目标之间的距离并不相等(常常由大变小再变大),因此在合成积累时间内,所接收的目标回波信号的相位是不同相的。但为了达到同相叠加聚焦处理的目的,可以采用相关器进行处理,即用一个和目标回波信号多普勒频移变化同相的基准信号进行相位补偿来实现。

非聚焦合成孔径雷达不对点目标回波信号进行相位补偿,而是直接进行相加处理。这也能在一定范围内提高方位分辨率,但效果要比聚焦合成处理差些。这是因为没有对点目标回波信号进行相位补偿,相应的等效合成孔径天线长度受到了限制,如图 4-62(b)所示。等效合成孔径天线长度为 $L_{\max}$,如果超过此长度,则两个端点目标回波信号的相位与合成孔径中心点目标回波信号的相位的双程相位差将超过 $\pi/2$,这时矢量合成的结果不仅不能使总幅度增加,反而会使其减小。因此,非聚焦合成孔径等效长度最大为 $L_{\max}$,而两端点距点目标的距离为 $R_0+\lambda/8$。设 L_S 为非聚焦合成孔径长度,下面我们来计算非聚焦合成孔径雷达的分辨率。

先确定非聚焦合成孔径长度 L_S。由图 4-63 所示的几何关系得:

$$\left(R_0+\frac{\lambda}{8}\right)^2=\frac{L_S^2}{4}+R_0^2 \tag{4-64}$$

图 4-63 表明,一个目标到非聚焦式合成阵列中心和边沿的双程距离差应等于 $\lambda/4$,

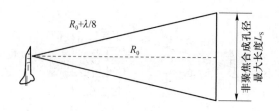

图 4-63　非聚焦合成孔径最大长度

以保证合成孔径范围内的回波相干相加。式(4-64)可简化为

$$\lambda\left(R_0 + \frac{\lambda}{16}\right) = L_S^2 \tag{4-65}$$

由于非聚焦处理时散射体总是在合成天线的远场区,故通常 $R_0 \gg \lambda/16$,式(4-65)变成

$$L_S \approx \sqrt{\lambda R_0} \tag{4-66}$$

从而

$$\theta_S \approx \frac{\lambda}{2}(\lambda R_0)^{-\frac{1}{2}} = \frac{1}{2}\sqrt{\frac{\lambda}{R_0}} \tag{4-67}$$

$$\delta_S \approx \frac{1}{2}\sqrt{\lambda R_0} \tag{4-68}$$

结果表明,非聚焦处理所得到的方位分辨率与雷达工作波长合成斜距之积的平方根成正比,而与实际天线孔径的大小无关。另外,非聚焦合成孔径也要比聚焦合成孔径的分辨率差些,但是信号处理却简单得多。

图 4-64 为非聚焦合成孔径雷达处理的示意图。首先,在飞行路径的每个位置上接收各距离单元上的信号;其次,对不合格的方位角进行校正并加以存储;再次,当各距离单元存储到所需的信号数之后,将来自不同天线位置的信号相干地相加;最后,对每个距离单元进行求和处理,并将所得结果送入显示阵列。

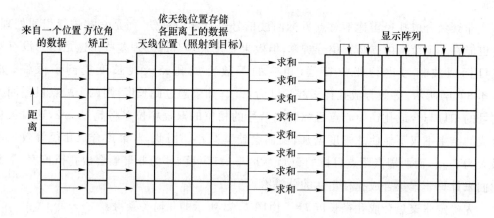

图 4-64　非聚焦合成孔径雷达处理的示意图

在聚焦式中,给阵列中每个位置收到的信号都加上适当的相移,并使同一目标的信号都位于同一距离门之内。于是,合成后的方位分辨率与距离无关,D_x 的全部方位分辨

率都可以实现。图 4-65 为距离有差别的一组样本的数据,其中图 4-65(a)为一组原始样本数据,图 4-65(b)为一组聚焦校正后的样本数据。

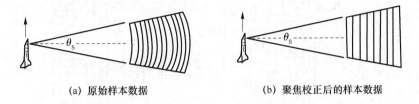

(a) 原始样本数据　　　　　　　　　(b) 聚焦校正后的样本数据

图 4-65　原始样本数据和聚焦校正后的样本数据

相位校正应使用图 4-66 所示的聚集原理。对于第 n 个阵元位置的相位校正,根据图 4-66 可列出如下方程:

$$(\Delta R_n + R_0)^2 = R_0^2 + (ns)^2 \tag{4-69}$$

式(4-69)中,R_0 为从垂直的合成孔径雷达阵元到被校正的散射体的距离;ΔR_n 为垂直的合成孔径雷达阵元和第 n 个阵元之间的距离差;n 为被校正阵元的序号;s 为阵元之间的飞行路径间距。

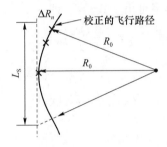

图 4-66　聚焦原理示意图

由于 $\Delta R_n / 2R_0 \ll 1$,则由上述方程可解出

$$\Delta R_n = \frac{n^2 s^2}{2R_0} \tag{4-70}$$

与聚焦距离误差有关的相位误差为

$$\Delta \phi_n = \frac{2\pi(2\Delta R_n)}{\lambda} = \frac{2\pi n^2 s^2}{\lambda R_0} \tag{4-71}$$

式(4-71)中,$2\Delta R_n$ 是因为考虑了双程波误差。

图 4-67 为聚焦处理示意图。图 4-67 左侧数据框中的数据表示实际天线波束一个合成孔径雷达处理周期的数据。对框内的数据阵实施相位校正,于是图 4-65(a)表示的数据就变换成了图 4-65(b)表示的数据。在被校正的距离单元范围内对结果求和,这个和就是在被处理的距离和横向距离上的图像像素。之后,沿着飞行途径数据阵列逐步引入下一个图像像素且对其进行重复处理。若处理器速度足够快,则显示器上将实时呈现一条图像带;若处理器速度不够快,则需将一批阵元数据点加以积累、存储以及后处理,以便得到一个图像。

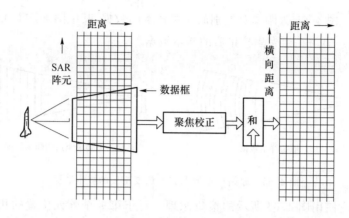

图 4-67　聚焦处理示意图

下面对常规雷达天线、非聚焦合成孔径和聚焦合成孔径这三种技术进行比较。

① 常规雷达天线：这种情况下的方位分辨率依赖于发射波束宽度。

② 非聚焦合成孔径：合成孔径的长度可以达到非聚焦技术容许的数值。

③ 聚焦合成孔径：合成天线的长度等于每个距离上发射波束的线性宽度。

常规情况的线性方位分辨率可由下式给出，即

$$\delta_{x_R} = \frac{\lambda R}{D}(\text{rad}) \tag{4-72}$$

非聚焦型情况下的分辨率为

$$\delta_{x_u} = \frac{1}{2}\sqrt{\lambda R}(\text{rad}) \tag{4-73}$$

聚焦型情况下的分辨率为

$$\delta_{x_S} \approx \frac{D_x}{2}(\text{rad}) \tag{4-74}$$

其中，λ 为雷达发射信号的波长，单位为 m；R 为到需要分辨目标的距离，单位为 m；D 为实际天线的水平孔径有效长度，单位为 m；δ_{x_R} 为采用实际天线的方位分辨率，单位为 m；δ_{x_u} 和 δ_{x_S} 分别为采用非聚焦型和聚焦型合成天线的方位分辨率；L_S 为合成天线的有效长度，单位为 m。三种情况下，方位分辨率与雷达距离的关系曲线如图 4-68 所示（天线孔径选取为 1.5 m，波长选取为 3 cm）。

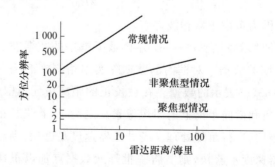

图 4-68　三种情况下方位分辨率与雷达距离的关系曲线

举例:某机载正侧视雷达,工作波长 $\lambda=3$ cm,真实天线孔径长度 $D_x=4$ m,测绘的最大斜距 $R_0=50$ km,求聚焦处理、非聚焦处理合成孔径雷达和真实孔径侧视雷达的方位分辨率理论值。对聚焦处理合成孔径雷达而言,$\delta_S=D_x/2=4/2=2$m;对非聚焦处理合成孔径雷达而言,$\delta_x=\sqrt{R_0\lambda}/2=\sqrt{50\times10^3\times0.03}/2=19.3$m;对真实孔径侧视雷达而言,$\delta=\lambda R_0/D_x=0.03\times50\times10^3/4=375$m。可见,采用非聚焦处理仍然可以获得比常规雷达高数十倍的方位分辨率。

4.5.2　合成孔径雷达技术的特点

合成孔径雷达是一种远距离的目标探测与感知技术,与可见光/红外遥感技术相比,它具有以下几个优点。第一,由于雷达是一种拥有自己的照射源的有源传感系统,因此与无源传感系统不同的是,它不是完全依靠地球表面反射或辐射的能量来工作的,因而在白天或晚上均能获取图像。第二,雷达工作于电磁频谱的微波区,较长波长的微波能量能穿透云层、薄雾和雨。因此,合成孔径雷达能在可见光/红外系统不可见的不利天气条件下工作。合成孔径雷达使用微波能量进行观测,得到的是只有在微波区才有的地球特征,而对于这些特征,可见光/红外系统是检测不到的。因此,合成孔径雷达在民用和军用的众多领域得到了广泛应用。

合成孔径雷达的主要特点归纳如下。

① 透射性强。不受气候、昼夜等因素影响,能够全天候、全天时成像,若波长合适,还能透过一定的遮蔽物。

② 包括多种散射信息。不同的目标往往具有不同的介电常数、表面粗糙度等,它们对微波的不同频率、透射角及极化方式将呈现不同的散射特性和不同的穿透力,这一性质为目标分类及识别提供了极为有效的新途径。

③ 具有距离和方位二维高分辨率。

④ 如果采用并行轨道或者具有一定基线长度的双天线形成干涉式合成孔径雷达(Interferometric Synthetic Aperture Radar,InSAR),还可以获得包括地面高度信息在内的三维高分辨图像。

4.5.3　合成孔径雷达的工作模式

合成孔径雷达的工作模式包括正侧视合成孔径雷达、斜视合成孔径雷达、聚束式合成孔径雷达。

1. 正侧视合成孔径雷达

正侧视成像是最常用的合成孔径雷达成像模式,其成像区域为垂直于飞行平台航向的测绘条带,如图 4-69 所示。这种模式是研究最为透彻的合成孔径雷达成像模式,其信号处理算法最成熟,应用最广泛。

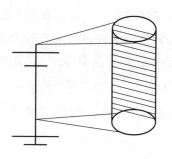

图 4-69　机载正侧视合成孔径雷达示意图

2. 斜视合成孔径雷达

斜视成像是对不垂直的侧向测绘条带进行合成孔径雷达成像的方法,如图 4-70 所示。由于斜视,成像区域相对于飞行平台的径向多普勒频率会相应减小,因此需要更长的积累时间,成像难度加大。此外,成像区域中心的多普勒频率不为零,即飞行平台回波形成的方位线性调频信号的中心频率不为零,因此需要在方位脉冲压缩中补偿这一影响。

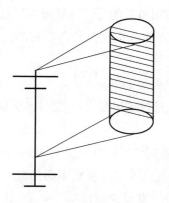

图 4-70　机载斜视合成孔径雷达示意图

3. 聚束式合成孔径雷达

聚束式合成孔径雷达成像是使雷达波束中心始终指向某一区域的成像方法,如图 4-71 所示。这种成像方式类似于转台成像,通常采用基于转台成像的处理方法和线性调频变标(Chirp Scaling,CS)成像算法对信号进行处理。由于它的方位分辨率不依赖于天线的口径,而是取决于雷达视线角转过的角度,因而是最高的。

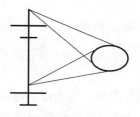

图 4-71　机载聚束式合成孔径雷达示意图

一般情况下,条带式合成孔径雷达应用于大范围成像,聚束式合成孔径雷达应用于小区域的高分辨率成像。普通的机载合成孔径雷达具有固定的天线指向,在雷达数据录取过程中,可获得地面上一条带状区域的地貌信息,经聚焦处理,可知条带式合成孔径雷达的理想方位分辨率等于天线真实孔径长度的一半。

聚束式合成孔径雷达的方位分辨率只由雷达的工作波长和雷达视线角所转过的范围 $\Delta\theta$ 决定。聚束式合成孔径雷达的方位分辨率与实际的天线长度无关这一点突破了传统条带式合成孔径雷达的方位分辨率受限于天线真实孔径长度的束缚。正因为如此,真正的窄波束天线才得以应用到合成孔径雷达技术中来,并带来天线增益高、信号噪声比大以及探测距离远等优势。

与条带式合成孔径雷达一样,聚束式合成孔径雷达是雷达成像系统中的工作模式之一。在其成像过程中,雷达随飞行平台做匀速直线运动,且雷达波束角始终对准被测目标区域中心。这种对目标区域中心的跟踪过程使得雷达视线的方向随着载机的飞行而不断地发生着转动。这种转动为雷达提供了较长的目标观测时间,即合成孔径时间,从而使其获得普通条带式合成孔径雷达难以达到的方位分辨率。

对于成像目标而言,聚束式合成孔径雷达的雷达波束是以不同的入射角照射的,因而可在成像过程中获得有关目标的不同侧面的信息。另外,聚束式合成孔径雷达的雷达视线能够跟踪成像目标区域中心,再配以出色的成像能力,能为机上的武器投放系统提供有效、准确的目标信息。

4.6　典型雷达系统

4.6.1　监视雷达

监视雷达(Surveillance Radar)也称为搜索雷达,它的主要作用是搜索、监视、识别空中(或海面)的目标,并确定其坐标和运动参数。监视雷达主要有警戒雷达与引导雷达两大类,进一步,又可按距离将二者分为远程、中程和近程雷达。警戒雷达的区分标准:对典型歼击机的发现概率为 50%、探测距离大于 400 km、高度覆盖大于 35 000 m,为远程雷达;探测距离大于 250 km、高度覆盖大于 25 km,为中程雷达;探测距离大于 150 km、高度覆盖大于 10 000 m,为近程雷达。引导雷达的区分标准:对典型歼击机的发现概率为 80%、探测距离大于 350 km、高度覆盖大于 25 km,为远程雷达;探测距离大于 250 km、高度覆盖大于 20 km,为中程雷达;低于上述指标,为近程雷达。

地基常规对目标探测的雷达包括:能同时测量目标距离、方位、高度的三坐标雷达,它适用于大批量目标的引导和监视;只能测量目标距离和方位的两坐标监视雷达,它主要担负警戒任务;用于加强低空探测和补盲的低空补盲雷达。探测导弹的地面雷达包括:对中远程导弹进行探测的战略预警雷达、对战术导弹进行探测的相控阵雷达、为地面拦截武器提供信息的目标指示雷达等。下面对其中几种雷达进行介绍。

1. 两坐标监视雷达

雷达的观察空域包括雷达最大作用距离、方位角观察空域和仰角观察空域。对于大部分负责警戒任务的两坐标监视雷达,其方位角观察空域都是0～360°,而仰角观察空域多在0～30°,最大观察高度为20～30 km。对于两坐标监视雷达,可用其威力图来描述雷达观察空域。图4-72为典型远距离两坐标监视雷达的威力图。一般两坐标远程监视雷达的最大作用距离为300～400 km,两坐标中程监视雷达的最大作用距离为100～200 km,而用于低空补盲、海岸防御、陆军战术防空的两坐标近程监视雷达的作用距离则多在40～100 km范围内。

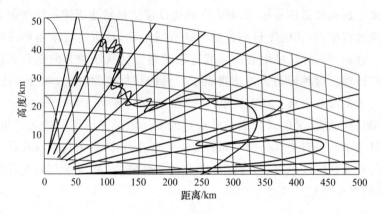

图 4-72　典型远距离两坐标监视雷达的威力图

两坐标监视雷达主要分为两类:一类两坐标监视雷达的主要用途是监视、发现空中(或海面)目标,并测量目标的距离和方位;另一类两坐标监视雷达是测高雷达,主要用于测量目标的距离和高度。测高雷达与普通两坐标监视雷达相结合可获得目标三坐标位置信息。

两坐标监视雷达的历史最长,早期的雷达系统都是两坐标监视雷达,如今这种雷达仍是各国使用最多的雷达。目前,低空与超低空突防、隐身技术、反辐射导弹等对雷达的威胁日趋严重,各国在研制新型三坐标雷达的同时,也在寻求通过高性能的低空两坐标监视雷达、米波雷达、分米波雷达来实现远程警戒和低空补盲,综合提高雷达防空网的生存能力。

两坐标监视雷达与三坐标雷达相比,造价更低,操作更方便,更适合大批量装备部队。为了探测各类低空目标,需要将多部低空两坐标监视雷达组成观察网。

2. 三坐标雷达

顾名思义,三坐标雷达就是指能在天线旋转一周的时间内同时获得多个目标的方位、距离、仰角这三个坐标参数的雷达。

在防空网中,三坐标雷达主要配置在引导拦击网内,并作为引导雷达引导我机拦击敌机。一般来说,这种雷达配置在第二线上。大型远程三坐标雷达往往作为要塞防空或区域防空中的骨干警戒引导雷达;机动型中程三坐标雷达可以快速转移、布防,增强防空网中雷达的重组能力;近程高机动三坐标雷达可以作为武器系统的目标指示雷达、大型骨干雷达的补盲雷达和在防空网中反应快速的应急补缺雷达。

三坐标雷达为了获得第三个坐标和高度数据,仰角上常用窄波束堆积邻接排列来布满仰角空域,通常需采取 6 个、9 个或 12 个窄波束。这样一来,为获得高度数据就要用 6 路、9 路或 12 路接收机,但这样会增加设备的复杂程度和造价。另外,还有一种办法是用窄波束在仰角空域以频扫天线和相扫天线进行电扫描。三坐标雷达的优点是能够同时发现、录取和跟踪多批目标。配高制雷达一帧一般只能配三批目标,老式的 V 波束雷达也只有十批左右,而三坐标雷达一帧可以跟踪 36 批、72 批、128 批、200 批甚至 400 批目标。于是,尽管三坐标雷达费用昂贵,各国依然竞相发展。

3. 低空补盲雷达

雷达探测低空目标时,由于各种背景杂波信号很强,目标的回波信号在杂波中难以被发现,加上地球曲率的影响,雷达的低空探测距离大大缩短,故低空突防武器入侵时,预警时间很短,威胁非常大。

低空、超低空突防的主要武器是轻型、中型战略和战斗轰炸机、歼击机、攻击型直升机以及飞航式导弹。低空、超低空突防是利用地形遮挡和雷达盲区来避开雷达监视的。一般来说,突防高度在海上低达 15 m,在平原低达 30 m,在山地低达 120 m。

为了有效地应对低空、超低空突防武器的突然入侵,各国多年来投入大量人力和物力研制成功了各种先进的地面低空监视雷达,即低空补盲雷达系统。例如:法国的THMSON-CSF 公司先在 Tiger 低空补盲雷达的基础上研制了 TRS2105 和 TRS2106 机动式雷达,后来又研制了三坐标低空补盲雷达 RAC 和 FLAIR;美国的 Westinghouse 公司研制了机动式雷达 MRSR,而 ITT-Gilfillan 公司研制了全固态战术相控阵低空补盲雷达 STAR;德国的 AEG-Telefunken 公司研制了 TRM-3D 和 TRM-L 低空补盲雷达。

4. 目标指示雷达

(1)地空导弹目标指示雷达

地空导弹是国土防空的重要兵器,主要用来对付从中高空、中低空入侵的飞机和战术导弹。为提高国土防空和地-空导弹的作战效能,国内外都在研制指挥自动化防空系统。这种指挥系统由三坐标雷达、低空补盲雷达、制导雷达、通信及指挥控制设备等组成。它能自动地将主战雷达、低空补盲雷达获取的信息及远方情报综合起来,实时地进行动态优化、目标和火力分配,并将分配结果通过无线电传到导弹营,指挥导弹营进行作战。在敌机多架次、多批次、多层次、多方向的空袭中,它能全面掌握雷达监视范围内的空中目标,具有远程警戒、多目标跟踪、情报综合和对多个导弹营进行动态优化、火力分配等功能。除此之外,它还能向来袭的战术导弹提供预警,为反导武器系统提供可靠的目标指示信息。

(2)高炮射击指挥雷达

高射炮是防空系统的主要兵器,与地-空导弹、歼击机相比,价格便宜,装备量大。高射炮分为自行高射炮、牵引高射炮及弹炮结合系统,主要用来对付低空、超低空入侵的歼击轰炸机和武装直升机。要使这些武器具有较强的战斗力,必须配备目标指示雷达和指挥控制系统。将雷达与指挥控制设备集成在一部装甲履带车或轮式车上,就是所谓的高炮射击指挥雷达(简称防空指挥车)。它对自行高射炮部队在进攻、防御、结集行军中的机械化、摩托化步兵实施统一的作战指挥,具有涉水、爬坡、穿越丛林和山地以及边行军边工作的能力,是具有高机动野战能力的情报收集、综合处理和作战指挥中心。

4.6.2 跟踪雷达

跟踪雷达通常是指能够连续跟踪特定目标,不断地精确测量并输出目标坐标位置(如方位角、俯仰角、斜距和径向速度等参数)的雷达。连续跟踪、高精度测量和高数据率输出是跟踪雷达的主要特点。跟踪雷达一般采用高增益笔形波束天线来实现在角度(方位角和俯仰角)上对目标的高精度跟踪和测量。

雷达不仅要探测目标是否存在(发现目标),还要在距离上或一两个角坐标上确定目标的位置。另外,当雷达不断观察一个目标时,还可以提供目标的运动轨迹(航迹),并预测其未来的位置。人们常常把这种对目标的不断观察叫作"跟踪"。目前,雷达至少有扫描跟踪和连续跟踪两类对目标进行"跟踪"的方式。

扫描跟踪:是指雷达波束在搜索扫描情况下对目标进行跟踪。常见的扫描跟踪方式有边扫描边跟踪(Rrack While Scan,TWS)方式、扫描加跟踪(Track and Search,TAS)方式、自动检测和跟踪(Automatic Detection and Track,ADT)方式等。现代军用对空监视雷达、民用空中交通管制雷达几乎都采用 ADT 方式。这种方式的优点是可以同时"跟踪"几百批甚至上千批目标,缺点是数据率低且测量精度差,一般用于搜索雷达,其波束在扫描状态下对目标实施开环跟踪,主要任务是目标搜索、探测和精度要求不高的测量。通常称这种扫描跟踪雷达为搜索雷达或监视雷达。

连续跟踪:是指雷达天线波束连续跟随目标。在连续跟踪系统中,为了实现对目标的连续随动跟踪,通常采用"闭环跟踪"方式,即利用天线指向与目标位置的角度差形成角误差信号,并将该角误差信号送入闭环的角伺服系统,驱动天线波束指向随目标的运动而运动。而在扫描跟踪系统中,其角误差输出则直接送至数据处理组件而不去控制天线对目标的随动。本节把采用连续闭环跟踪的雷达称为"跟踪雷达",这也符合人们通常的叫法。跟踪雷达的主要任务是实现对目标的高精度测量。本节主要讨论能对目标实施连续跟踪的跟踪雷达。

1. 跟踪雷达的特点和组成

如前所述,跟踪雷达通常是指那些能够连续自动跟踪目标、不断对目标进行精确测量并输出其坐标位置参数(如方位角 A、俯仰角 E、斜距 R、径向速度 V 等)的雷达。连续闭环自动跟踪、高精度的目标坐标参数测量以及高数据率的数据输出是跟踪雷达的主要特点。典型跟踪雷达的基本组成框图如图 4-73 所示。

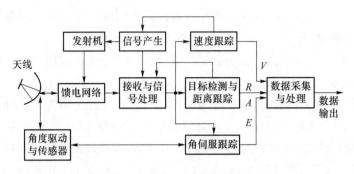

图 4-73　典型跟踪雷达的基本组成框图

跟踪雷达的天线一般采用高增益笔形波束天线来实现在角度（方位角和仰角）上对目标进行的高精度跟踪和测量。当目标在视角上运动时，雷达通过角伺服随动系统驱动天线波束跟随目标运动，以实现对目标的连续跟踪，并由角度传感器不断地送出天线波束的实时指向位置（方位角和仰角）数据。

跟踪雷达的天线可以是抛物面天线，也可以是平板天线、阵列天线、相控阵天线。对天线的一个基本的要求是能够和馈电网络一起检测目标与天线轴线之间的偏离，即检测产生的角偏离误差，以便实现对目标的连续角度跟踪。

跟踪雷达发射笔形波束，通过接收目标回波跟踪目标的方位、俯仰角、距离和多普勒频率。雷达的分辨单元由天线波束宽度、发射脉冲宽度（或带宽）及多普勒频带宽度决定。与搜索雷达相比，跟踪雷达的分辨单元通常要小得多，这样可以获得更高的测量精度和排除来自其他目标、杂波及干扰等不需要的回波信号。跟踪雷达的波束通常较窄（零点几度到 2°），因此常常依赖搜索雷达或其他目标指示信息来捕获目标。跟踪雷达通常采用窄脉冲信号工作，以保证在距离上对目标进行高精度跟踪和测量。当目标距离变化时，跟踪雷达通过距离随动系统（数字式）移动距离波门，以实现对目标的距离跟踪。距离门的延迟数据即目标距离。跟踪雷达对目标径向运动速度的跟踪测量过程类似于上述角度跟踪测量和距离跟踪测量。

这里需要特别指出的是，实现对特定目标在距离上的连续自动闭环跟踪是跟踪雷达实现角度连续自动跟踪和其他参数自动闭环跟踪的前提和基础。

跟踪雷达除了具有目标检测所必需的发射机、天馈线、接收机、信号产生功能、信号处理及数据处理功能外，还必须具有目标跟踪和测量所必需的多个自动闭环跟踪回路。除了如图 4-73 所示的距离跟踪回路、速度跟踪回路和角度跟踪回路外，根据不同的需要，跟踪雷达一般还具有自动增益（跟踪目标回波幅度）跟踪回路、自动频率跟踪回路（跟踪回波信号频率）等。有的跟踪雷达还具有极化（回波偏振）自适应跟踪回路。

目前的跟踪雷达不仅采用单脉冲技术，还采用相控阵技术、脉冲多普勒技术、脉冲压缩技术、动目标显示技术以及雷达成像技术等，以满足多种功能和高性能要求。

2. 跟踪雷达的应用和分类

跟踪雷达是雷达领域的一个重要家族，门类很多，广泛应用于军事和民用领域。其中的主要应用有武器控制、靶场测量、空间探测等。在这些应用中，雷达通常需要具有较高的测量精度，并且需要对目标的未来位置做出精确预测。有些应用还要求雷达具有目标特征测量和成像功能。

从战术应用上，跟踪雷达可分为武器控制（或称火控）跟踪雷达、靶场测量跟踪雷达、空间探测跟踪雷达以及民用跟踪雷达。

从跟踪测量精度上，跟踪雷达可分为中精度跟踪测量雷达和高精度（精密）跟踪测量雷达。一般情况下，武器控制跟踪雷达为中精度跟踪测量雷达，其角度跟踪测量精度在1到几个毫弧度的量级，距离跟踪测量精度为几十米；而靶场测量跟踪雷达和空间探测跟踪雷达多为高精度跟踪测量雷达，又称精密跟踪测量雷达，其角跟踪测量精度为0.1 mrad 的量级，距离跟踪测量精度为几米，测速精度在 0.1 m/s 的量级。

从采用信号的形式上，跟踪雷达通常又分为脉冲跟踪雷达和连续波跟踪雷达。

从采用的角跟踪体制上，跟踪雷达又分为圆锥扫描雷达和单脉冲雷达。单脉冲雷达又可细分为比幅单脉冲雷达、比相单脉冲雷达以及和差单脉冲雷达。

从雷达天线波束扫描方式上，跟踪雷达又分为机械扫描跟踪雷达、相控阵（电子扫描）跟踪雷达以及混合式（机械扫描＋电子扫描）跟踪雷达。

通常，人们把具有反射面天线的单脉冲雷达称为单脉冲跟踪测量雷达，而把具有相控阵天线的单脉冲雷达称为相控阵跟踪测量雷达。

典型的脉冲测量雷达都采用单脉冲体制，并分为相参型和非相参型两种。相参型脉冲测量雷达的发射机的载波频率和接收机的本振频率来自一个频率源，收发信号相参，具有测量目标径向速度的功能。相参型脉冲测量雷达的发射机由二至三级功率放大器组成，测速系统为目标多普勒频率的频率自动跟踪测量系统，这种系统设备大、造价高。非相参型脉冲测量雷达的发射机为振荡式，设备较简单，造价也较低。典型相参型脉冲测量雷达的原理框图如图 4-74 所示。

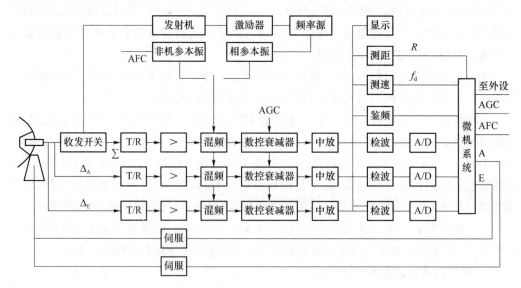

图 4-74　相参型脉冲测量雷达的原理框图

典型的单脉冲相控阵精密跟踪测量雷达的核心,是用一个空馈相控阵天线阵面代替精密天线座转台上的抛物面反射体天线,使单脉冲雷达的针状波束在对一个主要运动目标连续进行精密跟踪测量的同时,通过控制相控阵面内移相器的相位变化,在一定角度范围内进行快速捷变,经此跟踪测量其他多个运动目标。这种雷达用途广泛,可完成地空导弹外测、空空导弹外测、地地导弹外测、靶机控制、空域监视和载人航天测量等任务。

4.6.3 机载雷达

在防空系统及各类作战指挥控制系统中,机载雷达占有重要地位。由于平台升空,各类机载预警雷达、机载搜索与监视雷达突破了地球曲率对雷达观测视距的限制,增加了对低空入侵飞机、巡航导弹及水面舰艇的观测距离,提高了防空系统和各级作战指挥系统的响应速度。由于受到飞行平台的限制,机载雷达对体积、重量和环境条件的要求均比地基或舰载雷达严格。另外,平台运动及强地-海杂波的影响对机载雷达技术性能提出了更高的要求。在现代战争及电子战环境下,机载雷达面临许多新问题。

1. 机载预警雷达

机载预警雷达的任务可分为军用与民用两方面。机载预警雷达在军用方面的首要任务是低空补盲。由于地球曲率的影响,地面雷达发现低空目标的能力是极为有限的,因此需要依靠机载预警雷达来弥补这方面的不足。当目标处于低空时,必须提升雷达天线的高度,否则不可能有足够的作用距离或预警时间。因此,机载预警雷达是防止低空入侵的重要手段。机载预警雷达在军用方面的另一个重要任务是指挥空战,它是现代战场的空中指挥中心。由于机载预警雷达具有较高的平台高度以及较大的活动范围和威力,因此可以协调我方的战斗机群编队,引导它们到敌方所在的空域。这样,战斗机可以不开启自身的火控雷达,利用机载预警雷达的信息秘密攻击敌机。同样,机载预警雷达也可以为轰炸机群提供地面目标信息和敌方战斗机的位置,提高轰炸效果和我方轰炸机群的生存能力。另外,利用机载预警雷达的高机动性,可以快速将其部署在日常没有雷达值班的敏感区域,从而快速获得该区域空中和地面目标的信息。总之,机载预警雷达是通信、指挥、控制和情报综合系统(C^3I)中重要的一环,可以大大提高武器系统的有效性,是现代战争中不可缺少的核心武器装备。

2. 机载火控雷达

随着飞机性能的提高、空战武器种类的多样化、电子技术及探测技术的发展,空战战术从20世纪50年代的尾追攻击,发展到了尾追、拦射、下射、格斗和多目标攻击等,由原来的以机炮攻击为主,变成了以导弹攻击为主。这些战术方式的实现与机载火控雷达有密切的联系。机载火控雷达进行下视搜索时,会遇到强的地杂波干扰。平台运动会造成地杂波频谱展宽,使得动目标显示对消效果不佳,解决这一问题的办法是进行体制更新,脉冲多普勒体制由此出现了。它是20世纪70年代机载火控雷达的重要特征。目前脉冲多普勒技术已在机载火控雷达中得到了广泛的应用,使现代化先进战斗机真正具有了远程、全天候、全方位和全高度攻击能力。

为了有效地打击入侵目标,火控雷达需要具有对导弹、近距格斗弹和机炮等多种武器的适应能力。机炮攻击时,机载火控要求雷达的测角误差小于 $3 \sim 4$ mrad;导弹攻击时,机载火控系统的总误差放宽到 35 mrad;尾追攻击时,由于目标运动的角速度较低,故只要雷达的跟踪角速度在 $6°/s$ 时能保证规定的精度和在 $10°/s$ 时不丢失目标即可。

现代先进战斗机必须能在复杂气象条件下发现和跟踪空中目标,因而大多采用全相参脉冲多普勒体制,并具有高、中、低三种脉冲重复频率,以提供雷达对目标的全向探测能力,同时有效执行对地面或海面的攻击任务。

3. 机载远程战场侦察雷达

机载远程战场侦察雷达系统是集现代诸多高新技术于一身的综合性军用电子侦察系统。它以飞机为平台,以机载高性能雷达为主要传感器,对战区地面(包括海面)上的运动、驻留和固定目标进行侦察、监视和目标指示,是现代战争中地面部队采取军事行动的主要实时信息源。

对机载远程战场侦察雷达系统的研究,虽然已有二十多年历史,但由于载机、通信、导航、电子战系统和信号/数据处理等综合性高、技术难度大、系统集成复杂,以及要冒巨额投资的风险,所以早期的研究计划往往都一波三折,甚至被迫终止。直至 20 世纪 90 年代初,只有几种可供功能演示或工程验证的样机。

海湾战争中,美国从试验场地匆忙调往战区的机载远程战场侦察雷达系统的样机虽然还未成熟,但已在实战中崭露新一代战场侦察系统的锋芒。它把广阔战场的实时态势连续地显示在战场指挥员面前的荧光屏上,"透明"的战场使指挥员掌握了作战主动权,使打击变得准确、有效。它是未来战争中实现广域和纵深战场侦察的重要装备,是发挥地面部队战斗力的"倍增器"。

随着科学技术的发展,现代战场发生了质的变化。高机动坦克、远程高精度导弹等投掷武器的大量投入,打破了常规的作战格局。例如:"战斧"巡航导弹的飞行距离为 1 000 km 以上,命中误差却不超过 10 m;机载远程对地导弹的射程也在 100 km 以上。战区向纵深延伸和幅域的扩大,使得战线模糊(甚至难以区分前线和后方),战场态势瞬息万变,战争更具突发性。为了适应这种以高技术装备为依托的纵深空地一体化的立体战场,机载远程战场侦察雷达必须满足以下主要战术要求:

① 应具有快速反应、快速部署、全天候和 24 小时连续监视的能力;

② 应具有广域远距离监视跟踪地面(包括海面)慢速运动目标的能力,能实时地向地面指挥控制系统提供连续的战场态势图;

③ 应具有高分辨成像能力,以便对固定和驻留目标进行识别、精确定位、指引或进行攻击后的效果评估;

④ 应具有空中指挥控制和多路数据传输能力;

⑤ 应具有较强的生存能力。

4. 无人机载雷达

无人机载雷达是指安装在无人驾驶飞机上的探测雷达。20 世纪 60 年代,无人机的发展重点转向无人侦察机,无人侦察机在战场侦察上所起的作用明显增大。按传统的分类方法,无人机可分为战术无人机和长航时无人机。

战术无人机包括近程无人机和短程无人机。近程无人机是为陆军和海军陆战队的营、旅级指挥中心获取情况的(活动半径达 50 km)。短程无人机是为军、师级部队和舰队获取侦察情报的(活动半径达 300 km)。

长航时无人机(飞行时间在 24 h 以上)用于保障陆军航空兵和其他军种的战区作战行动,适用于远程情报监视,机上通常装有机载雷达。安装雷达的无人机通常需要满足:作战半径大于或接近 1 000 km;飞行高度达 5 000 m;载荷大于 200 kg。

小型中远程无人机上通常装备供侦察用的小型毫米波合成孔径雷达,以便在云层、烟雾和夜间等不利条件下对敌方阵地进行大面积搜索、快速发现并高精度地指示目标,在对目标定位的同时,将目标信息实时地传递到战场 C^3I 系统。

习 题 4

1. 雷达探测目标和定位目标的原理是什么?

2. 雷达目标角度测量的主要方法有哪些?

3. 基本雷达方程中,描述目标对电磁波散射能力的强弱的是哪个参数? 它是如何定义的? 请简述其物理意义。

4. 解释雷达的距离分辨率,影响距离分辨率的因素有哪些?

5. 解释雷达的方位分辨率,影响方位分辨率的因素有哪些?

6. 在不考虑其他因素的情况下,推导基本雷达距离方程;如考虑地球曲率和大气折射影响,推导雷达距离方程。

7. 脉冲多普勒雷达的工作原理是什么? 简述其特点。

8. 机载 PD 雷达的回波信号中主要包含哪些信号,各有什么特点?

9. 设目标相对雷达径向匀速运动,速度为 v,试推导多普勒频移公式。

10. 什么是距离模糊? 当雷达脉冲重复频率为 300 Hz 时,求最大不模糊距离。

11. 什么是相控阵? 简述相控阵雷达相位扫描的基本原理。

12. 什么是有源相控阵雷达? 什么是无源相控阵雷达? 各有什么特点?

13. 简述合成孔径雷达的基本原理。

14. 合成孔径雷达为了实现高分辨率,采取了哪些技术?

15. 什么是非聚焦合成孔径雷达? 什么是聚焦合成孔径雷达?

第 5 章 定位导航技术

5.1 概 述

5.1.1 定位导航的历史与意义

定位导航与日常生活结合紧密,为人类的经济生活、社会活动乃至军事行动提供了基础性的技术支撑。定位是获取人、物、交通工具等被测目标的位置的技术。描述目标位置可以借助于某个坐标系统,用目标在坐标系统中的坐标来表达目标位置,这种定位方式称为绝对定位;也可以用目标相对某个标志点的位移来描述目标位置,这种定位方式称为相对定位。导航是引导目标依照特定路线到达目标位置的技术。定位是导航的基础,导航和定位密不可分,通常不予区分。

在信息化日益深入的当今时代,越来越多的工作、流程、活动用信息来进行描述,定位导航的信息通常涉及目标的位置、速度、姿态等,即定位导航信息是涉及时间和空间的时空信息。统计分析显示,现代社会中 85% 以上的信息是与定位导航相关的时空信息,可见定位导航所代表的时空信息已经成为信息的主要组成部分,生产或者获取这些信息的定位导航技术在各种技术手段中发挥着基础性的作用,各种各样的定位导航系统为社会的正常运转提供基本的功能支撑。

早期的人类以高山、巨树、人造建筑物等明显地标为参照物,实现参照导航,我国古代早有利用司南、指南车等进行定位的记载。后来,人类活动范围从地面扩展到海上,广阔的海洋区域没有陆地表面丰富的地形地貌,缺乏明显的地物参考,漫长的航行距离对定位导航提出了更高的要求,极大推动了导航技术的发展。早期的航海为了能更多地利用参照物,航线多靠近海岸、岛屿等陆地标记,依托地磁导航(指南针)、天文导航(太阳、月亮、星星)等方式实现导航。随着定位导航工具的不断完善,出现了牵星板、航海钟、四分仪、六分仪等效率更高的工具。同时,多次航行经验知识的积累形成了比较完善的航海图,可以为后续的航行提供详细、形象的导航定位信息。

19 世纪末 20 世纪初,无线电的发明不仅使人类通信摆脱了电线的束缚,还为定位导航提供了新的技术手段。服务范围更广、精度更高的无线电定位导航技术逐渐发展壮大。早期的无线电导航系统主要实现定向的功能。在已知的地点建立无线电信标,它像一个巨大的广播电台,向外界发射无线电信号,接收机接收无线电信号后,通过振幅、相位等信息的解算可以确定目标相对无线电信标的运动方向,进而实现导航和定位。第二次世界大战中,德国利用伦敦广播电台的广播信号成功实现了导航功能,达到了对伦敦进行轰炸的目标。

二战后期,无论是军工企业还是民用企业,都对定位导航提出了更高的要求,定位导航系统不仅要实现定向功能,还要实现定位的功能。这一阶段典型的系统有台卡定位导航系统。台卡定位导航系统是陆基的定位导航系统,主要为海上航行服务,经过多年的建设,该系统的服务范围可以覆盖全球。台卡定位导航系统最初产生于美国,建成及使用始于英国。当时英国政府需要一种导航技术手段,以保证扫雷舰在夜晚穿越英吉利海峡并安全靠岸,台卡定位导航系统的投入、使用,满足了战争的要求。在这一阶段,陆续投入、使用的定位导航系统还有罗兰系统。罗兰系统设计之初是为了给美国海岸近 1 000 km 范围内的军用飞机和舰船服务,该系统先后经历了罗兰 A、罗兰 B 和罗兰 C 三个发展阶段。20 世纪 80 年代后期,我国建成了“长河二号”脉冲-相位双曲线定位导航系统,其主要台站分布如图 5-1 所示。“长河二号”脉冲-相位双曲线定位导航系统属于陆基、低频、脉冲导航体制,其核心设备是罗兰 C 发射机。陆基无线电导航系统虽然在覆盖范围、定位精度等方面不如卫星定位导航系统,但作为卫星定位导航系统的补充手段,它可以提高定位导航服务的可靠性,与其他技术构成组合定位导航系统,也可以提高定位精度。

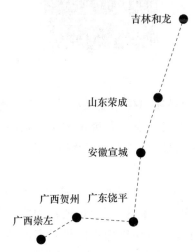

图 5-1　“长河二号”脉冲-相位双曲线定位导航系统主要台站分布示意图

随着社会信息化程度的不断加深,丰富的应用需求对时空信息提出了更高的要求,定位导航技术不断向前推进。定位导航技术沿着精度更高、获取更容易、时空效率更优的方向不断完善,推动了新兴信息技术的迅猛发展和世界范围内的新军事变革。以美国 GPS 系统、我国“北斗”系统为代表的卫星定位导航系统可以全天候、全天时、高精度、高质量地在全球区域范围内提供定位导航服务,已成为社会信息化的重要基础设施。在军事斗争领域,定位导航系统提供的时空信息在提高武器装备打击效能、协调同步战场信息流转等方面发挥了重要作用。

近年来,随着手机、无线网络的广泛应用,针对个人用户的定位导航技术(如手机辅助导航、室内无线导航等)不断涌现,导航定位家族不断壮大,技术手段不断强大,方便了人们的日常生活。

5.1.2 常用的定位导航方法

完成导航任务的方法有很多,为了系统了解定位导航技术的全貌,下面对主要定位导航方法的原理和特点进行简单介绍。

1. 常用的定位导航方法

1) 地磁导航

由于地球本身具有磁性,所以地球和近地空间之间存在着磁场。地磁导航是通过敏感地磁场来实现定向和导航方法的。地磁场的强度为 0.5~0.6 高斯,地磁场的水平分量指向磁北极,其大小和方向随地点而异,甚至随时间而异。如图 5-2 所示,司南是我国古代使用的典型的地磁导航工具。

图 5-2 司南

随着适用于地磁场测量的磁通门传感器及磁电阻传感器的出现,电子磁罗盘问世。相对于机械式磁罗盘,电子磁罗盘具有一些突出的优点,如抗冲击性、抗震性等,它能够对杂散磁场进行补偿,输出电信号,与其他电子设备组成应用系统。

2) 天文导航

天文导航是利用对自然天体的测量来确定自身位置和航向的方法,即利用星体在一定时刻与地球地理位置具有固定关系这一特点,通过观察星体,以确定运载体位置。由于天体的位置是已知的,测量天体与导航用户的相对高度角和相对方向角,就可以计算用户的位置和航向等参数。天文导航的主要优点是作用距离不受限制,可靠性好,没有积累误差,也不受无线电干扰,并能在海洋、沙漠等无定位地标的区域使用。天文导航的主要缺点是系统复杂,短期工作精度不高,特别容易受能见度的影响。

3) 无线电导航

无线电导航是利用无线电波传输速度、方向等特性,以无线电波传播的规律为基础,通过测定载体相对发射台的方位、距离、距离差等来确定载体位置的方法。无线电导航通常分为导航台和导航设备两部分,它们之间通过无线电波实现信息通信。导航台的位置可以被看作是已知的,它可以设置在陆地上,也可以设置在运动的舰船、飞机甚至卫星上。受到地球曲率的影响,导航台设置在陆地、舰船、飞机上的导航系统,其导航定位服务的覆盖范围会受到一定限制。GPS、北斗等系统可以看作以卫星为导航台的无线电导航系统,这类无线电导航系统的服务范围广,可以提供全球范围的导航服务。除此之外,随着人类活动对室内导航需求的日益增长,可以把导航台设置在室内,以弥补室外导航信号被遮挡的不足。

无线电导航广泛应用于航空、航海和航天,是涉及技术种类最多的导航方式。陆续出现过无线电信标系统、台卡系统、罗兰系统、奥米茄系统等多种实用系统。不同系统在性能指标、服务领域各有不同,但所有无线电导航系统的原理都利用无线电波的两个传播规律:一是无线电波在均匀介质和自由空间中是直线传播的,因而在辐射源和接收机之间传播的路程最短;二是无线电波在地面上沿着连接辐射源和接收机的大圆面传播,在自由空间,无线电波的传输速度相对稳定。利用这些规律所得的测量结果就可以确定运载器的位置坐标。无线电导航的主要优点是精度较高,但工作时必须有外界信号台站的配合,且无线电波易受干扰,也容易暴露自身,所以在军事上应用就显得不足。

4) 卫星导航

卫星导航系统可以被看作一种无线电导航系统,利用导航卫星测时、测距,实现海、陆、空全方位、实时的三维导航与定位。卫星导航的方案很多,但是其基本原理都是先测量卫星的运行轨迹,并把它作为已知位置,再测量运动物体相对于卫星的位置,最后把运动物体的位置确定下来。

卫星导航系统一般由三大部分组成:导航星、地面控制站和导航接收机。导航星以一个或数个卫星为基本的导航基准。地面控制站用一组跟踪站或接收站来记录观测数据,通过计算中心计算卫星的轨道参数,同时也承担处理用户信息、回答用户问题的任务。导航接收机安装在运载体上,用来接收导航卫星发出的导航信号,通过解算导航信号可以得出运载体的位置信息。

根据不同的工作方式,卫星导航法可分为"有源"和"无源"两大类。"有源"方式又称为应答方式,这种方式为了避免在运载体上进行计算,先把信号或识别数据由地面站经卫星发到运载体,然后再把信号经卫星发回地面站进行计算,最后确定运载体的位置。应答方式的机载设备简单,只有应答器而无计算设备,但是它需要完全依靠地面站才能知道自己的位置。同时,有一个运载体的计算请求,地面站就要承担一个单独的运算任务。如果有多个运载体请求,地面站的工作必定非常复杂。另外,由于信号的种类很多,卫星上的转播系统也将十分复杂,而且一般机载设备的功率不是很大,所以由运载体所发射的信号容易受到干扰。"无源"方式也称为单向系统,就是指地面站只通过卫星把计算所得的轨道参数和星历表发送出去,而运载体上的接收机则根据这些信息和自己所测得的相对卫星的距离数据,自主独立地计算载体的位置。这个系统最大的优点就是卫星所发出的信号可以被无数个运载体所利用,而不会产生通道拥挤的问题。因此,单向系统得到了广泛的应用。

卫星导航具有全天候、精度高、自动化、效益高、性能好、应用广等显著特点,是迄今为止最好的定位导航系统之一,并且获得了广泛的应用。卫星导航的主要缺点是:卫星轨道必须精确预计和控制,需要有专用地面站和计算中心;卫星在战时有可能被击毁,存在安全问题。

5) 惯性导航

惯性导航的基本工作原理是力学定律,它利用陀螺仪、加速度计等惯性测量仪器测量目标的运动方向、加速度等运动状态,通过推算实现目标的定位导航。惯性导航是一种自主式的导航方法,它完全依靠载体设备自主地完成导航任务,不和外界发生任何光、电联系。因此惯性导航的隐蔽性好,工作不受环境条件的限制。正是因为这一优点,它成了航天、航空和航海领域中一种广泛应用的导航方法。武器装备的定位是惯性导航典型的应用,在无线电信号质量不高、运动速度快的环境下,惯性导航可以为导弹、潜艇等武器装备提供定位导航方面的支撑。另外,惯性导航在地面战车中也得到了广泛应用,在导航技术中具有突出的地位。惯性导航的主要缺点是导航误差随时间积累而增大,因此它一般与其他导航技术构成组合导航系统。近年来,惯性导航在民用领域(如停车场导航、商场导航、室内消防救援导航等)也有相关应用。

6) 组合导航

组合导航系统是由多种技术手段构成的导航技术,可以发挥不同导航手段的优势,提高定位导航性能。20 世纪 90 年代以后,关于惯性导航系统和 GPS 的互补研究得到了重视。与其他导航系统相比,GPS 在精度上具有压倒性的优势,但惯性导航系统完全自主的特性是 GPS 所不具备的,所以两者组合已成为导航领域的重要发展方向。通过组合的方式,它们各自取长补短,不仅使组合后系统的导航精度高于单个系统单独工作的导航精度,还扩大了系统的使用范围,增强了系统的可靠性。常见的组合方式如下。

惯性导航和卫星导航的组合导航方式:既可以利用卫星导航的精度,又可以减小无线电信号质量不高而带来的干扰。美军在战斧巡航导弹中就采取了这种组合导航方式。导弹巡航期间可以采取惯性导航和卫星导航的组合导航方式。为了进一步提高导航定位的性能、提高命中目标的概率,在导弹攻击过程中,又引入了图像匹配的导航方式。从导弹工作的全程来看,使用了惯性导航、卫星导航和图像匹配导航的组合导航方式。

惯性导航与重力仪的组合导航方式是潜艇中采用的导航方式。深潜的潜艇在水下无法接收卫星的导航信息,但重力和惯性信息不依赖卫星导航信息,可以自主测量,实现潜艇的自主定位。同时由于在定位过程中,潜艇与外界没有无线电交互,所以可以更好地隐藏行踪。

2. 军用导航与定位系统

军事战略方针的转变与高新技术武器装备的发展,显著提高了定位导航系统在军事方面的使用要求,拓展了军事应用的范围。军队陆用定位导航系统是军用导航与定位系统的重要组成部分,是军队现代化建设中不可缺少的重要技术装备,它的重要性表现在:

① 它是保证军队以最小的代价,快速无误地达成兵力机动的保障;

② 它是建立战场统一的坐标,测定部队战斗队形、实现火力机动的基础;

③ 它是军队特别是陆军进行战术指挥与控制的重要组成部分;

④ 它是提高部队机动作战能力和生存能力的前提;

⑤ 它能提高部队在恶劣环境下的生存作战能力;

⑥ 它能为防空系统引导火力,为雷达联网和控制指挥提供保障;

⑦ 它是信息战必不可少的基础设备。

半个世纪以来,惯性技术在陆用领域的研究全面展开,定位导航系统在陆用领域取得了可观的进展,特别在军事方面,其应用范围已扩展到了陆用武器系统的各个领域,如自行火炮、侦察车、雷达车、指挥车、主战坦克、装甲运兵车等。在以信息对抗为主要特征的新军事技术变革中,定位导航系统作为提供武器平台运动信息的信息源,是未来信息化战争中区域综合指挥控制信息系统的重要组成部分。

通常,陆用定位导航定向系统被分为四大类。

第一类是最高水平的陆地定位导航定向系统。这类系统主要用于大地测量,建立精确的三维位置坐标,并提供非常准确的方位信息。例如,激光捷联系统与差分全球定位系统组合,可以提供精度更高的定位导航服务。

第二类是精度较高、小型、轻便、低价的陆地定位导航定向系统。这类系统主要用于自行榴弹炮、多管火箭炮、导弹发射车、侦察车、指挥车等。它的典型性能指标为:水平位置精度 0.25% 所行路程;垂直位置精度 0.1% 所行路程;方位精度 1 密位;姿态精度 0.5 密位。挠性陀螺仪双轴平台式系统就是此类系统的一个典型代表。

第三类陆地定位导航定向系统的应用对象是自行火炮、主战坦克、装甲运兵车等,其特点是精度低、成本低。它的典型精度指标为:水平位置精度 1% 所行路程;垂直位置精度 0.3% 所行路程;方位精度 3 密位;姿态精度 1 密位。典型的此类系统有挠性陀螺仪、激光陀螺仪捷联式系统、挠性陀螺仪平台式系统以及挠性陀螺仪捷联系统。

第四类陆地定位导航定向系统是以价格便宜、低性能导航要求为特点的系统。此类系统可应用于运兵车、军用吉普、轻型车辆等。它的典型精度指标为:水平位置精度 5% 所行路程;方位精度 10 密位。该类系统一般由磁罗经、航向陀螺仪和里程计组成。国外关于该类系统的组成方案较多,如"磁罗经+里程计""环形激光陀螺仪+里程计""光纤陀螺仪+GPS+里程计"等。

5.2 卫星定位导航系统

1957 年 10 月 4 日,苏联发射了第一颗人造地球卫星。人们在对人造卫星跟踪观测时发现,地面接收机位置一定时,卫星在通过接收机视界的时间内,接收的无线电信号的多普勒频移曲线与卫星轨道是已知的,只要能测得卫星信号的多普勒频移,就可以确定地面接收机的位置。根据这一原理,美国首先研制出用于解决核潜艇精确定位的子午导航卫星系统,由于该系统是美国海军使用的全球卫星导航定位系统,因此又称为海军卫星导航系统(Navy Navigation Satellite System,NNSS)。该系统有 4～5 颗分布在近似等间隔的非常接近地球极轴的椭圆轨道上。当卫星通过接收机视界上空时,导航定位用户连续接收卫星的多普勒信号。NNSS 可以提供全球定位,但要间隔 4~6 h 才能得到一次定位的机会,且一次定位时要十几分钟才能得到结果,无法满足连续实时定位的要求,更不能满足大地定位的精度要求。

在子午卫星定位导航系统的启发下,由美国国防部批准,陆、海、空三军从 1973 年开始联合研制新一代"全球定位系统"(Global Positioning System,GPS)。该系统历时 20 年,耗资 300 亿美元,于 1993 年基本建成。GPS 基本定位原理为:只要测量出导航信号到达接收机的传播时间,即可计算出卫星至接收机的距离,因为信号在生成及传播过程中存在误差(如时钟误差、电离层及对流层折射误差等),所以测得的距离被称为"伪距",同时测得 4 颗卫星的伪距后,就可以进行三维定位了,即确定经度、纬度、高度以及准确的时间。GPS 的出现给导航和人地定位等领域带来了革命性的变化。

"北斗"卫星导航试验系统也称"双星定位导航系统",为我国"九五"列项,其工程代号为"北斗一号",方案于 1983 年被提出。双星定位导航系统与 GPS 不同,它只用两颗同步卫星"静止"在赤道上空的某一经度上。与 GPS 比较,双星定位系统要简单得多,投入更少。双星定位导航系统只是区域定位系统,不具有全球定位的能力,相对的定位精度更低一些,是我国自主研制的第一代卫星定位导航系统,主要用于军事导航、公路运输等部门。2007 年,"北斗"卫星定位导航系统(北斗二号)正式开始建设。2012 年,"北斗"系统覆盖亚太地区。2020 年左右,"北斗"系统覆盖全球。2011 年 4 月 10 日 4 时 47 分,第八颗北斗导航卫星发射成功,这次发射标志着北斗区域卫星导航系统基本建成。2020 年 7 月 31 日,北斗三号全球卫星导航系统正式开通,标志着北斗"三步走"发展战略圆满完成。

5.2.1 GPS 系统

1. GPS 概述

全球定位系统(Global Positioning System,GPS)又称全球卫星定位系统,是一个中距离圆形轨道卫星导航系统。它可以为地球表面绝大部分地区提供准确的定位、测速和高精度的时间标准。该系统由美国国防部研制和维护,可满足位于全球任何地方或近地空间的军事用户连续精确地确定三维位置、三维运动和时间的需要。美国政府于 20 世纪 70 年代开始研制该系统。使用者只需拥有 GPS 接收机即可使用该服务,无须另外付费。美国国防部从保护自身利益出发,为防止这一高新技术在未来战争中被敌方所用,制订了控制这一技术精度的相关政策和措施。在 GPS 设计方案中,明确了两种定位导航服务功能:一种称为标准定位服务,即利用粗码 C/A 码定位,设计精度为 100 m,可在全球范围内公开使用,不向用户收取使用费;另一种称为精密定位服务,即利用精密码 P 码定位,设计精度为 10 m,仅供美军和盟军及特许的民间用户使用。

实际测试证明,最终的定位精度远高于设计精度,即 C/A 码定位精度为十几米,P 码定位精度只有几米。为此,美军采取了人为降低 C/A 码定位精度的政策,即采用 SA 技术。这种技术在卫星时钟和数据中引入干扰,使 C/A 码定位精度从 20 米降到 100 米,而且精度的控制权由美国完全掌握。由于各国的反对,美国政府于 1996 年决定限期停止 SA 技术,但同时开始开发一种能在特定时间、有限区域内,使对方无法使用 GPS 信号的系统,以保证自身利益。

GPS 系统拥有如下优点:全天候,不受任何天气的影响;全球覆盖;三维定速、定时;快速、省时、高效率;应用广泛;功能多;可移动定位。不同于双星定位系统,在 GPS 系统中,接收机不需要发出任何信号,这样增加了隐蔽性,提高了其军事应用效能。

GPS 要与无线电波发生关系,离不开庞大的地面设施的支撑,但也因此极易受到干扰。实验表明,位于 60 km 以外的一台 1 W 干扰机可阻止一台采用 C/A 码的 GPS 接收机捕获卫星。而若要干扰 P 码接收机,则需 100 W 的干扰机在 20 km 以外进行发射。干扰距离随干扰功率的增加而大幅增加。这种干扰可破坏和影响精确制导武器的制导武器,从而使它无法命中目标。低技术干扰机的价格很低,但反干扰机的造价却十分昂贵。解决 GPS 抗干扰问题的一个重要对策是,为其寻找一种不被干扰的传播介质,一种理想的传播介质就是运动本身的加速度。这就是人们把 GPS 系统与惯性导航系统进行组合的原因。

2. GPS 组成

GPS 由空间卫星、地面监控系统和用户接收机三大部分组成,如图 5-3 所示。GPS 布放在空间的卫星有 24 颗,其中工作卫星 21 颗,备份卫星 3 颗。各卫星的运行轨道参数如下:

① 卫星分布在六条近似圆形轨道上;

② 各轨道在赤道面上相互间隔 60°;

③ 卫星相对赤道面的倾角为 55°;

④ 轨道平均高度约 20 200 公里;

⑤ 卫星运行周期为 11 小时 58 分。

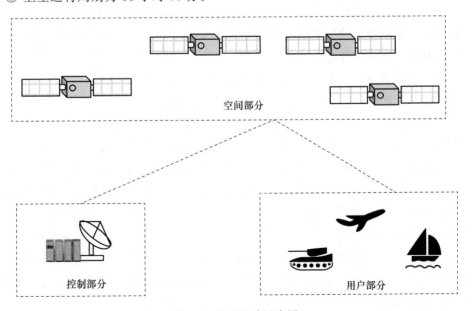

空间部分

控制部分　用户部分

图 5-3　GPS 组成示意图

上述卫星分布能确保定位导航用户在地球上任何时间、任何地点至少收到 4 颗以上的卫星,从而实现全球连续、全天候、高精度的三维测速、授时和定位。

GPS 的卫星由洛克菲尔国际公司空间部研制,重 774 kg,使用寿命为 7 年。卫星采用蜂窝结构,主体呈柱形,直径为 1.5 m。卫星两侧装有两块双叶对日定向太阳能电池帆板(BLOCK I),全长 5.33 m,接受日光面积为 7.2 m²。对日定向系统控制两翼电池帆板旋转,使板面始终对准太阳,为卫星不断提供电力,并给三组 15Ah 镍镉电池充电,以保证卫星在地球阴影部分正常工作。星体底部装有 12 个单元的多波束定向天线,能发射张角大约为 30°的两个 L 波段(19 厘米和 24 厘米波)的信号。星体的两端装有全向遥测遥控天线,用于与地面监控网通信。此外,卫星还装有姿态控制系统和轨道控制系统,以使卫星保持在适当的高度和角度,准确对准卫星的可见地面。

由 GPS 系统的工作原理可知,星载时钟的精确度越高,其定位精度也越高。早期的试验型卫星采用由霍普金斯大学研制的石英振荡器,相对频率稳定度为 10^{-11}/s,误差为 14 m。1974 年以后,GPS 卫星采用铷原子钟,相对频率稳定度达到 10^{-12}/s,误差为 8 m。BLOCK II 型采用铯原子钟后,相对稳定频率可以达到 10^{-13}/s,误差则降为 2.9 m。休斯公司研制的相对稳定频率为 10^{-14}/s 的氢原子钟可使 BLOCK II R 型卫星的误差仅为 1 m。

GPS 自身的时间基准称为 GPST,它属于原子钟的范畴,与地球自转无关。在导航定位和大地测量技术领域中,广泛使用的是另一种与地球自转密切相关的世界时。由于卫星原子钟与世界时的计时长度定义不同,大约每年相差 1 s,为避免长期累计误差,建立了一种折中的时间系统——协调世界时。

卫星是 GPS 工作的平台,其主要功能概括如下:

① 接收和存储由地面监控站发来的导航信息,接收并执行监控站的控制指令;

② 卫星上设置的微处理器可进行部分必要的数据处理工作;

③ 通过高精度原子钟提供精密的时间标准(铯原子钟的误差为 1 秒/300 万年);

④ 向用户发送导航与定位信息;

⑤ 在地面监控站的指令下,通过推进器调整卫星的姿态和位置。

地面监控部分主要由主控站、注入站和监测站组成。主控站位于美国科罗拉多州的谢里佛尔空军基地,是整个地面监控系统的管理中心和技术中心,负责协调和管理所有地面监控系统的工作。另外还有一个位于马里兰州盖茨堡的备用主控站,它可在发生紧急情况时启用。注入站有 4 个,分别位于南太平洋马绍尔群岛的瓜加林环礁、大西洋上的英国属地阿森松岛、英属印度洋领地的迪戈加西亚岛以及美国本土科罗拉多州的科罗拉多斯普林斯。在主控站的控制下,注入站每 12 h 将主控站推算和编制的卫星星历、钟差、导航电文和其他控制指令等注入 GPS 卫星的存储系统,并负责监测注入卫星的导航信息是否正确。注入站同时也是监测站,另外还有 2 个监测站位于夏威夷和卡纳维拉尔角,故监测站目前有 6 个。监测站的主要作用是采集 GPS 卫星数据和当地的环境数据,并将其发送给主控站。

地面监控部分的基本功能如下：

① 监测卫星是否正常工作以及是否沿预定的轨道运行；

② 跟踪计算卫星的轨道参数并发送给卫星；

③ 必要时对卫星进行调度；

④ 保持各颗卫星的时间同步。

地面监控系统流程如图 5-4 所示。

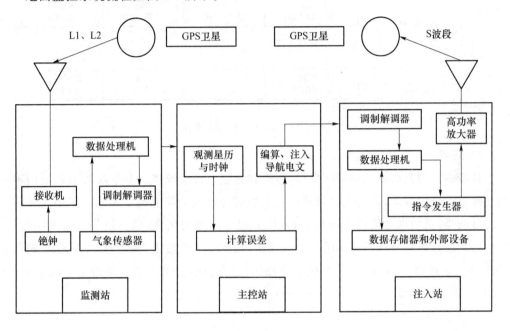

图 5-4　地面监控系统流程

用户设备(GPS 接收机)包括天线、接收机处理机和控制显示设备等，是 GPS 导航卫星的关键设备，是实现 GPS 卫星定位导航的终端仪器。它是一种能够接收、跟踪、变换和测量 GPS 卫星定位导航信号的无线电接收设备，既具有常用无线电接收设备的共性，又具有捕获、跟踪和处理卫星微弱信号的特性。

用户设备的主要任务是接收 GPS 卫星发射的信号，获得必要的导航和定位信息以及观测量，并经数据处理进行导航和定位工作。

GPS 接收机按用途分为导航型和测量型；按频率分为单频和双频；按通道分为单通道、双通道、多通道等；按工作原理分为码相关型、平方型和干涉型。

3. GPS 卫星信号

GPS 卫星信号包含三种信号分量：载波、测距码和数据码。信号分量都是在同一个基本频率 $f_0 = 10.23\,\text{MHz}$ 的控制下产生的。GPS 卫星信号示意图如图 5-5 所示。

GPS 卫星的基本频率 $f_0 = 10.23\,\text{MHz}$，由卫星上的原子钟直接产生，卫星信号的所有成分均是该基本频率的倍频或分频，如下：$f_{L_1} = 154 f_0 = 1\,575.42\,\text{MHz}$；$f_{L_2} = 120 f_0 = 1\,227.60\,\text{MHz}$；C/A 码码率 $= f_0/10 = 1.023\,\text{MHz}$；P 码码率 $= f_0 = 10.23\,\text{MHz}$；卫星（导

航)电文码率＝$f_0/204\,600＝50\ \text{Hz}$。

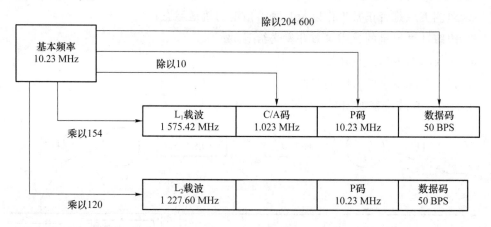

图 5-5　GPS 卫星信号示意图

1）载波

载波的作用是搭载其他调制信号，测距和测定多普勒频移。卫星取 L 波段的两种不同电磁波频率为载波，采用两个频率的目的是较完善地消除电离层延迟。采用高频率载波的目的是：更精确地测定多普勒频移，从而提高测速的精度；减少信号的电离层延迟，因为电离层延迟是与信号频率的平方成反比的。在 L_1 载波上，调制有 C/A 码、P 码和数据码；在 L_2 载波上，调制只有 P 码和数据码。现代化的 GPS 载波频谱又增加了 L_5 载波，其频率为 $115f_0＝1\,176.45\ \text{MHz}$，波长为 25.48 cm。

2）测距码

下面介绍两种测距码：C/A 码和 P 码。C/A 码用于粗测距和捕获 GPS 卫星信号的伪随机码，码率为 1.023 MHz。C/A 码共有 1 023 个码元，若以每秒 50 个码元的速度搜索，只需 20.5 s。因为 C/A 码易于捕获，所以它通常也被称为捕获码。C/A 码的码元宽度大（波长为 293 m），假设信号量测精度优于波长的 1/100，则相应的测距误差为 2.93 m。由于 C/A 码精度低，又称粗码。P 码是卫星的精测码，码率为 10.23 MHz。码元宽度为 C/A 码的 1/10（波长为 29.3 m）。P 码若取码元对齐精度为码元宽度的 1/100，则相应的距离误差为 0.29 m，仅为 C/A 码的1/10，故 P 码又称为精码。一般先捕获 C/A 码，再根据导航电文信息捕获 P 码。

3）GPS 卫星的导航电文

GPS 卫星的导航电文是用户定位和导航的数据基础，又称为数据码（D 码）。导航电文包含卫星有关的星历、卫星的工作状态、卫星钟差、大气折射修正参数、时间等导航信息。

（1）卫星星历

卫星星历是描述卫星运动轨道的信息，是一组对应某一时刻的轨道根数及其变率。根据卫星星历可以计算出任何时刻的卫星位置及其速度。卫星星历分为预报星历和后处理星历。

预报星历:也称广播星历,是以地面站以往时间观测数据为基础,通过外推计算得到的卫星轨道信息,包括开普勒轨道参数和必要的轨道摄动项改正参数。用户在观测时可以通过导航电文实时得到预报星历。预报星历是实现导航和实时定位的重要信息,但要实现精密定位服务,仅有预报星历还不能满足精度要求。

后处理星历:是地面卫星运营管理部门通过实际跟踪测量获得的信息。与预报星历相比,由于后处理星历不是通过外推计算而是通过实际测量得到的,因此准确性更高。这种星历通常在事后向用户提供,是更精密的卫星轨道信息,因此称之为精密星历,其精度可达分米。

(2)导航电文

GPS 卫星发送的导航信息是每秒 50 位(即传送率为 50 bit/s)、连续的二进制数据流,因此我们称之为导航电文。导航电文依照规定的格式,以帧的形式向外传播。每颗卫星都同时向地面发送以下信息:系统时间和时钟校正值;自身精确的轨道数据,即星历(Ephemeris);其他卫星的近似轨道信息,即历书(Almanac)。

导航电文用于计算卫星当前的位置和信号传输的时间,可使 GPS 接收机确定自身的位置。每个卫星均独自将数据流调制成高频信号,可在数据传输时将导航电文按逻辑分成不同的页(或称为帧),每一页分为 5 个子页(或称子帧),每个子页有 10 个字码,每个字码的长度为 30 bit,则每个子页的长度为 300 bit,播送速度为 50 bit/s,传输时间为 6 s,进一步,每页的长度为 1 500 bit,播送时间为 30 s。第 1、2、3 子帧的导航电文一般相同,而第 4、5 子帧的信息是连续播发的,各含 25 页,如图 5-6 所示。这样第 1、2、3 子帧也要按 25 次重复计算,因此一个完整的导航电文传送需用时 750 s,其内容仅在卫星注入新的导航数据后才会更新。一个 GPS 接收机要实现其功能至少要接收一个完整的历书,其作用是向用户提供卫星轨道参数、卫星钟参数、卫星状态信息。

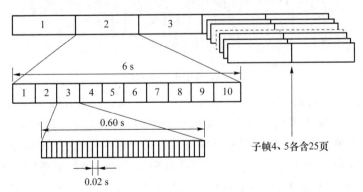

子帧4、5各含25页

图 5-6 导航电文传送格式

导航电文包括遥测字、转换字、数据块Ⅰ、数据块Ⅱ和数据块Ⅲ,如图 5-7 所示。

每个子页的开头都是遥测字(Telemetry Word,TLW)和转换字(Handover Word,HOW)。一个完整的导航电文包括 25 页,如图 5-8 所示。

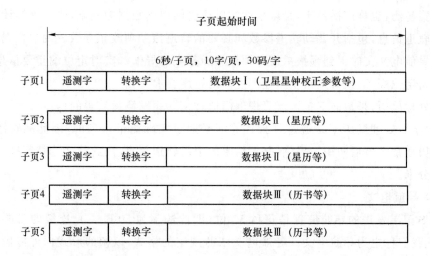

图 5-7　导航电文结构

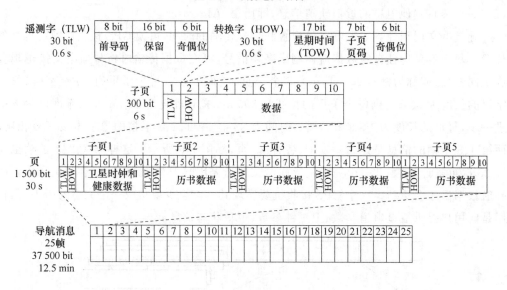

图 5-8　导航电文示意图

完整的导航电文包括 25 页,每一页又分为 5 个子页。在所有的 25 页中,第 1、2、3 子页的内容都是一样的,并且都是发射卫星的星历数据,也就是说,GPS 接收机每 30 秒就能接收到发射卫星完整的星历数据和时钟值。子页 1 包含传输卫星的时间值,用于校正信号延迟的参数和卫星时间,以及卫星状态信息和估计的卫星位置精度。子页 1 也传送星期数,GPS 时间起点是 1980 年 1 月 6 日星期日的 00:00:00。子页 2 和子页 3 包含信号传送卫星的星历,这些数据包含有关卫星轨道的十分精确的信息。

导航电文的第 2、3、4、5、7、8、9 页和第 10 页的第 4 子页,发射的是第 25～32 颗卫星的历书数据,每一个子页传送一颗卫星的历书数据。第 18 页传送电离层影响的修正值以及 UTC 和 GPS 时间的误差值。第 25 页包括其所在 32 颗卫星的配置信息和第 25～32 颗卫星的状态信息。

在导航电文的第 1～24 页的第 5 子页,传送的是第 1～24 颗卫星的历书数据,每一个子页传送一颗卫星的历书数据。第 25 页传送第 1～24 颗卫星的状态信息和原始历书时间(Original Almanac Time)。下面对导航电文的结构进行简要介绍。

① 遥测字(TLW)。遥测字位于各个子帧的开头,是捕获导航电文的前导。其中所含的同步信号能为各个子帧提供一个同步的起点,使用户便于解译电文数据。遥测字是每个子页的第一个字,它以 8 位用于同步的二进制数 10001011 开始,其后的 16 位用于授权的用户,最后 6 位是奇偶位。

② 转换字(HOW)。转换字紧接开头的遥测字,它的前 17 位用于传输星期时间(Time of the Week,TOW)。星期时间从星期日的 00:00:00 开始计时,到星期六的 23:59:59 结束,从 0 开始计数,每 6 s 加 1,计数到 100799 后回到 0。第 20 到 22 位表示刚传输的子页页码,最后 6 位是奇偶位。转换字主要向用户提供捕获 P 码的 Z 计数。所谓 Z 计数,就是从每星期六/星期日子夜零时起算的时间计数,它表示下一子帧开始瞬间的 GPS 时。通过转换字,我们可以实时了解观测瞬时在 P 码周期中所处的准确位置,以便迅速地捕获 P 码。

③ 数据块 I。数据块 I 含有关于卫星钟改正参数及其数据龄期,星期的周数编号,电离层改正参数和卫星工作状态等信息。卫星钟改正参数 a_0, a_1, a_2 分别表示该卫星的钟差、钟速及钟速的变化率。当已知这些参数后,就可以求出任意时刻 t 的钟改正参数 δ_t。参考历元为数据块 I 的基准时间,它从 GPS 时每星期六/星期日子夜零时起算,变化于 0～604 800 s 之间。钟数据龄期表示基准时间和最近一次更新星历数据的时间之差。由于随着时间的推移,所给出的卫星钟改正参数的精度将随之下降,所以钟数据龄期主要用于评价钟改正参数的可信程度。现时星期编号 WN 表示从 1980 年 1 月 6 日协调时零点起算的 GPS 时星期数。

④ 数据块 II。数据块 II 包括第 2 子页和第 3 子页,主要向用户提供有关计算卫星运行位置的信息。数据块 II 提供了用户利用 GPS 进行实时定位的基本数据。

⑤ 数据块 III。数据块 III 包括第 4 子页和第 5 子页,主要向用户提供 GPS 卫星的概略星历及卫星工作状态的信息,所以被称为卫星的历书。用户捕获一颗卫星后,便可从其导航电文的数据块 III 中知道其他卫星的概略位置、卫星钟的概略改正数以及卫星工作状态等信息。这不仅有利于选择适宜的观测卫星,构成最佳的几何图形,提高定位的精度,还有助于缩短搜捕卫星信号的时间。

4. GPS 定位与测速

1) GPS 定位的基本原理

GPS 定位的基本原理是通过测距来确定用户的位置坐标。测距是利用无线电电波在空间传播的恒速性和直线性,通过测量电波的传播时间来进行的。因此,测距问题实质上是测时问题。

GPS 采用无源方式测量传播延时,即卫星发射信号、用户接收信号后,用户直接从所接收的信号中测得传播延时。若要实现精密测距,卫星和用户都应配备精密时钟,且两个时钟应严格同步。GPS 卫星上装有铯原子钟,依靠地面监控系统控制与调整,可以实现 GPS 不同卫星之间的时钟同步。而用户接收机上则是精度较低的石英钟。二者之间存在钟差 Δt，这时测量的传播延时 τ' 不是真正的传播延时 τ，所测得的距离也不是真正的距离。我们把 τ' 对应的测量距离称为伪距，并用 r^* 来表示。用户测量到的第 i 颗卫星的伪距为

$$r_i^* = c\tau_i' = c(\tau_i + \Delta t) = r_i + c\Delta t \tag{5-1}$$

从几何上讲，一个距离 r_i 可以得到一个以上以卫星 S_i 为中心、r_i 为半径的圆球面；如果能够同时得到用户到 3 颗卫星的距离，就可以得到 3 个圆球面，即可确定用户在 3 维空间的位置。设用户 U 在地球系上的坐标为 (X, Y, Z)，第 i 颗卫星 S_i 在地球系上的坐标为 (x_i, y_i, z_i)，其中，坐标 (x_i, y_i, z_i) 可由卫星电文解出。用户 U 到第 i 颗卫星的距离可表示为

$$r_i = \sqrt{(X-x_i)^2 + (Y-y_i)^2 + (Z-z_i)^2}, \quad i = 1, 2, 3 \tag{5-2}$$

通过 3 颗卫星的坐标可得到用户坐标。由于实际测得的距离是伪距 r_i^*，即用户与卫星的距离为

$$r_i^* = \sqrt{(X-x_i)^2 + (Y-y_i)^2 + (Z-z_i)^2} + c\Delta t, \quad i = 1, 2, 3, 4 \tag{5-3}$$

所以，只要测量并得到 4 颗卫星的伪距就可以解出用户的位置坐标。可见，解决用户钟精度低的办法就是再多测量一个伪距。但当用户所在位置的可见卫星多于 4 颗时，如何选择用于定位的 4 颗卫星，并使其具有最佳的几何配置，是通过获得最小几何精度因子（Geometric Dilution of Precision，GDOP）来保证的。可以证明，当 4 颗星构成的四面体体积最大时，GDOP 值最小。

2）GPS 测速原理

GPS 测速原理就是通过安装在运动载体上的 GPS 接收机获取 GPS 信号，从而得到运动载体的运动速度。尽管运动载体的运行速度不一样，但不管是不是匀速运动，只要在运动载体上安装 GPS 信号接收机，就可以在进行动态定位的同时，实时地测量它们的运行速度。GPS 接收机可以获取的观测值有三个：伪距、载波相位和多普勒频移。常用的测速方法有位置差分测速法和多普勒频移测速法。

（1）位置差分测速法

位置差分测速法以用户的位置为基础，利用历元 $t-h$ 和 $t+h$ 的位置向量 $\boldsymbol{r}_1$ 和 $\boldsymbol{r}_2$ 求得历元 t 的载体速度：

$$\boldsymbol{v} = \frac{\boldsymbol{r}_1 - \boldsymbol{r}_2}{2h} \tag{5-4}$$

其中，h 为采样间隔。由式（5-4）所确定的速度是载体在时间 $2h$ 内的平均速度。如果采样间隔 h 趋于 0，则该平均速度即瞬时速度。

（2）多普勒频移测速法

多普勒频移测速法是通过测量用户和卫星之间相对运动而产生的多普勒频移来进行的。设 GPS 某一卫星运动的方向与卫星和用户间连线的夹角为 θ，如图 5-9 所示，则卫星相对用户的运动速度为 $v\cos\theta$。于是卫星相对用户的运动速度为

$$\boldsymbol{v}_{\mathrm{u}} = \frac{f_{\mathrm{d}}}{f} \cdot c \tag{5-5}$$

这里通过测量用户与单颗卫星之间的多普勒频移 f_d,计算卫星和用户之间的径向相对速度 v_u。为了得到用户在 3 个维度上的速度,还要联合另外两颗卫星进行类似的测量和计算。同时,与测距定位相同,由于测量误差的存在(主要是钟差变化率的存在),还至少需要增加 1 颗卫星进行计算,即至少需要 4 颗卫星参与计算,方能求解用户的 3 维空间速度,进而合成用户的真实速度。

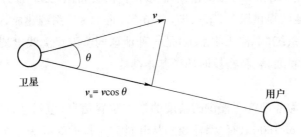

图 5-9　卫星相对用户的运动速度

5. 差分 GPS 原理

GPS 的误差主要指定位误差,其实质是测距误差。测距误差的类型主要有以下几种:空间卫星产生的误差,主要是星历误差和钟差;信号传播过程产生的误差,主要有电离层传播延时误差、对流层传播延时误差和多路径效应误差;接收机产生的误差,主要有量测噪音误差。在以上三种类型的误差中,信号传播过程产生的误差适合采用差分 GPS 技术进行修正。

差分 GPS 原理如图 5-10 所示。差分 GPS 基准地面站的位置是固定的,可以通过高精度测量设备精确测量,同时,差分 GPS 基准地面站也可以通过 GPS 对自身位置进行基于 GPS 解算的测量。精确位置和 GPS 解算位置之间的差异反映了 GPS 解算测量存在的误差,可以作为 GPS 定位的伪距修正量或者位置修正量。这些修正信息就是差分 GPS 信号。差分 GPS 基准地面站按规定的时间间隔把差分 GPS 信号发送给 GPS 定位用户,以实现对用户定位的修正,达到提高用户定位导航精度的目的。

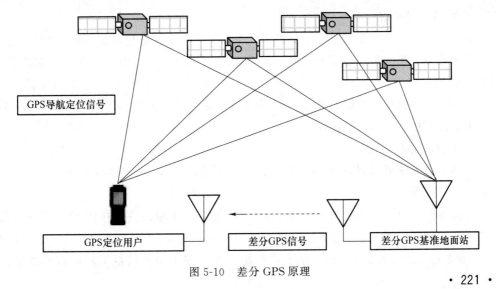

图 5-10　差分 GPS 原理

5.2.2　北斗定位导航系统

1. 北斗定位导航系统概述

北斗定位导航系统是我国自主建设运行的全球卫星导航系统,工程建设分为三步:第一步,2000年年底,北斗一号系统建成,向中国提供服务;第二步,2012年年底,北斗二号系统建成,向亚太地区提供服务;第三步,2020年,北斗三号系统建成,向全球提供服务。

北斗定位导航系统(下称北斗系统)是一种地球同步卫星无线电测定系统,具有快速定位、实时导航、简短通信、精密授时四个基本功能。

(1) 快速定位

北斗系统可以为移动终端提供高精度的地理位置信息,包括经、纬度和高程等信息,其中定位精度为 20 m/100 m(有/无标校),从开机到定位的时间为 0.7~2 s,工作频率为 2 491.75 MHz。北斗系统每小时能容纳的用户数为 540 000。

(2) 实时导航

北斗系统能向移动用户提供前进距离和方位,实时指示移动用户的行动。另外,该系统还具有在紧急情况下报警的功能,能够实现对遇险用户的紧急营救。

(3) 简短通信

北斗系统具有双向数字报文通信能力,每次可发送 120 个汉字或者 1 680 bit 数据。北斗系统具备报文通信功能,故在重大军事行动、生命救援、后勤运输、防灾救灾等方面具有重要价值,除此之外,还可向现代战争提供额外的支撑,与国外卫星导航系统相比具有典型的特色。

(4) 精密授时

北斗系统具有单向和双向两种授时功能,它可根据不同的精度要求,利用定时用户终端,完成与卫星导航系统之间的时间和频率同步,提供 100 ns(单向授时)和 20 ns(双向授时)的时间同步精度。

2. 北斗一号系统

北斗一号系统即北斗卫星导航试验系统,又称有源双星定位系统,是我国自主开发的卫星定位导航系统第一阶段的建设目标,构成该系统的两颗工作卫星和一颗在轨备份卫星分别在 2000 年 10 月 31 日、2000 年 12 月 21 日和 2003 年 5 月 25 日成功发射,这标志着北斗一号系统正式建成。北斗一号系统具有在我国及周边地区范围内定位、授时、报文通信和 GPS 广域差分的功能。

1) 系统组成

北斗一号系统可以划分为空间部分、地面控制管理部分及用户终端三大部分。

(1) 空间部分

空间部分为离地面高度约为 36 000 km 的地球静止卫星,它在空间的位置是基准点,也是通信中继站。整个卫星系统由三颗北斗一号卫星组成,其中两颗卫星分别定点在东经 70°和东经 140°上空,另一颗卫星定点在东经 110.5°上空。每颗卫星由有效载荷、电源、测控、姿态和轨道控制、推进、结构等分系统组成。卫星上设有两套转发器,一套构成由地面中心到用户的通信链,另一套构成由用户到地面中心的通信链。卫星波束可覆盖我国领土和周围区域,主要满足国内导航通信的需要。卫星至用户的下行频率为 S 波段,用户至卫星的上行频率为 L 波段。

(2) 地面控制管理部分

地面控制管理部分包括主控站(包括计算中心)、测轨站、测高站和校准站。

主控站设在北京,用于控制整个系统的工作,其完成的主要任务如下。

① 接收卫星发射的遥测信号,向卫星发送遥控指令,控制卫星的运行状态、运行姿态等。

② 控制各测轨站的工作,收集它们的测量数据,对卫星进行测轨、定位,结合卫星的动力学、运动学模型制作卫星星历。

③ 实现中心与用户间的双向通信,并测量电波在中心、卫星、用户间往返的传播时间。

④ 接收来自测高站的气压高度数据和校准站的系统误差校正数据。

⑤ 利用测得的中心、卫星、用户间电波往返的传播时间、气压高度数据、系统误差校正数据和卫星星历数据,结合存储在计算中心的系统覆盖区数字地图,对用户进行精确定位。

测轨站设置在位置坐标准确、已知的地点,作为卫星定位的位置基准点,测量卫星和测轨站间电波的传播时间(或距离),以多边定位方法确定卫星的空间位置。一般需设置三个或三个以上的测轨站,各测轨站之间应尽可能地拉开距离,以得到较好的几何精度系数。我国的三个测轨站分别设在佳木斯、喀什和湛江。各测轨站通过卫星将测量数据发送至主控站,而后由主控站进行卫星位置的解算。

测高站设置在系统覆盖区内,用气压式高度计测量测高站所在地区的海拔高度。通常一个测高站测得的数据粗略代表其周围 100～200 km 地区的海拔高度。海拔高度与该地区大地水准面高度的代数和,即该地区实际地形离基准椭球面的高度。各测高站通过卫星将测量的数据发送至主控站。

校准站亦分布在系统覆盖区内,其位置坐标应准确、已知。校准站的设备及其工作方式与用户的设备及工作方式完全相同。主控站对核准站进行定位后,将主控站解算出的校准站的位置坐标与校准站的实际位置坐标相减求得差值,并由此差值得到用户的定位修正值。一个校准站的修正值一般可作为其周围 100～200 km 地区内用户的定位修正值。

(3) 用户终端部分

用户终端部分带有全向收发天线的接收、转发器,用于接收卫星发射的 S 波段信号,并从中提取由主控站传送给用户的数字信息。同时,北斗地面中心服务的用户数量不能太多,否则将按级别对用户进行服务。

用户终端部分具有三大功能。

① 开机快速定位功能。捕获时间:重捕获时间小于 2 s,启动开机捕获时间小于 10 s。

② 位置报告功能。可以实现用户与用户之间、用户与管理部门之间以及地面中心之间的双向报文通信,也可以实现位置与其他信息的传递。位置报告所依赖的报文通信能力是其他卫星导航系统所不具备的。

③ 双向授时功能。这是其他卫星导航系统所不具备的。

用户终端分为:通用型车载、船载和手持用户终端;遇险报警型终端;授时型用户终端;增强型用户终端。图 5-11 为几种典型的北斗一号用户机的示意图。

图 5-11　几种典型的北斗一号用户机

2) 系统工作原理

(1) 定位与通信原理

系统的工作过程是:首先,中心控制系统同时向卫星 I 和卫星 II 发送询问信号,卫星 I 和卫星 II 接收询问信号并向服务区内的用户广播、转发。其次,用户接收转发的询问信号,并向两颗卫星发送响应信号。最后,响应信号通过两颗卫星的不同路径传送到中心控制系统,中心控制系统接收响应信号后,根据响应信号中的服务申请信息进行相应的数据处理与计算。

对于定位申请,中心控制系统测出两个时间延迟:一个是从中心控制系统发出询问信号,经某一颗卫星到达用户,用户发出定位响应信号,经同一颗卫星转发回中心控制系统的延迟;另一个是从中心控制系统发出询问信号,经上述同一卫星到达用户,用户发出响应信号,经另一颗卫星转发回中心控制系统的延迟。由于中心控制系统和两颗卫星的位置均是已知的,因此由上面两个延迟量可以算出用户到第一颗卫星的距离,以及用户到两颗卫星的距离之和。由此可见,用户处于一个以第一颗卫星为球心的球面和一个以两颗卫星为焦点的椭球面的交线上。另外,中心控制系统从存储在计算机内的数字化地形图查询用户高程值,又可知道用户位于某一个与地球基准椭球面平行的椭球面上。因此,中心控制系统最终可计算出用户所在点的三维坐标,这个坐标经加密由出站信号发送给用户。

北斗一号系统定位流程如下(见图 5-12):

① 中心站通过卫星持续广播出站信号;

② 用户机接收出站信号,并向卫星发射入站信号,卫星将入站信息转发至中心站,入站信息包含用户机高程信息;

③ 中心站测得信号的往返时间,求出卫星到用户机的距离,同时解调出用户的高程信息,利用三球交会原理计算用户位置;

④ 中心站将用户位置信息加入出站广播电文中,并通过卫星将其发送给用户;

⑤ 用户接收出站信号,解调出定位信息。

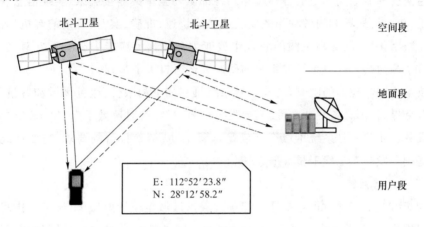

图 5-12　北斗一号系统定位流程

北斗一号用户机的通信流程如图 5-13 所示,用户通信以突发短消息的方式实现。短消息通信可实现用户机与中心站、用户机与用户机之间的通信。所有通信内容均通过中心站中转,通信内容被中心控制系统加解密变换后,经出站信号转发给收信人。

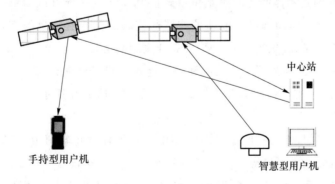

图 5-13　北斗一号用户机的通信流程

(2)授时原理

地面中心站将在每一超帧周期内的第一帧的数据段发送标准时间(天、时、分信号与时间修正数据）和卫星的位置信息，用户接收此信号并将其与本地时钟进行比对，计算出用户本地时钟与标准时间信号的差值，然后调整本地时钟与标准时间对齐（单向授时）；或将对比结果通过入站链路经卫星转发回地面中心，由地面精确计算出本地时钟和标准时间的差值，再通过出站信号经卫星Ⅰ或卫星Ⅱ转发给用户，用户按此时间调整本地时钟与标准时间信号对齐（双向授时）。双星定位导航系统的建立可为我国陆地、海洋、空中和空间的各类活动提供多种业务保障。

北斗一号系统的大量应用对实现指挥自动化、推动战略战术指挥思想与方法的变革具有重要意义。在定位导航方面，该系统不依赖于 GPS 或其他自主系统，采取高强度加密设计，具有安全、可靠、稳定的特点，故适合关键部门使用。该系统所支持的定位、位置报告和通信技术能把战场上的各种武器和各部队乃至单兵连接起来，实现信息获取和处理一体化，从而将战场上的各种作战要素连接成快速、准确、实时、有效的有机作战整体，这对构建数字化战场、提高军队的联合作战能力和快速反应能力具有重要意义。同时，北斗一号系统为第二代卫星导航系统的研制和运行打下了基础。

受技术体制与规模的限制，北斗一号系统具有如下局限性：服务区域和容量受限；定位精度有待提高；不具备测速功能；需要发射信号；只能为时速低于 1 000 km/h 的用户提供定位服务。北斗一号系统难以全面满足远程机动、精确打击的要求，需要在北斗一号系统的基础上发展第二代卫星导航系统。

3. 北斗二号系统

2012 年 12 月 27 日，北斗二号系统正式提供区域定位导航服务，服务范围可覆盖我国和亚太周边地区，服务区内的系统性能与国外同类系统相当，达到了同期国际先进水平。北斗二号系统由 5 颗静止轨道（GEO）卫星、4 颗中高轨道（MEO）卫星和 3 颗倾斜地球同步轨道（IGSO）卫星组成。与北斗一号系统相比，该系统在保持有源卫星定位工作模式的同时，引入了无源卫星定位模式，即引入了和美国 GPS、俄罗斯 GLONASS、欧洲 Galileo 系统相同的技术体制。双重定位模式使北斗二号系统可以为更多的用户提供服务，同时也方便了用户间的通信，推动了数据通信和定位导航信息的综合应用。北斗二号系统建设任务的完成，使我国拥有了完全自主的高性能卫星导航系统，摆脱了对国外卫星导航系统的依赖，为我国经济发展和国防建设提供了坚实保障。和 GPS 系统类似，北斗二号系统由空间段、地面段和用户段组成，具体如图 5-14 所示。

（1）空间段

北斗二号的空间段由各种卫星构成，其中包括地球静止轨道卫星、倾斜地球同步轨道卫星和中圆地球轨道卫星等。北斗二号系统首创由不同轨道卫星组成的混合星座，用最少的卫星数量实现了区域服务，其创新的设计理念给工程带来了较高的效益。

（2）地面段

北斗二号系统的地面段包括主控站、时间同步/注入站和检测站等若干地面站，以及负责卫星间链路运行管理的地面设施。

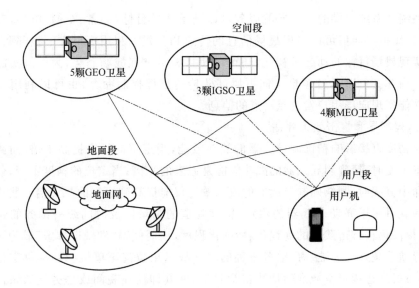

图 5-14 北斗二号系统组成

（3）用户段

用户段包括北斗服务协议兼容的终端产品、应用系统和应用服务等，兼容北斗服务的芯片是用户段设备能够普及的基本条件。

4．北斗三号系统

北斗三号系统于 2009 年 11 月启动，2020 年 7 月 31 日，习近平总书记在人民大会堂向世界庄严宣布：北斗三号全球卫星导航系统正式开通，标志着北斗"三步走"发展战略圆满完成，北斗迈进全球服务新时代。该系统自建成以来，运行稳定，其定位、测速、授时等服务均能满足应用要求。

目前，北斗三号系统提供导航定位和通信报文两大类，共七种服务，其中面向全球范围，提供定位导航授时、全球短报文通信（GSMC）和国际搜救（SAR）三种服务；面向我国及周边地区，提供星基增强（SBAS）、地基增强（GAS）、精密单点定位（PPP）和区域短报文通信（RSMC）四种服务。在定位导航授时服务方面，全球范围实测定位精度的水平方向优于 2.5 m，垂直方向优于 5.0 m；测速精度优于 0.2 m/s，授时精度优于 20 ns。相较于北斗二号系统，该系统的连续性提升至 99.996％，可用性提升至 99％，在亚太地区的性能更加优异。在全球短报文服务方面，该系统通过 14 颗 MEO 卫星为全球用户提供试用服务，最大单次报文长度为 560 bit，约 40 个汉字。在区域短报文服务方面，该系统为我国及周边地区的用户提供服务，最大单次报文长度为 14 000 bit，约 1 000 个汉字。

针对已经存在的 GPS 等其他卫星导航系统，我国在北斗定位导航系统的建设与发展方面秉持"开放合作、资源共享"的原则，并积极和俄罗斯、美国进行沟通与合作，协调促进北斗与 GPS 等系统的兼容与互操作，助力全球卫星导航系统的高效应用。

5．北斗定位导航系统的主要应用

1）部队实时指挥控制

北斗定位导航系统与通信系统、计算机系统和情报监视系统共同构成多兵种协同作战指挥系统。系统提供的定位导航服务可以满足移动目标(装备、车辆、单兵)对位置信息的需求,短报文通信可以实现战场信息的传递和分发。利用短报文上报部队位置,不仅可以实现战场目标的动态可视化,还可以使指挥员掌握战场态势,为作战实施提供决策信息。指挥员可以通过短报文向下属部队传达指挥控制命令,也可以利用短报文的"群呼"功能实现向群用户发送点对点的信息。

2) 远程制导和打击效果评估

定位精度直接影响精确制导武器的战斗效能,当定位的精度提高 1 倍,而武器直接命中概率不变时,精确制导武器的战斗效能是原来的 4 倍;当定位的精度不变,仅提高武器直接命中概率时,则精确制导武器的战斗效能仅能提高到原来的 1.4 倍。北斗卫星定位导航系统可用于高动态武器的跟踪、精确弹道的测量以及时间统一勤务的建立与保持,大大提高远程打击武器的远程化、精确化程度,从而使得"发现即摧毁"成为可能。北斗定位导航系统还可为陆、海、空各军种的战役战术单位甚至单机(兵)提供定位导航支援,引导飞机到达指定空域准确地攻击敌目标,使其即使在晚间或恶劣气象条件下也能十分成功地完成任务。同时,北斗定位导航系统还可对远程武器(导弹和巡航导弹)的打击效果进行评估,具体过程为:在远程武器击中目标引爆的瞬间,触发用户机进行定位,并将位置信息和时间信息迅速传送到指挥中心,从而对目标命中率进行评估。

3) 为 C^4I 指挥控制系统提供重要支撑

未来的指挥系统必将是"扁平网络化"的指挥系统。扁平系统包括复杂的、连接各级指挥与作战单位的数据通信网,连接着雷达、预警飞机、军事侦察监视系统、电子情报系统等保障系统。对于这个庞大且复杂的系统来说,指挥系统和各子系统之间的时间同步是十分重要的,如果同步不好,则各节点所发送和接收的数据可能会发生冲突,造成信息传输的中断和串扰,从而使指挥控制信息滞后而贻误战机。通过"北斗"卫星为系统的各节点授时,可使各子系统、各节点之间的时间同步达到纳秒级精度,从而使通信网络速率同步,保持信息流的连续畅通。同时,北斗定位导航系统还可随时将整个作战区域中各参战单位的实时位置准确地传送到指挥机构,以便指挥机构从容调度、实时指挥,从而使各作战单位的协同更加精确,作战效果更加突出。

4) 特种作战

特种作战由于其隐蔽性、突然性,有时甚至能够对战争胜负起到关键的作用,也正因为如此,它逐渐成为一种重要的作战样式。在特种作战中,北斗定位导航卫星能够为运输特种分队的运输机精确地制定飞行路线,这样不仅提高了投送的成功率,还大大降低了被敌人发现的概率,使特种分队的行动更加安全、隐蔽。当特种分队完成任务需要撤离时,北斗定位导航系统又可精确地将特种分队的位置信息传送给保障分队,从而帮助其快速撤离。当特种分队遭遇袭击时,北斗定位导航系统可将特种分队的位置及时、准确地传送给支援火力,从而使支援火力迅速、及时、准确地打击敌人。同时,北斗定位导航系统还可引导特种分队穿过布满障碍的防守地段或充满危险的无人地带。利用定位和通信功能,北斗定位导航系统不仅可以为单兵提供位置信息和时间信息服务,还可将单兵的位置信息、实时态势传送到指挥机构,并及时向单兵发送各种指令,以提高单兵的作战和机动能力。

5.3 惯性导航系统

惯性导航系统是通过测量运动物体惯性的数据,进而推算运动物体的位置、姿态等信息,实现运动物体定位的系统。在惯性导航系统中,最基本的物体惯性测量传感器是陀螺仪和加速度计。陀螺仪测量运动物体的角加速度,根据角加速度可以推算出物体的姿态信息和方位信息。加速度计测量运动物体的加速度,对加速度信息进行积分推算,可以获得运动物体的速度和位移信息。由于惯性导航系统利用的是物体的惯性信息,是物体本身的性质,不依赖于外界环境,因此具有自主、隐蔽和连续的特点。惯性导航系统应用范围广泛,中国航天员在空间站"天宫一号"授课时就演示了陀螺仪的基本特性。

5.3.1 常用的惯性测量传感器

陀螺仪能够测得载体的转角或角速度,加速度计能够测得比力或加速度,它们依据的都是惯性力或惯性力矩,测量结果都是相对惯性空间的,所以陀螺仪和加速度计又称作惯性元件。陀螺仪和加速度计是惯性导航系统中的核心元件,它们的类型和品质直接影响惯性导航系统的构成和工作特性。

1. 陀螺仪

1)陀螺仪种类

惯性导航系统是一种精密测量系统,而陀螺仪又是其中的关键元件之一,根据不同的物理现象和物理原理,可以制造出多种陀螺仪,主要有转子陀螺仪、光学陀螺仪、微机电陀螺仪。

(1)转子陀螺仪

对于早期的机械转子陀螺仪,其轴承的机械摩擦是造成仪表误差的重要因素。在转子陀螺仪的发展过程中,如何实现无摩擦支承、减小或者消除摩擦是问题的核心,可以采用液浮、磁浮、气浮、静电悬浮等悬浮支撑技术避免活动部件与固定部件的接触,也可以使用挠性支承取代传统的较链支承来消除摩擦。不同的支撑技术衍生出了机械式框架陀螺仪、液浮陀螺仪、气浮陀螺仪、静电陀螺仪等。

(2)光学陀螺仪

光学陀螺仪不使用自旋的、有质量的机械转子陀螺而使用光学陀螺。光学陀螺包括激光陀螺和光纤陀螺。最早的光学陀螺仪是激光陀螺仪,其基本概念在 1961 年被提出,1983 年,激光陀螺仪进入批量生产,研制周期长达 20 年。基于激光陀螺仪的惯性导航系统已开始用于军事和民用领域。美国军用导弹标准惯性导航系统采用的就是光学陀螺仪,该系统的定位误差小于 0.54 海里/小时,水平定位误差小于 3.3 米。

光纤陀螺仪是全固态陀螺仪,有干涉型和谐振腔型两种。干涉型光纤陀螺仪已进入生产阶段并投入使用。在一定的环境条件下,闭环干涉型光纤陀螺仪的偏值稳定性可达

0.01～0.05度/小时。谐振腔型光纤陀螺仪采用一个短的闭环光纤作为谐振光波导,与干涉型光纤陀螺仪相比,具有体积小、成本低等优点,但精度不高。

(3)微机电陀螺仪

微机电陀螺仪是20世纪80年代后期发展起来的一种陀螺仪。微机械性敏感器是微机电陀螺仪的核心部件,综合了微型精密机械、半导体集成电路等最新的制造工艺。从综合性能看,微机电陀螺仪属于低精度范围的陀螺仪,适用于短时工作的战术武器,如战术导弹、精确制导炸弹和智能炮弹等。在偏值稳定性大于15度/小时的低成本场合,微机电陀螺仪发挥着重要作用。

2)转子陀螺仪的基本特性

转子陀螺仪的转子可以看作刚体。如果刚体上的各个质元都绕同一直线做圆周运动,则称这种运动为刚体的转动。这根直线就称为刚体的转轴。如果刚体在转动过程中其转轴固定不变,则称这种转动为刚体的定轴转动。

典型的转子陀螺仪是二自由度转子陀螺仪(简称二自由度陀螺仪),其基本结构如图5-15所示。本节以二自由度陀螺仪为例对转子陀螺仪的基本特性进行介绍。

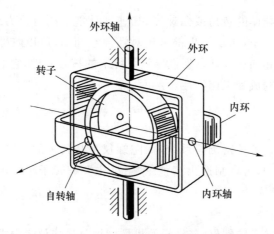

图5-15　二自由度陀螺仪的基本结构

(1)进动性

如图5-16(a)所示,当二自由度陀螺仪的转子绕自转轴高速旋转时,若外力矩 M 绕内框轴作用在陀螺仪上,则动量矩 H 绕外框轴相对惯性空间转动;如图5-16(b)所示,若外力矩绕 M 绕外框轴作用在陀螺仪上,则动量矩 H 绕内框轴相对惯性空间转动。在陀螺仪上施加外力矩会引起陀螺动量矩 H 与外力矩方向垂直运动的特性,我们称之为陀螺仪的进动性。进动角速度的方向取决于动量矩 H 和外力矩 M 的方向,其规律如图5-16(c)所示。可以用右手定则来记忆:从动量矩 H 沿最短路径倒向外力矩 M 的右手旋进方向,即进动角速度 ω 的方向。

进动角速度的大小取决于动量矩 H 和外力矩 M 的大小,动量矩 H 等于转子绕自转轴的转动惯量 J 与转子自转角速度 Ω 的乘积,其计算公式为

$$\omega = \frac{M}{H} = \frac{M}{J\Omega} \tag{5-6}$$

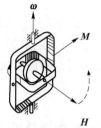
(a) 外力矩绕内框轴作用

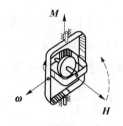
(b) 外力矩绕外框轴作用

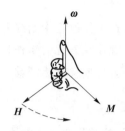
(c) 动量矩、外力矩、进动角速度的关系

图 5-16　外力作用下二自由度陀螺仪的进动

转子陀螺仪的进动性可以通过动量矩定理来解释。转子陀螺仪中转子的运动属于刚体的定点转动,因此动量矩定理可以表述为

$$\frac{\mathrm{d}\boldsymbol{H}}{\mathrm{d}t}=\boldsymbol{M} \tag{5-7}$$

涉及转子陀螺仪的动力学问题时,此定理表明的物理意义是:陀螺动量矩 $\boldsymbol{H}$ 在惯性空间中的变化率 $\mathrm{d}\boldsymbol{H}/\mathrm{d}t$ 等于作用在转子陀螺仪上的外力矩 $\boldsymbol{M}$。

陀螺动量矩通常是由陀螺电机驱动转子高速旋转而产生的。当转子陀螺仪进入正常工作状态时,转子的转速达到额定数值,动量矩 $\boldsymbol{H}$ 的大小为一常值。而绕内框轴或外框轴作用在陀螺仪上的外力矩 $\boldsymbol{M}$ 会使动量矩 $\boldsymbol{H}$ 的方向发生改变,这就是转子陀螺仪的进动性。注意,在外力矩的作用下,陀螺动量矩 $\boldsymbol{H}$ 的变化率是相对惯性空间而言的。

可见,转子陀螺仪进动的内因是转子的高速自转(即动量矩的存在),外因则是外力矩的作用,而且外力矩改变了陀螺动量矩的方向。如果转子没有自转(即动量矩为零),或者作用于转子陀螺仪的外力矩为零,或者外力矩矢量与动量矩矢量共线,那么转子陀螺仪就不会表现出进动性。

（2）定轴性

二自由度陀螺仪的转子绕自转轴高速旋转,即具有动量矩 $\boldsymbol{H}$ 时,如果不受外力矩作用,自转轴将相对惯性空间保持方向不变的特性,我们称之为转子陀螺仪的定轴性。

转子陀螺仪的定轴性也可用动量矩定理加以说明。当转子陀螺仪不受外力矩作用时,根据动量矩定理有 $\mathrm{d}\boldsymbol{H}/\mathrm{d}t=0$,由此得 $\boldsymbol{H}$ 为常数,这表明陀螺动量矩 $\boldsymbol{H}$ 在惯性空间中既无大小的改变,也无方向的改变,即自转轴在惯性空间中保持原来的初始方位不变。

然而,在实际的转子陀螺仪中,不受任何外力矩作用的情况是不存在的。出于结构和工艺的不尽完备,总是不可避免地存在干扰力矩。因此,在有干扰力矩的情况下考察转子陀螺仪的定轴性问题更有实际意义。最为典型的情况是瞬时冲击力矩作用在转子陀螺仪上。转子陀螺仪受到瞬时冲击力矩后,其自转轴会在原来的空间方位附近绕垂直于自转轴的两个正交轴做振荡运动,转子陀螺仪的这种振荡运动称为章动。虽然转子陀螺仪会在瞬时冲击力矩作用下产生章动,但只要具有较大的动量矩,章动的频率就会很高,而振幅却很小,自转轴在惯性空间中的方位改变是极其微小的,这体现了转子陀螺仪自转轴的稳定性。

实际上,在工作过程中始终有一定大小的干扰力矩作用在转子陀螺仪上。从进动性可知,转子陀螺仪在干扰力矩作用下将产生进动,使自转轴在惯性空间中逐渐偏离原来的方位,这种方位偏移称为漂移。设陀螺动量矩为 H,干扰力矩为 M_d,则漂移角速度为

$$\boldsymbol{\omega}_d = \frac{\boldsymbol{M}_d}{\boldsymbol{H}} \tag{5-8}$$

虽然转子陀螺仪会在干扰力矩作用下产生漂移,但只要具有较大的动量矩,漂移角速度就会很小,即自转轴在惯性空间中的方位改变是非常缓慢的,这体现了转子陀螺仪的定轴性。若要使转子陀螺仪获得较高的定轴性,必须大大减小干扰力矩引起的进动(即漂移)。

在受干扰的情况下,转子陀螺仪仅产生微幅的章动和缓慢的漂移,自转轴的方向在惯性空间中无显著变化,这表明转子陀螺仪具有抵抗干扰、保持自转轴方向稳定的特性,这种特性就是转子陀螺仪的定轴性,又称为转子陀螺仪的方向稳定性。

3) 陀螺仪性能

(1) 精度高

陀螺仪的精度直接决定惯性导航系统的精度。陀螺仪的误差会一比一地传递给惯性平台,因此,惯性导航系统对陀螺仪的精度要求较高。陀螺仪的精度指标主要是漂移角速度,常规陀螺仪的漂移角速度可达 2 度/小时,而中等精度的惯性导航系统要求陀螺仪的漂移角速度不大于 0.01 度/小时,高精度的惯性导航系统要求陀螺仪的漂移率达到 0.001~0.000 01 度/小时的数量级,甚至更高。

(2) 测角范围大

对于角速度陀螺仪来说,惯性导航系统要求其测量的最大角速度与最小角速度的比值较大。例如,捷联式惯性导航系统要求的最大角速度为 400 度/秒,最小角速度为 0.001 度/小时,其比值高达 1.4×10^9,这么大的测量范围对陀螺仪提出了相当严格的要求。此外,有的陀螺仪的工作角速度非常小,这对陀螺仪的线性度、稳定度和可靠性等提出了更高的要求。

(3) 刻度因数稳定

陀螺的进动可以通过对陀螺仪的力矩器施加控制力矩实现。施加的力矩 M_t 与进入力矩器的控制电流 I_c 和力矩器的刻度因数 K_t 成正比。在 M_t 的作用下,陀螺仪进动,进动速度 $\boldsymbol{\omega}_c$ 与力矩 M_t 和动量矩 H 之间的关系如下:

$$\boldsymbol{\omega}_c = \boldsymbol{M}_t / \boldsymbol{H} = K_t I_c / \boldsymbol{H} = K_c I_c \tag{5-9}$$

其中,K_c 为指令速率刻度因数,表示单位控制电流作用下的施矩速率。K_c 越稳定,陀螺仪越能在控制电流的作用下精确进动。对于惯性导航平台,指令速率刻度因数的稳定性在 $10^{-4} \sim 10^{-5}$ 的数量级。

2. 加速度计

加速度计是用来感受、输出与载体运动加速度成一定函数关系的电信号的测量装置。

它是惯性导航系统中确定载体速度、飞行距离等导航参数的基本元件。

1）加速度计的基本构成及工作原理

（1）基本构成

一个加速度计通常由三部分组成：一是感受输入加速度的标准质量 m（摆锤）；二是产生弹簧反力矩、具有弹性系数 K_e 的机械弹簧；三是输出或显示装置。加速度计如图 5-17 所示。

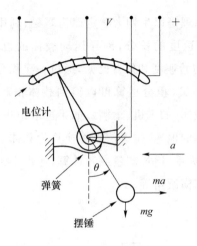

图 5-17　加速度计

（2）工作原理

载体运动没有加速度时，摆锤只受重力作用，摆杆沿直立方向。当加速度 a 作用于摆锤时，摆臂将相对支点发生转动，此时弹簧产生反力矩，以平衡因惯性力矩造成的摆锤的偏转，稳定后，摆锤相对原平衡位置（零位）偏离一个角度 θ，电位计输出与这个角度成比例的信号 V。

2）加速度计的性能

作为惯性导航系统的核心元件之一，加速度计具有以下性能。

（1）灵敏限小

灵敏限即加速度计能感受的最小加速度值。灵敏限直接影响到惯性导航系统计算的速度和位置的精度，加速度计的灵敏限越小越好，通常在 $10^{-5}g$ 以下。

（2）摩擦干扰小

转轴上的摩擦干扰力矩直接影响加速度计的灵敏限。因为只有惯性力矩大于摩擦干扰力矩时，转轴才能产生偏转角 θ，加速度计才有输出。通常，加速度计转轴上的摩擦干扰力矩必须在 9.8×10^{-9} N·m 以内。这个要求是非常苛刻的，任何精密仪表轴承都无法达到，因此，必须借助于特殊的支撑技术，这种技术是加速度计的关键技术。

（3）量程大

加速度计的量程是指量测加速度的最大值和最小值的范围。例如，飞机上使用的惯性导航系统要求其中的加速度计的测量范围为 $10^{-5} \sim 6g$，最大可达 $12g$ 甚至 $20g$。要测量这么大的范围，又要求转轴的转角小，并保证输入、输出呈线性关系，必须使弹簧的刚度很大。通常采用"电弹簧"代替机械弹簧，以便把转角控制在几个角分之内。

5.3.2　惯性导航原理

1. 惯性导航系统简介

惯性导航的基本工作原理是以牛顿力学定律为基础，利用加速度计提取运动载体的加速度信息，然后根据对加速度的积分，推导运动载体的位置。平面惯性导航原理如图 5-18 所示，其中载体的初始速度和位置已知，通过一次积分运算可以得到载体相对导航坐标系的即时速度，通过二次积分运算可以得到载体相对导航坐标系的即时位置信息。对于地表附近运动的载体(如飞机、车辆)，如果选取地理坐标系为导航坐标系，则速度信息的水平分量就是载体的地速，位置信息将换算为载体所在地的经度、纬度和高度。此外，借助于已知的导航坐标系，通过测量或者计算，还可得到载体相对地平坐标系的姿态信息，如航向角、俯仰角和横滚角等。

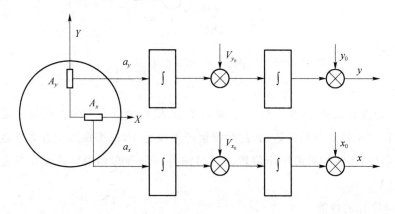

图 5-18　平面惯性导航原理

惯性导航系统不和外界发生任何光电联系，具有自主性强、隐蔽性好、抗干扰，全天候、连续实时提供导航信息，误差随时间积累的特点。从加速度计的原理可知，加速度计测量敏感轴方向的比力中含有载体加速度信息。如果能够在载体上得到三个敏感轴互相正交的加速度信息，同时又能获知加速度计敏感轴的准确指向，就完全可以掌握载体运动的加速度，结合载体的初始运动状态(速度、位置)，就能推算载体的瞬时速度和位置。

加速度计的输出信号可以直接采集，但其敏感轴方向不能直接测量。根据测量加速度计敏感轴方向的不同方法，惯性导航系统可以划分为平台式惯性导航系统和捷联式惯性导航系统两大类。

平台式惯性导航系统的组成结构如图 5-19 所示。该惯性导航系统有一个三轴陀螺仪稳定平台，加速度计固定在平台上，其敏感轴与稳定平台的轴平行。稳定平台的三轴构成导航坐标系,导航坐标系轴的指向则是可知的,进而保证了加速度计敏感轴方向的可知性。例如,让平台的三根轴始终指向当地地理坐标系的三根轴(东、北、天),那么与平台稳定轴平行的加速度计敏感轴也就指向了东、北、天。平台式惯性导航系统能直接模拟导航坐标系,导航计算比较简单。此外,稳定平台不仅能隔离载体的角运动,为惯性测量元件提供较好的工作环境,还能提高平台式惯性导航系统的精度。稳定平台的缺点是本身结构复杂、体积大、制造成本高。

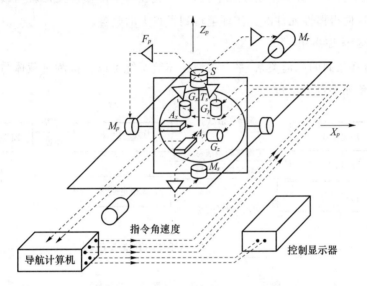

图 5-19　平台式惯性导航系统的组成结构

捷联式惯性导航系统中没有稳定平台,而是将加速度计和陀螺仪直接固联到载体上。载体转动时,加速度计和陀螺仪的敏感轴指向也跟着转动。捷联式惯性导航系统利用陀螺仪测量载体的角运动,进而计算载体的姿态角,确定加速度计敏感轴的方向。通过坐标变换,可将加速度计的加速度信号转换到导航坐标系中,实现导航信息计算。捷联式惯性导航系统结构简单、体积小,便于维护,工作环境恶劣,对元件要求很高。加速度计和陀螺仪测量到的加速度分量是沿载体坐标系轴向的,需要借助于计算机将载体坐标系的坐标转换为导航坐标系,且转换过程的计算量大。

平台式与捷联式惯性导航系统的主要区别在于是否具有稳定平台,除此以外,其他导航计算基本相同。

2. 捷联式惯性导航系统

捷联式惯性导航系统是将陀螺仪和加速度计直接安装在载体上的惯性导航系统。其最大的特点是取消了机械稳定平台,改由导航计算机来实现机械稳定平台的功能。导航计算机中用来实现机械稳定平台功能的部分称为"数学平台"。

1) 稳定平台的作用

平台式惯性导航系统的机械稳定平台和捷联式惯性导航系统的"数学平台"发挥着相同的作用,它们都充当系统的稳定平台。下面对照结构相对简洁的平台式惯性导航系统的结构(见图 5-20),分析稳定平台的作用。

(1)为加速度计提供测量基准

平台式惯性导航系统通过向陀螺仪施加指令信号,使自身平台稳定在导航坐标系内,从而使加速度计测出沿导航坐标系轴向的加速度分量,减小导航参数解算的工作量。

(2)将惯性元件与载体角运动隔离

由于稳定平台不受载体角运动的干扰,故安装在其上的惯性元件就与载体的角运动干扰相隔离,这使得惯性元件的工作环境得到了很大的改善。

(3)测量载体姿态角

利用平台环架间的几何关系,平台式惯性导航系统可以直接测量载体与平台之间的俯仰角、横滚角和平台方位角。

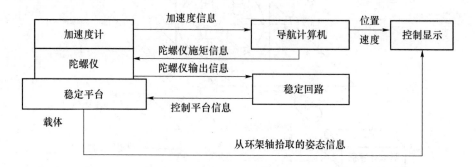

图 5-20　平台式惯性导航系统的结构

虽然捷联式惯性导航系统中的"数学平台"与平台式惯性导航系统的机械稳定平台的作用相同,但因捷联式惯性导航系统中没有实际的机械平台,故两者的实现方法是不同的。

2)捷联式惯性导航系统的基本原理

捷联式惯性导航系统的基本原理如图 5-21 所示,系统中的加速度计和陀螺仪直接安装在载体上。陀螺仪测量的角速度信号 $\boldsymbol{\omega}_{ib}^{b}$ 与导航计算机的导航坐标系相对惯性空间的角速度信号 $\boldsymbol{\omega}_{in}^{b}$ 作差,可得到载体坐标系相对导航坐标系的角速度信号 $\boldsymbol{\omega}_{nb}^{b}$,利用该信号可计算姿态矩阵 $\boldsymbol{C}_{b}^{n}$。在得到姿态矩阵 $\boldsymbol{C}_{b}^{n}$ 之后,就可以把加速度计测量的沿载体坐标系轴向的加速度信号 $\boldsymbol{a}_{ib}^{b}$ 变换成沿导航坐标系轴向的加速度信号 $\boldsymbol{a}_{ib}^{n}$,然后由导航计算机进行导航计算,便可得到位置和速度信息。另外,还可以利用姿态矩阵提取姿态信息。可见,姿态矩阵、加速度的坐标变换以及姿态角的计算实现了机械平台的功能。

由捷联式惯性导航系统的基本原理可以看出,该惯性导航系统具有如下特点。

① 惯性元件直接安装在载体上,便于安装、维护和更换。

② 惯性元件可直接给出载体线加速度和角速度信息。

③ 由于取消了机械平台,捷联式惯性导航系统中的机械结构得以简化,惯性元件体积小、重量轻、性能稳定。

④ 惯性元件的工作环境更差,系统对惯性元件性能的要求更高,需要采取误差补偿措施修正环境造成的测量误差。

⑤ 用"数学平台"取代了机械稳定平台,增加了导航计算机的计算量,需要性能更好的导航计算机进行导航计算。

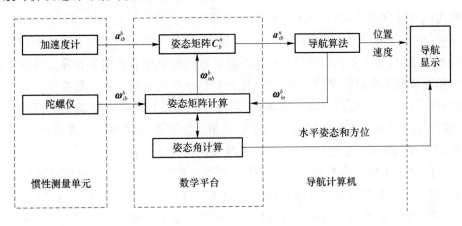

图 5-21 捷联式惯性导航系统的基本原理

5.4 组合导航系统

惯性导航系统可以连续提供包括姿态参数在内的导航参数,具有非常好的短期精度和稳定性,在航空、航天、航海和许多民用领域都得到了广泛的应用。惯性导航系统的主要缺点是定位导航的误差随时间的增加而增加,导航误差积累的速度主要由初始对准的精度、导航系统使用的惯性传感器的误差以及主运载体运动轨迹的动态特性决定。长时间独立工作后,惯性导航系统的导航定位误差会逐渐增加。解决这一问题的方法有两个。一个是提高惯性导航系统的精度,通过采用新材料、新工艺、新技术研制新型高精度的惯性器件,从而达到提高系统精度的目的。实践证明,这需要花费很多的人力和财力,且惯性器件精度的提高是有限的。另一个是采用组合导航技术,通过使用惯性导航系统以外的附加导航信息提高惯性导航系统的精度。

在实际应用中,除惯性导航系统之外,还有多种导航系统,如无线电导航系统(误差和工作时间长短无关,但保密性不好)、天文导航系统(位置精度高,但受观测星体可见度的影响)、卫星导航系统(精度高,服务覆盖全球、全天候导航,但需要一套复杂的定位设备)。于是,人们设想把具有不同特点的导航系统组合在一起,取长补短,以提高导航的精度。实践证明,这是一种很有效的方法。

5.4.1 惯性导航校正与组合导航系统

随着连续工作时间的增加,惯性导航系统的误差会逐渐积累,要减小这种误差,必须对惯性导航进行校正。所谓校正,就是估计出惯性导航的积累误差并将其消除。惯性导航系统无法知道自身的误差,必须有外部信息源作为参考。例如,当舰船上有 GPS 卫星导航仪时,由于其绝对定位精度高,误差不积累,故可以利用 GPS 定位位置求解惯性导航系统积累的定位误差,并在惯性导航系统以后的定位输出中将此误差扣除。这种方法是惯性导航系统校正中最简单的一种方法,称为惯性导航的重调。由于外部信息源也是有误差的,对惯性导航系统进行简单重调后,惯性导航的最高输出精度就是外部信息源的精度,惯性导航误差又从新的起点重新开始积累。为获得更好的校正效果,可以将惯性导航系统和其他外部信息源结合起来,构成组合导航系统。

"组合"主要体现为信息的组合,其目的主要有两个。一是通过对信息进行综合处理,估计惯性导航系统的误差并加以消除。如果估计出惯性导航系统的速度误差、定位误差,可从惯性导航系统的输出中直接扣除。惯导稳定平台可通过向相应的陀螺仪施矩来消除惯性导航平台误差角,也可以直接估计出正确的导航参数并输出。二是估计出惯性元件的一些误差(陀螺仪漂移、加速度计零位误差),以采用相应的办法消除。这种通过与外部信息源组合来消除惯性导航系统误差的方法,就是对惯性导航系统的校正。

组合导航系统实施校正的核心问题是如何准确地估计惯性导航系统的输出误差及惯性元件的误差,估计是组合的核心任务。由于惯性导航及其他导航设备的误差大多是随机性误差,所以在这种条件下估计导航参数及其误差,用卡尔曼滤波器来完成比较合适。如何组合的问题即如何设计卡尔曼滤波器的问题。

可以利用卡尔曼滤波直接估计导航参数,也可以通过估计误差来间接求解导航参数,由此划分为直接法和间接法两种方法。在直接法滤波方案中,卡尔曼滤波器以加速度计输出的比力和其他导航设备的输出为测量值,直接估计载体的位置、速度、姿态等导航参数,即卡尔曼滤波器的输出就是导航参数。由于直接法的滤波方程一般是非线性的,运用非线性滤波方程较为麻烦,所以直接法实际上很少采用。在间接法滤波方案中,卡尔曼滤波器以惯性导航和其他导航设备输出的导航参数之差为测量值,估计惯性导航系统的误差。由于估计的是误差,所以可以用线性的卡尔曼滤波方程对惯性导航误差进行估计。

相较于惯性导航系统,组合导航系统增加了可利用的信息,使导航系统状态更易于观察,有利于惯性导航系统的误差估计和校正。组合导航系统的优点不仅在于校正,还体现在以下 4 个方面。

① 能有效利用惯性导航和其他导航系统的输出信息进行综合处理,输出的导航参数精度优于单个导航系统。

② 在一个子系统失效时,系统可以通过运用故障检测及识别技术自动转换成其余子系统的组合,继续输出导航信息。

③ 可实现对导航系统及其元件的校正,放宽了对惯性导航系统及其他单个系统的精度要求,有利于使用低成本的系统及元件构成高精度组合导航系统。

④ 信息观测量的增加使得系统状态的可观性增强。组合导航系统不仅能够实现惯性导航在动态环境下的对准,还能提高惯性导航的反应能力。

5.4.2 GPS-惯导组合导航系统

惯性导航系统是一种不依赖于外部信息的自主式导航系统,隐蔽性好、抗干扰性强。GPS 是星基无线电导航定位系统,能为世界上陆、海、空、天的用户全天候、全时间提供精确的三维位置、三维速度以及时间信息。然而,GPS 却有着动态响应能力较差、易受电子干扰以及信号易被遮挡等缺点。惯性导航系统和 GPS 间存在着良好的性能互补特性。将 GPS 的长期高精度特性和惯性导航系统的短期高精度特性结合起来,可以构成组合导航系统,该系统的性能高于任一单个系统的性能。

1. 组合形式

GPS 和惯性导航系统的组合主要有 3 种形式。

① 用 GPS 输出的位置重调惯性导航系统,这是最简单的组合形式。

② 位置组合方式或位置、速度组合方式,即把 GPS 和惯性导航输出的位置差值或位置差值和速度差值作为测量值,用卡尔曼滤波器估计惯性导航系统的误差,然后对惯性导航进行输出校正或反馈校正。

③ 伪距组合方式,即把 GPS 得到的卫星伪距信息与用惯性导航位置折算的 GPS 卫星的距离之差作为测量值,用卡尔曼滤波器估计惯性导航系统的误差,并对惯性导航进行校正。

位置(位置、速度)组合方式和伪距组合方式分别如图 5-22(a)、图 5-22(b)所示。

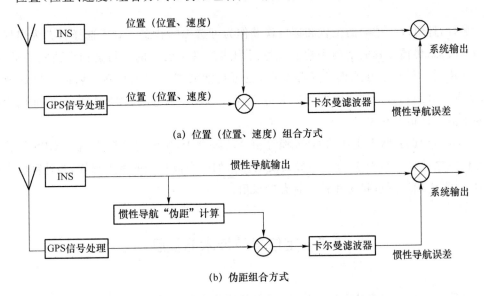

(a) 位置(位置、速度)组合方式

(b) 伪距组合方式

图 5-22 位置(位置、速度)组合方式和伪距组合方式

2. 组合算法

选择算法和滤波算法是两种基本的组合算法。

1）选择算法

在采用选择算法的情况下，只要GPS用户设备指示的导航结果精度在可接受的精度范围内，就选取GPS指示的导航结果作为系统的导航输出。当要求的输出速率高于GPS用户设备所能提供的速率时，可在相继GPS两次数据更新之间插入惯性导航的测量数据。在GPS信号中断期间，以GPS最近一次有效定位信息作为基准，利用惯性导航系统进行信息外推，并把外推结果作为导航系统的导航输出结果。

2）滤波算法

滤波算法是根据统计特性，从带有干扰的测量中得到被估计量的统计方法，不是通常以频谱分析和抑制为特征的信号处理方法。滤波算法采用卡尔曼滤波算法，通过利用上一时刻的估计值以及实时的测量值对导航信息进行估计。该算法能以线性递推的方式估计组合导航的状态，便于计算机实现。

状态通常不能直接测得，但能从有关的测量值中推算出来。这些测量值既可以在离散时间点连续测得，又可以借助于惯导持续取得，而滤波器则对这些测量值的统计特性进行综合处理。最常用的修正算法是线性滤波器，其修正的状态是当前测量值和先前状态值的线性加权和。

位置和速度是滤波器中常选用的状态，也称全值状态，对于位置和速度状态而言，传播方程就是运动方程。为了使滤波器传播方程能较好地反映实际情况，还应加上加速度状态。在极端情况下，滤波器可能仅给出GPS接收机的位置数据，并将它当作组合后的结果位置。此时，这种极端的情形就退化成了选择算法的情形。在这种方式下，状态传播方程和其他观测量都不考虑，GPS用户设备位置的权值等于1，其他状态的权值等于0。

另外，还可以把惯导的位置和速度误差作为可选择的状态。对于选择状态为惯导误差的滤波器，传播方程的精确表达及线性近似表达都是已知的。与选择全值状态类似，为了使传播方程能更好地模拟实际情况，也可在滤波器中加上惯性导航的一些误差状态，如方位/倾斜误差、加速度偏置以及陀螺仪漂移等。注意，反映实际情况的准确程度与要求的估计精度有关。

在以惯导误差状态实现的GPS-惯导组合滤波器中，观测量实际上就是GPS位置与惯导位置之差以及GPS速度与惯导速度之差。如同全值状态的情形那样，当计算状态更新时，也需要确定测量状态和转播状态的权值。

5.5 定位导航技术的发展

随着计算机与网络技术的发展，人们对位置信息服务的需求量达到了前所未有的高

度。信息科技和制造工艺的发展给人类的生产方式和生活方式带来了深刻的变革,为定
位导航技术提供了更多的技术条件,促进了定位导航技术的发展。为了满足不同的定位
导航需求,新的定位导航技术陆续出现。

5.5.1 基站定位导航技术

基站定位导航技术是以移动通信运营商的信号基站为基础的定位导航技术。手机
信号已经广泛覆盖了人类日常活动的大部分区域。相对移动的、位置不定的用户或者手
机等移动终端,移动通信运营商所建立的信号基站的位置是固定的,并且可以认为是已
知的。基站定位导航技术以这些固定的、位置已知的通信基站为基准,通过计算移动终
端与基站之间的相对位移,达到确定移动终端位置的目的。

基站定位导航技术可以大致划分为粗略定位和精细定位两大类。粗略定位的基本
原理是移动终端向网络发出查询申请,查询自己所在的服务区,即所对应信号基站的编
号,其位置范围就是基站信号的覆盖范围,定位精度在几百米到几千米的范围内。精细
定位要借助于多个基站,其原理是先分别计算移动终端到各个基站的距离,然后综合多
个距离计算出移动终端的准确位置。基站定位导航技术的原理如图 5-23 所示,类似于卫
星导航系统的伪距定位原理,通过分别测量移动终端与三个基站的距离可以求得移动终
端的位置。其中,关于距离有不同的测量方法,可以采取时间的测量方法,也可以采取时
间差的测量方法,还可以采取信号强度的测量方法。

图 5-23 基站定位导航技术的原理

5.5.2 辅助 GPS 定位导航技术

辅助 GPS(Assisted GPS,AGPS)定位导航技术以现有的 GPS 导航系统技术为依
托,没有 GPS 的参与,AGPS 就无法实现定位导航的功能。AGPS 定位导航技术在 GPS
卫星和用户终端之间引入了移动通信基站,并通过通信基站进行辅助定位导航。在没有
地面基站参与的卫星定位导航系统中,用户终端和卫星直接通信,但在信号接收、信号处
理、与卫星进行初始连接等环节会受到终端性能的限制,存在很多不足。AGPS 定位导

航技术的基本思想是:先引入移动通信的基站(移动通信的基站是大型的固定设施,基站中的信号接收和处理设备所受的限制小于用户移动终端,具有信号接收质量高、计算能力强、能源供应充足的优势);其次,利用其接收 GPS 定位的辅助信号并对该辅助信号进行处理;最后将结果传递给移动终端,从而提高定位导航的效率。其原理如图 5-24 所示。

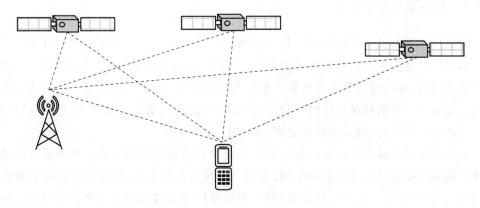

图 5-24　AGPS 定位导航技术的原理

5.5.3　室内定位导航技术

随着现代社会的不断发展,城镇化进程的加快,大型建筑的日益增多,人们大部分时间处于室内环境。虽然 GPS、北斗等系统都能在室外有效地定位,然而在实际应用中,GPS 几乎不能覆盖人们经常工作和活动的室内区域。在室内,卫星信号受到严重遮挡,信号强度和信号质量恶化,甚至无法提供定位导航服务。近年来,基于位置服务(Location Based Services,LBS)的重要性愈加凸显,室内场景下的定位导航应用越来越被人们所重视,室内定位的应用场景越来越多,室内导航相关技术的研究也越来越深入。

1. 基于 Wi-Fi 的室内定位导航技术

如今,许多公共场合都配备了免费 Wi-Fi 接入点,如大型商场、医院、餐厅等,个人的手机或者平板电脑都自带 Wi-Fi 接收器。这为室内定位导航技术的发展提供了技术和物质基础。在基于 Wi-Fi 的室内定位导航技术(简称 Wi-Fi 定位技术)中,Wi-Fi 信号接入点的位置是已知的,通过测量 Wi-Fi 信号的衰减程度或者探索信号的分布规律,可以测定用户与 Wi-Fi 信号接入点的相对位置,进而实现对用户的定位。目前,Wi-Fi 已成为一种公共的基础服务设施,利用 Wi-Fi 定位技术进行室内定位导航研究可以节约硬件成本和长期支持成本。然而,Wi-Fi 信号时强时弱的不稳定性导致了定位精度不高,制约了Wi-Fi 定位技术在室内定位导航系统中的发展。

2. 基于红外线的室内定位导航技术

基于红外线的室内定位导航技术的主要原理是:红外辐射源向外发射红外射线,室内的光学传感器接收此红外射线后,对红外线信号进行分析处理,并计算接收器与信号源的相对位置,从而实现定位导航功能。红外线可以保证较高的定位导航精度,但是它无法穿越障碍物,这导致其只能在视距进行传播。直线视距传播和传播距离短是红外线定位导航的两大缺点。如果室内环境较为复杂,有墙壁或其他遮挡物体存在,基于红外线的室内定位导航技术的效果就会受到影响。为了解决这些问题,需要在室内安装更多的接收天线,但这样的成本较高。

3. 基于 RFID 的室内定位导航技术

RFID 是 Radio Frequency Identification 的缩写,又称为无线射频识别,广泛应用于利用无线电信号对射频标签进行识别的场合。RFID 定位系统的基本硬件包括标签、锚点读写器和时间同步器,其中时间同步器用来计算时间差。基于 RFID 的室内定位导航技术的原理是:首先,用锚点读写器识别标签;其次,用时间同步器计算出识别过程的时间差;再次,计算电磁波在时间差内的传播距离;最后通过点对点或三角定位等方式计算标签的位置。RFID 定位系统的定位误差距离约为 $1\sim2\,\mathrm{m}$,要实现米级的定位精度,需要布置大量的参考标签,但这限制了基于 RFID 的室内定位导航技术的大范围推广和应用。

4. 室内惯性定位导航技术

室内惯性定位导航技术和已经在室外广泛使用的惯性导航技术的基本原理是一样的,都是利用惯性测量仪器对惯性信息进行测量,进而计算出被测目标的位置、姿态等信息。随着技术的进步和制造工艺的提升,惯性测量仪器的尺寸明显缩小、重量明显减轻,便于个人携带,这为其应用于室内导航创造了条件。根据惯性测量仪器位置解算的原理机制的不同,室内定位导航系统主要有两种实现技术:一是基于传统惯性导航机制的连续积分定位模型技术;二是基于行人航位推算的定位技术。前者普遍应用于惯性导航系统中,适用的对象可以是车辆、飞行器、行人等。后者则是利用行人跨步时的运动生理学特性,感知行人的跨步数量,估计行人的步长与行进方向,进而对行人进行定位导航的技术。连续积分定位导航与行人航位推算的本质一样,都是对移动物体进行航迹推算,它们的区别是定位参数的求解方法不同。

目前还有很多其他室内定位导航技术,如基于计算机视觉的室内定位导航技术、基于图像分析的室内定位导航技术、基于光跟踪的室内定位导航技术等。如同室外定位导航系统一样,覆盖范围广、精度高、实时性强也是室内定位导航系统的发展目标。该系统不仅能同时提供室内外定位导航服务,还能实现室内外定位导航服务的无缝融合,是未来定位导航系统的一个发展方向。

习　题　5

1. 什么是定位? 什么是导航? 列举目前应用的定位导航系统。

2. 按照导航信息的获取方式可将定位导航系统分为哪几类? 如按照导航信息获取的自主性,定位导航系统又可分为哪几类?

3. GPS 系统由空间部分、地面控制部分和用户部分组成,简述空间部分的功能。

4. 简述北斗一代卫星导航系统的原理。

5. 简述北斗一代卫星导航系统与 GPS 系统的区别,并指出各自的优缺点。

6. 简述 GPS 定位原理。

7. 简述 GEO、MEO、IGSO、RNSS、RDSS 的含义。

8. 北斗二代卫星导航系统相对北斗一代卫星导航系统,主要有哪些技术方面的进步?

9. 什么是惯性导航系统?惯性导航系统的基本组成有哪些?每个部分的功能是什么?

10. 简述转子陀螺仪的进动性与定轴性。

11. 激光陀螺与机电陀螺相比有哪些特点?激光陀螺的工作原理与机电陀螺有何不同?

12. 捷联式惯性导航系统与平台式惯性导航系统有什么不同?

13. 相对单一的导航系统,组合导航系统有哪些优点?

14. 简述基站定位导航技术、辅助 GPS 定位导航技术和室内定位导航技术的基本原理。

15. 简述差分 GPS 导航系统的基本原理。

参考文献

[1]　唐朝京,刘培国,等. 军事信息技术基础[M]. 北京:科学出版社,2012.

[2]　周立伟. 目标探测与识别[M]. 北京:北京理工大学出版社,2004.

[3]　贾伯年. 传感器技术[M]. 南京:东南大学出版社,2007.

[4]　叶湘滨,等. 传感器与检测技术[M]. 北京:国防工业出版社,2007.

[5]　李娟. 传感器与检测技术[M]. 北京:冶金工业出版社,2009.

[6]　郭忠文,等. 水下无线传感器网络的研究进展[J]. 计算机研究与发展,2010,
　　　47(3):377-389.

[7]　郁道银,谈恒英. 工程光学[M]. 北京:机械工业出版社,2016.

[8]　杨应平,胡昌奎,陈梦苇. 光电技术[M]. 北京:清华大学出版社,2020.

[9]　孙培懋,李岩,何树荣. 光电技术[M]. 北京:机械工业出版社,2016.

[10]　ROBERT A M. Encyclopedia of Physical Science and Technology[M]. 3rd ed.
　　　New York:Academic Press,2003.

[11]　李晓峰,赵恒,张彦云,等. 高性能超二代像增强器及发展[J]. 红外技术,2021,
　　　43(9):6.

[12]　程宏昌,石峰,李周奎,等. 微光夜视器件划代方法初探[J]. 应用光学,2021,
　　　42(6):10.

[13]　刘广荣,周立伟,王仲春,等. 背照明 CCD 微光成像技术[J]. 红外技术,2000,
　　　22(1):5.

[14]　张灿林,陈钱,周蓓蓓. 高灵敏度电子倍增 CCD 的发展现状[J]. 红外技术,2007
　　　(04):192-195.

[15]　张竹平. 远距离微光电视监控系统研究[D]. 南京:南京理工大学,2012.

[16]　MÖLLMANN K P,VOLLMER M. Infrared thermal imaging:fundamentals,
　　　research and applications[M]. NewYork:John Wiley & Sons,2017.

[17]　孙长库,叶声华. 激光测量技术[M]. 天津:天津大学出版社,2001.

[18]　张记龙,王志斌,李晓,等. 光谱识别与相干识别激光告警接收机评述[J]. 测试技
　　　术学报,2006(02):95-101.

[19] 张洁. 激光告警设备的组成和工作原理[J]. 航天电子对抗,2002(02):42-46.

[20] 张英远. 激光对抗中的告警和欺骗干扰技术[D]. 西安:西安电子科技大学,2014.

[21] 斯科尼克. 雷达手册[M]. 3版. 北京:电子工业出版社,2022.

[22] 张明友. 雷达系统[M]. 5版. 北京:电子工业出版社,2018.

[23] 许小剑. 雷达系统及其信息处理[M]. 北京:电子工业出版社,2018.

[24] 王雪松. 雷达技术与系统[M]. 2版. 北京:电子工业出版社,2014.

[25] 林象平. 雷达对抗原理[M]. 西安:西北电讯工程学院出版社,1985.

[26] 张锡祥. 现代雷达对抗技术[M]. 北京:国防工业出版社,1998.

[27] 马晓岩. 雷达信号处理[M]. 长沙:湖南科学技术出版社,1998.

[28] 尹以新. 雷达系统[M]. 西安:空军雷达学院,1998.

[29] 赵国庆. 雷达对抗原理[M]. 西安:西安电子科技大学出版社,1999.

[30] 王小谟. 雷达与探测[M]. 北京:国防工业出版社,2000.

[31] 胡来招. 雷达侦察接收机设计[M]. 北京:国防工业出版社,2001.

[32] 承德保. 现代雷达反对抗技术[M]. 昆明:航空工业出版社,2002.

[33] 张河. 探测与识别技术[M]. 北京:北京理工大学出版社,2005.

[34] 保铮. 雷达成像技术[M]. 北京:电子工业出版社,2006.

[35] 麦特尔. 合成孔径雷达图像处理[M]. 北京:电子工业出版社,2005.

[36] 唐朝京,等. 军事信息技术基础[M]. 北京:科学出版社,2013.

[37] 蒋晓瑜,等. 战场侦察技术[M]. 北京:国防大学出版社,2011.

[38] 邓正隆. 惯性技术[M]. 哈尔滨:哈尔滨工业出版社,2006.

[39] 陆元九. 陀螺及惯性导航原理[M]. 北京:科学出版社,1964.

[40] 崔中兴. 惯性导航系统[M]. 北京:国防工业出版社,1982.

[41] 柯定波. 装甲侦察指挥通信车辆[J]. 现代军事,2000(11):18-20.

[42] 胡小平. 自主导航理论与应用[M]. 北京:国防科技大学出版社,2002.

[43] 郭秀中. 惯性系统陀螺仪理论[M]. 北京:国防工业出版社,1996.

[44] 孙仲康,陈辉煌. 定位导航与制导[M]. 北京:国防工业出版社,1987.

[45] 于国强. 导航与定位[M]. 北京:国防工业出版社,2000.

[46] 张其善,等. 智能车辆定位导航系统及应用[M]. 北京:科学出版社,2002.

[47] 王国强. 导航与定位——现代战争的北斗星[M]. 北京:国防工业出版社,2000.

[48] 杨龙. GPS测速精度研究及应用[M]. 青岛:国家海洋局第一海洋研究所,2007.

[49] 孟维晓,等. 卫星定位导航原理[M]. 哈尔滨:哈尔滨工业大学出版社,2013.